ANIMAL PROTECTION ACT IN ONE VOLUME

한권으로 정리하는
동물보호법

김 복 택

박영story

동물체험학습지도사
(Animal-Experience Education Instructor)

민간자격등록 제2017-001389호

1. 동물체험학습지도사의 직무내용

① 한국반려동물매개치료협회의 자격인 '동물체험학습지도사'의 직무는 다음 각 호와 같다.

1. 동물을 활용한 체험을 통해 감각의 발달과 인지, 정서, 행동, 사회적 관계 등의 성장에 도움이 되는 학습프로그램을 운영한다.
2. 구조화된 교육을 통해 생물복지 및 자연환경에 대한 인식을 향상시키고 생명존중과 정서지능의 발달을 도모한다.
3. 동물의 생태적 특성에 대한 이해를 통해 환경문제에 대한 인식을 발전시킨다.

2. 자격등급과 검정기준

자격종목	등급	검정기준
동물체험학습 지도사 자격증	1급	전문가로서 동물체험학습에 대한 전반적인 지식과 동물체험학습에 관한 이론을 기반으로 한 실무적 지식을 갖추고 동물체험학습프로그램을 운영할 수 있는 책임자로서의 상급 수준의 능력을 평가함.
	2급	동물체험학습에 대한 전반적인 지식과 동물체험학습지도에 관한 이론적 기반으로 동물체험학습프로그램의 실무자로, 프로그램에 대한 이해와 적용능력을 갖춘 수준

3. 응시자격

① 동물체험학습지도사 2급의 응시자격은 다음 각 호에 해당하는 자로 한다.

1. 본 협회에서 인정하는 연수교육 50시간 이상 수료자
2. 본 협회와 상호협력을 협약한 기관(연수교육 40시간 이상)
3. 성과 관련된 모든 범죄 경력이 없으며 성범죄경력조회에 동의하는 자

② 동물체험학습지도사 1급의 응시자격은 한국반려동물매개치료협회의 정회원 이상으로 관련학과 전문

대학졸업자(졸업예정자 포함) 이상인 자 또는 3년 이상 동물체험 프로그램을 관리하거나 동물체험 프로그램 업무를 한 경력이 있는 자로써 다음 각 호에 모두 해당하는 자로 한다.
1. 2급 자격을 취득하고 6개월 이상이 경과한 자
2. 본 협회에서 인정하는 교육과정 100시간 이상 이수자(누적)
3. 본 협회에서 인정하는 동물체험학습지도 100시간 이상 경력자
4. 성과 관련된 모든 범죄 경력이 없으며 성범죄경력조회에 동의하는 자

4. 등급별 시험과목

시험과목 (2급)	시험형태 및 문항 수			시험시간
	필기시험 객관식 (4지선다형)	실기시험 (작업형)	합계	
동물학개론	25문항	0문항	25문항	
교육학개론	25문항	0문항	25문항	10:30 ~ 12:30 (120분)
체험프로그램개발 방법론	25문항	0문항	25문항	
동물복지와 법규	25문항	0문항	25문항	

시험과목 (1급)	시험형태 및 문항 수			시험시간
	필기시험 객관식 (4지선다형)	실기시험 주관식 (작업형)	합계	
교육심리학	25문항	0문항	25문항	
발달심리학	25문항	0문항	25문항	10:30 ~ 12:30 (120분)
체험프로그램개발과 평가	25문항	0문항	25문항	
동물관리법	25문항	0문항	25문항	
동물체험학습지도 임상실무	0문항	10문항	10문항	14:00 ~ 15:30 (90분)

동물매개교육지도사
(Animal-Assisted Educator)

민간자격등록 제2016-004933호

1. 동물매개교육지도사의 직무내용

① 한국반려동물매개치료협회의 자격인 '동물매개교육지도사'의 직무는 다음 각 호와 같다.
   1. 학령기 아동과 청소년을 대상으로 동물을 활용한 프로그램을 통해 생명존중과 정서지능의 발달을 도모한다.
   2. 구조화된 교육을 통해 생물복지 및 자연환경에 대한 인식향상 등에 기여한다.
   3. 동물의 생태적 특성에 대한 이해를 통해 환경문제에 대한 인식을 발전시킨다.

2. 자격등급과 검정기준

자격종목	등급	검정기준
동물매개교육 지도사 자격증	슈퍼바이저	최고의 전문가로서 동물매개교육에 대한 전반적인 지식과 동물매개교육지도에 관한 실무를 기반으로 한 경험적 지식을 갖추고 동물매개교육프로그램 운영의 총괄적인 책임자로서의 능력을 갖춘 최상급 수준
	전문가	전문가 수준의 동물매개교육에 대한 전반적인 지식과 동물매개교육지도에 관한 실무를 기반으로 한 경험적 지식을 갖추고 동물매개교육프로그램의 운영자로서, 프로그램에 대한 개발과 교육과정의 설계 능력을 갖춘 고급 수준
	1급	준전문가 수준의 동물매개교육에 대한 지식과 동물매개교육지도에 관한 실무를 기반으로 한 경험적 지식을 갖추고 동물매개교육프로그램의 실무자로서, 프로그램에 대한 이해와 적용능력을 갖춘 상급 수준
	2급	일반인으로서 동물매개교육에 대한 개론적인 지식과 동물을 매개로 한 교육지도에 관한 기초적인 지식을 갖추고 한정된 범위 내에서 동물매개교육프로그램의 보조자로서, 프로그램에 대한 이해와 적용능력을 갖춘 중급 수준

3. 응시자격

① 동물매개교육지도사 2급의 응시자격은 다음 각 호에 해당하는 자로 한다.
　　1. 본 협회에서 인정하는 연수교육 50시간 이상 수료자
　　2. 본 협회와 상호협력을 협약한 기관(연수교육 40시간 이상)
　　3. 본 협회의 검정기준에 따른 반려동물매개심리상담사 2급을 취득한 자(동급중복과목 시험면제)

② 동물매개교육지도사 1급의 응시자격은 한국반려동물매개치료협의의 정회원 이상으로 관련학과 전문대학졸업자(졸업예정자 포함) 이상인 자로써 다음 각 호에 모두 해당하는 자로 한다.
　　1. 2급 자격을 취득하고 6개월 이상이 경과한 자
　　2. 본 협회에서 인정하는 교육과정 300시간 이상 이수자
　　3. 본 협회에서 인정하는 임상활동 200시간 이상 이수자
　　4. 본 협회의 검정기준에 따른 반려동물매개심리상담사 1급을 취득한 자(동급중복과목 시험면제)

③ 동물매개교육지도사 전문가의 응시자격은 한국반려동물매개치료협회의 정회원 이상으로 관련학과대학졸업자(졸업예정자 포함) 이상인 자로써 다음 각 호에 모두 해당하는 자로 한다. 단, 반려동물매개심리상담사 전문가 자격이 있는 경우 중복이 되어도 모두 인정한다.
　　1. 1급 자격을 취득하고 1년 이상이 경과한 자
　　2. 본 협회에서 인정하는 임상지도 및 교육경력 100시간 이상 이수자
　　3. 본 협회에서 인정하는 임상활동 500시간 이상 이수자(제9조 ③항의 2호를 포함함)
　　4. 본 협회에서 인정하는 학술발표 1회 이상인 자

④ 동물매개교육지도사 슈퍼바이저의 응시자격은 한국반려동물매개치료협회의 정회원 이상으로 관련학과 석사 이상인 자로써 다음 각 호에 모두 해당하는 자로 한다. 단, 반려동물매개심리상담사 슈퍼바이저 자격이 있는 경우 중복이 되어도 모두 인정한다.
　　1. 전문가 자격을 취득하고 1년 이상이 경과한 자
　　2. 본 협회에서 인정하는 관련분야 강의경력 1,000시간 이상인 자
　　3. 본 협회에서 인정하는 임상지도 매년 50시간 이상 경력자(연속 3년 이상)
　　4. 본 협회에서 인정하는 학술지에 논문 3회 이상 게재한 자
　　5. 본 협회에서 인정하는 학술발표 5회 이상인 자
　　6. 본 협회의 검정기준에 따른 반려동물매개심리상담사 슈퍼바이저 자격을 취득한 자

4. 등급별 시험과목

시험과목 (2급)	시험형태 및 문항 수			시험시간
	필기시험 객관식(4지선다형)	실기시험 (작업형)	합계	
동물매개교육	25문항	0문항	25문항	
동물행동의 이해	25문항	0문항	25문항	10:30 ~ 12:30 (120분)
도우미동물관리	25문항	0문항	25문항	
교육심리학	25문항	0문항	25문항	

시험과목 (1급)	시험형태 및 문항 수			시험시간
	필기시험 객관식 (4지선다형)	실기시험 (작업형)	합계	
교육심리학	25문항	0문항	25문항	10:30 ~ 13:00 (150분)
발달심리학	25문항	0문항	25문항	
프로그램개발과 평가	25문항	0문항	25문항	
도우미동물관리	25문항	0문항	25문항	
동물보호법	25문항	0문항	25문항	
동물매개교육지도 임상실무	0문항	10문항	10문항	14:00 ~ 15:30 (90분)

시험과목 (전문가)	시험형태 및 문항 수			시험시간
	필기시험 객관식 (4지선다형)	실기시험 (작업형)	합계	
동물매개교육지도 임상실무	0문항	5문항	5문항	10:30 ~ 13:00 (150분)
동물매개교육지도 프로그램개발과 평가	0문항	5문항	5문항	

시험과목 (슈퍼바이저)	시험형태 및 문항 수			시험시간
	필기시험 객관식 (4지선다형)	실기시험 (작업형)	합계	
동물매개교육지도의 슈퍼비전	0문항	10문항	10문항	14:00 ~ 17:00 (180분)

반려동물매개심리상담사
(Companion Animal Assisted Psychology Counselor)

민간자격등록 제2016-000183호

1. 반려동물매개심리상담사의 직무내용

① 한국반려동물매개치료협회의 자격인 '반려동물매개심리상담사'의 직무는 다음 각 호와 같다.
1. 저소득층이나 취약계층을 대상으로 반려동물을 활용한 프로그램을 통해 정서적 안정과 신체적 발달에 기여한다.
2. 사회복지기관을 대상으로 반려동물과의 상호작용을 통하여 동기를 유발하여 신체적 활동의 증가와 사회성 향상 등에 기여한다.
3. 학령기 아동을 대상으로 생명존중과 정서발달 등을 교육한다.

2. 자격등급과 검정기준

자격종목	등급	검정기준
반려동물 매개심리 상담사 자격증	슈퍼바이저	최고의 전문가로서 동물매개치료에 대한 전반적인 지식과 반려동물과 심리상담에 관한 실무를 기반으로 한 경험적 지식을 갖추고 반려동물매개심리상담 과정의 총괄적인 책임자로서의 능력을 갖춘 최상급 수준
	전문가	전문가 수준의 동물매개심리상담에 대한 지식과 반려동물과 심리상담에 관한 지식을 갖추고 반려동물매개심리상담의 운영자로서, 프로그램에 대한 개발과 상담과정의 설계 능력을 갖춘 고급 수준
	1급	준전문가 수준의 동물매개심리상담에 대한 지식과 반려동물과 심리상담에 관한 지식을 갖추고 반려동물매개심리상담의 책임자로서, 프로그램에 대한 이해와 적용능력을 갖춘 고급 수준
	2급	일반인으로서 동물매개심리상담에 대한 개론적인 지식과 반려동물과 심리상담에 관한 기초적인 지식을 갖추고 한정된 범위 내에서 반려동물매개심리상담의 보조자로서, 프로그램에 대한 이해와 적용능력을 갖춘 상급 수준

3. 응시자격

① 반려동물매개심리상담사 2급의 응시자격은 다음 각 호에 해당하는 자로 한다.
   1. 본 협회에서 인정하는 연수교육 50시간 이상 수료자
   2. 본 협회와 상호협력을 협약한 기관(연수교육 40시간 이상)
   3. 본 협회의 검정기준에 따른 동물매개교육지도사 2급을 취득한 자(동급중복과목 시험면제)

② 반려동물매개심리상담사 1급의 응시자격은 한국반려동물매개치료협회의 정회원 이상으로 관련학과 전문대학졸업자(졸업예정자 포함) 이상인 자로써 다음 각 호에 모두 해당하는 자로 한다.
   1. 2급 자격을 취득하고 6개월 이상이 경과한 자
   2. 본 협회에서 인정하는 교육과정 300시간 이상 이수자
   3. 본 협회에서 인정하는 임상활동 100시간 이상 이수자

③ 반려동물매개심리상담사 전문가의 응시자격은 한국반려동물매개치료협회의 정회원 이상으로 관련학과대학졸업자(졸업예정자 포함) 이상인 자로써 다음 각 호에 모두 해당하는 자로 한다.
   1. 1급 자격을 취득하고 1년 이상이 경과한 자
   2. 본 협회에서 인정하는 임상지도 및 교육경력 200시간 이상 이수자
   3. 본 협회에서 인정하는 임상활동 1,000시간 이상 이수자
   4. 본 협회에서 인정하는 학술지에 논문 1회 이상 게재한 자
   5. 본 협회에서 인정하는 학술발표 3회 이상인 자

④ 반려동물매개심리상담사 슈퍼바이저의 응시자격은 한국반려동물매개치료협회의 정회원 이상으로 관련학과 석사 이상인 자로써 다음 각 호에 모두 해당하는 자로 한다.
   1. 전문가 자격을 취득하고 1년 이상이 경과한 자
   2. 본 협회에서 인정하는 관련분야 강의경력 1,000시간 이상인 자
   3. 본 협회에서 인정하는 임상지도 매년 50시간 이상 경력자(연속 3년 이상)
   4. 본 협회에서 인정하는 학술지에 논문 3회 이상 게재한 자
   5. 본 협회에서 인정하는 학술발표 5회 이상인 자

4. 등급별 시험과목

시험과목 (2급)	시험형태 및 문항 수			시험시간
	필기시험 객관식(4지선다형)	실기시험 (작업형)	합계	
동물매개치료개론	25문항	0문항	25문항	10:30 ~ 12:30 (120분)
반려동물행동의 이해	25문항	0문항	25문항	
도우미동물관리	25문항	0문항	25문항	
심리상담과 이해	25문항	0문항	25문항	

시험과목 (1급)	시험형태 및 문항 수			시험시간
	필기시험 객관식 (4지선다형)	실기시험 (작업형)	합계	
동물매개치료개론	25문항	0문항	25문항	
반려동물행동의 이해	25문항	0문항	25문항	
도우미동물관리	25문항	0문항	25문항	10:30 ~ 13:00 (150분)
심리상담과 이해	25문항	0문항	25문항	
동물보호법	25문항	0문항	25문항	
동물매개심리상담 임상실무	0문항	10문항	10문항	14:00 ~ 15:30 (90분)

시험과목 (전문가)	시험형태 및 문항 수			시험시간
	필기시험 객관식 (4지선다형)	실기시험 (작업형)	합계	
동물매개심리상담 임상실무	0문항	5문항	5문항	10:30 ~ 13:00 (150분)
동물매개심리상담 프로그램 개발과 평가	0문항	5문항	5문항	

시험과목 (슈퍼바이저)	시험형태 및 문항 수			시험시간
	필기시험 객관식 (4지선다형)	실기시험 (작업형)	합계	
동물매개심리상담의 슈퍼비전	0문항	10문항	10문항	14:00 ~ 17:00 (180분)

반려동물관리사
(Companion Animal Manager)

민간자격등록 제2016-001343호

1. 반려동물관리사의 직무내용

① 한국반려동물매개치료협회의 자격인 '반려동물관리사'의 직무는 다음 각 호와 같다.
　　1. 반려동물에 관한 전문적인 지식을 습득하여 반려동물산업전반에 걸쳐 활동하는 전문가
　　2. 동물을 애호하는 자를 대상으로 반려동물과의 상호작용과 동물의 사회성 향상 등에 기여한다.
　　3. 생명존중사상을 바탕으로 반려동물 문화의 증진을 위해 노력하고 동물복지와 동물학대 등의 예방
　　　을 홍보하고 교육한다.
② 세부 직무내용
　　1. 반려동물의 복지에 관한 업무
　　2. 반려동물의 학대방지 및 사후관리
　　3. 반려동물의 사육 및 번식
　　4. 반려동물 분양상담
　　5. 반려동물 사육과 사육환경에 대한 자문
　　6. 반려동물 문화 증진을 위한 사회사업과 봉사
　　7. 그 밖의 반려동물산업과 관련된 교육과 홍보

2. 자격등급과 검정기준

자격종목	등급	검정기준
반려동물관리사 자격증	1급	반려동물의 행동을 이해하고 반려동물사육관리 분야에 올바른 복지관과 전문가 수준의 지식, 반려동물과 함께 하는 문화에 대한 설계와 운영, 교육에 관한 능력이 있으며 해당 산업에서 전문가로 활동할 수 있는 능력을 갖춘 수준
	2급	반려동물의 행동을 이해하고 반려동물사육관리 분야에 올바른 복지관과 기초적인 수준의 지식, 반려동물과 함께 하는 문화에 대한 이해와 적용, 홍보에 관한 능력이 있으며 해당 산업에서 보조자로 활동할 수 있는 능력을 갖춘 수준

3. 응시자격

① 반려동물관리사 2급의 응시자격은 다음 각 호에 해당하는 자로 한다.
   1. 한국반려동물매개치료협회의 정회원 이상으로 협회에서 인정하는 연수교육 20시간 이상 수료한 자로 한다.
② 반려동물관리사 1급의 응시자격은 다음 각 호 중 어느 하나에 해당하는 자로 한다.
   1. 한국반려동물매개치료협회의 정회원 이상으로 관련학과(애완동물, 반려동물) 전문대학 재학(2학기 이상 이수) 이상이거나 이와 같은 수준 이상의 과정에 있다고 인정되는 자로 한다.
   2. 한국반려동물매개치료협회의 정회원 이상으로 학점은행제 교육기관의 생명산업전문학사 학위과정에 있는 자로 한다.
   3. 한국반려동물매개치료협회의 정회원 이상으로 협회에서 인정하는 반려동물관련분야의 사업경력이 5년 이상인 자로 한다.

4. 등급별 시험과목

시험과목 (2급)	시험형태 및 문항 수			시험시간
	필기시험 객관식 (4지선다형)	필기시험 주관식	합계	
반려동물학개론	25문항	0문항	25문항	10:30 ~ 11:30 (60분)
동물보호법	25문항	0문항	25문항	

시험과목 (1급)	시험형태 및 문항 수			시험시간
	필기시험 객관식 (4지선다형)	필기시험 주관식	합계	
반려동물학	25문항	0문항	25문항	10:30 ~ 12:30 (120분)
반려동물간호학	25문항	0문항	25문항	
반려동물행동학	25문항	0문항	25문항	
동물복지 및 법규	25문항	0문항	25문항	

반려동물보육사
(Professional Pet Sitter)

민간자격등록 제2018-002980호

1. 반려동물보육사의 직무내용

① 한국반려동물매개치료협회의 자격인 '반려동물보육사'의 직무는 다음 각 호와 같다.

1. 반려동물을 돌봐주는 전문펫시터로 반려동물의 생애주기를 이해하고 반려동물 정서, 행동, 감각, 사회성의 성장에 도움이 되는 보육 프로그램의 개발과 운영
2. 구조화된 반려동물 돌봄 서비스시설 운영관리
3. 반려동물의 양육에 대한 포괄적인 상담
4. 반려동물의 학대 및 유기예방 활동 등 동물의 생명보호 및 복지증진 활동
5. 그 밖의 사람과 반려동물의 조화로운 공존을 위한 사회사업과 봉사

2. 자격등급과 검정기준

자격종목	등급	검정기준
반려동물보육사	1급	전문가로서 반려동물에 대한 전반적인 지식과 반려동물관리에 관한 이론을 기반으로 한 실무적 지식을 갖추고 반려동물보육관리프로그램을 운영할 수 있는 책임자로서의 상급 수준의 능력을 평가함.
	2급	반려동물에 대한 전반적인 지식과 반려동물보육에 관한 이론을 기반으로 한 반려동물보육프로그램의 실무자로, 프로그램에 대한 이해와 적용능력을 갖춘 수준

3. 응시자격

① 반려동물보육사 1급의 응시자격은 한국반려동물매개치료협회의 정회원 이상으로 관련학과 전문대학 졸업자(졸업예정자 포함) 이상인 자 또는 고등학교 졸업 이상의 학력으로 3년 이상 반려동물보육 프로그램을 관리하거나 반려동물보육 업무를 한 경력이 있는 자로써 다음 각 호에 모두 해당하는 자로 한다.

1. 2급 자격을 취득하고 6개월 이상이 경과한 자
2. 본 협회에서 인정하는 교육과정 100시간 이상 이수자

3. 본 협회에서 인정하는 반려동물보육 100시간 이상 경력자
4. 성과 관련된 모든 범죄 경력이 없으며 성범죄경력조회에 동의하는 자
5. 「동물보호법」, 「가축전염병예방법」, 「축산물위생관리법」, 또는 「마약류관리에 관한 법률」을 위반하여 금고 이상의 범죄 경력이 없는 자

② 반려동물보육사 2급의 응시자격은 한국반려동물매개치료협회의 정회원 이상으로 다음 각 호에 모두 해당하는 자로 한다.

1. 본 협회에서 인정하는 연수교육 50시간 이상 수료자
   - 본 협회와 상호협력을 협약한 기관(연수교육 40시간 이상)
2. 성과 관련된 모든 범죄 경력이 없으며 성범죄경력조회에 동의하는 자

4. 등급별 시험과목

시험과목 (2급)	시험형태 및 문항 수			시험시간
	필기시험 객관식 (4지선다형)	실기시험 (작업형)	합계	
반려동물학개론	25문항	0문항	25문항	
반려동물행동	25문항	0문항	25문항	10:30 ~ 12:30 (120분)
반려동물보육관리	25문항	0문항	25문항	
반려동물관계법	25문항	0문항	25문항	

시험과목 (1급)	시험형태 및 문항 수			시험시간
	필기시험 객관식 (4지선다형)	실기시험 주관식 (작업형)	합계	
반려동물간호학	25문항	0문항	25문항	
반려동물행동학	25문항	0문항	25문항	10:30 ~ 12:30 (120분)
반려동물 보육관리	25문항	0문항	25문항	
동물복지 및 관계법규	25문항	0문항	25문항	
반려동물보육관리 실무	0문항	10문항	10문항	14:00 ~ 15:30 (90분)

반려동물행동상담사
(Companion Animal Behavior Counselor)

민간자격등록 제2019-003756호

1. 반려동물행동상담사의 직무내용

① 한국반려동물매개치료협회의 자격인 '반려동물행동상담사'의 직무는 다음 각 호와 같다.
1. 반려동물의 생애주기를 이해하고 반려동물 정서, 행동, 감각, 사회성의 성장에 도움이 되는 전문적인 이론과 실무를 바탕으로 반려동물의 성장에 도움이 되는 프로그램의 개발과 운영
2. 구조화된 반려동물행동상담 서비스시설 운영관리
3. 반려동물의 양육에 대한 포괄적인 상담
4. 그 밖의 사람과 반려동물의 조화로운 공존을 위한 사회사업과 봉사

2. 자격등급과 검정기준

자격종목	등급	검정기준
반려동물 행동상담사	1급	전문가로서 반려동물에 대한 전반적인 지식과 반려동물관리에 관한 이론을 기반으로 한 실무적 지식을 갖추고 반려동물행동상담 프로그램을 운영할 수 있는 책임자로서의 상급 수준
	2급	반려동물에 대한 전반적인 지식과 반려동물행동에 관한 이론을 기반으로 한 반려동물행동상담프로그램의 실무자로, 프로그램에 대한 이해와 적용능력을 갖춘 수준

3. 응시자격

① 반려동물행동상담사 1급의 응시자격은 한국반려동물매개치료협회의 정회원 이상으로 관련학과 전문대학졸업자(졸업예정자 포함) 이상인 자 또는 고등학교 졸업 이상의 학력으로 3년 이상 반려동물행동상담 프로그램을 관리하거나 반려동물행동상담 업무를 한 경력이 있는 자로써 다음 각 호에 모두 해당하는 자로 한다.
1. 2급 자격을 취득하고 6개월 이상이 경과한 자
2. 본 협회에서 인정하는 교육과정 100시간 이상 이수자

- 본 협회와 상호협력을 협약한 기관(연수교육 80시간 이상)
3. 본 협회에서 인정하는 반려동물행동상담 실무 100시간 이상 경력자
4. 성과 관련된 모든 범죄 경력이 없으며 성범죄경력조회에 동의하는 자
5. 「동물보호법」, 「가축전염병예방법」, 「축산물위생관리법」, 또는 「마약류관리에 관한 법률」을 위반하여 금고 이상의 범죄 경력이 없는 자

② 반려동물행동상담사 2급의 응시자격은 한국반려동물매개치료협회의 정회원 이상으로 다음 각 호에 모두 해당하는 자로 한다.
1. 본 협회에서 인정하는 연수교육 50시간 이상 수료자
- 본 협회와 상호협력을 협약한 기관(연수교육 40시간 이상)
2) 성과 관련된 모든 범죄 경력이 없으며 성범죄경력조회에 동의하는 자

4. 등급별 시험과목

시험과목 (2급)	시험형태 및 문항 수			시험시간
	필기시험 객관식(4지선다형)	실기시험 (작업형)	합계	
반려동물학개론	25문항	0문항	25문항	10:30 ~ 12:30 (120분)
반려동물행동학	25문항	0문항	25문항	
반려동물상담학	25문항	0문항	25문항	
반려동물관계법	25문항	0문항	25문항	

시험과목 (1급)	시험형태 및 문항 수			시험시간
	필기시험 객관식 (4지선다형)	실기시험 주관식 (작업형)	합계	
반려동물간호학	25문항	0문항	25문항	10:30 ~ 12:30 (120분)
반려동물행동심리학	25문항	0문항	25문항	
반려동물훈련학	25문항	0문항	25문항	
동물복지 및 관계법규	25문항	0문항	25문항	
반려동물행동상담 실무	0문항	10문항	10문항	14:00 ~ 15:30 (90분)

머리말

사람과 반려동물의 조화로운 공존을 위한 교육프로그램이 다양하게 운영되고 있으나 법률 관련 교육은 매우 부족한 게 현실이다. 본서는 이러한 문제를 해결하기 위해 반려인이 알고 있어야 할 가장 기본적인 동물보호법을 다양한 내용의 주석과 강조 표시를 통해 중요한 내용을 알기 쉽게 한 권으로 정리하였다.

본서는 동물보호법, 시행령, 시행규칙뿐만 아니라 기존의 관련 법률 서적들이 담고 있지 않은 동물보호센터 운영 지침 등 장관의 고시와 행정규칙을 모두 포함하고 있어 관련업에 종사하고 있거나 동물보호·복지 관련 단체에 근무하고 있는 실무자들이 알고 있어야 하는 내용을 한 권으로 정리하였다. 또한 자기 학습평가를 위한 100문항의 연습문제도 담고 있다.

동물보호법은 1991년 건전하고 책임 있는 사육문화 조성과 사람 및 동물의 조화로운 공존에 이바지하고자 제정된 이후, 사회적 이슈와 정책적 수요를 반영하여 여러 차례 개선·보완되어왔으나, 동물 학대 및 안전사고 발생 등으로 인한 사회적 문제와 반려 가구의 급증, 동물보호 및 동물복지에 대한 국민의 인식변화 등에 따라 전반적인 제도 개선의 필요성이 제기되어 왔다.

이에 이번 27차 개정에서는 동물과 사람의 안전한 공존을 위하여 맹견 소유자가 맹견보험에 가입하도록 하는 한편, 동물의 유기와 학대를 줄이기 위하여 등록 대상 동물 판매 시 동물판매업자가 구매자 명의로 동물등록 신청을 하도록 하고, 동물을 유기하거나 죽음에 이르게 하는 학대행위를 한 자에 대한 처벌을 강화하며, 그 밖에 신고포상금제를 폐지하는 등 현행 제도 운용상 나타난 일부 미비점을 개선·보완하였다.

향후 예정된 28차 개정에서는 보호조치 중인 동물 반환 시 사육계획서 제출을 의무화하여 동물 학대를 예방하고, 맹견 사육허가제와 기질 평가제를 신설하여 맹견관리를 강화하며, 반려동물 영업 관련 제도를 정비하고 준수사항 위반에 대해 처벌을 강화하는 한편, 민간동물 보호시설 신고제도를 신설하고 반려동물 행동 지도사 자격제도를 도입하는 등 동물의 보호 및 복지 증진을 위하여 관련 제도가 전반적으로 개편·정비될 예정이다.

본서의 저자는 비반려인들뿐만 아니라 반려인들조차도 반려동물을 양육하는 사람들이 제대로 공부하고 있지 않아 동물로 인한 갈등을 유발하거나 학대를 서슴지 않고 자행하고 있다는 편견에 반대하고 있다. 실제 반려동물 양육자들은 동물을 이해하기 위해 비반려인들보다 많이 노력하고 있으며, 동물을 돌보기 위한 경제적 지출도 감당하고 있기 때문이다.

본서를 통해 학습하고 교육받은 반려인들, 전문가들이 이러한 갈등을 해결하고 반려동물 문화의 발전에 힘을 기울이며 반려동물과 함께 행복한 더불어 사는 사회를 만들기 위해 헌신할 것을 기대한다.

저자는 앞으로도 좋은 변화를 만들기 위해 다양한 활동을 예정하고 있으며 독자들의 힘찬 응원도 기대해본다.

이 교재를 통해 반려인들과 다양한 반려동물 분야의 종사자들, 전문가들이 성장하기를 기대하며 교재의 발간을 위해 힘써준 박영스토리의 배근하 과장님과 김한유 과장님, 한국반려동물매개치료협회의 회원 모두에게 감사드린다.

김 복 택

목차

PART Ⅲ

▼ 관계법령 및 유사법령   295

한국진도개 보호 · 육성법[시행 2015. 8. 4.] [법률 제13147호, 2015. 2. 3., 일부개정]
: QR코드를 스캔하시면, [한국진도개 보호 · 육성법]을 확인하실 수 있습니다.

PART I

1.1

동물보호법

[시행 2021. 2. 12] [법률 제16977호, 2020. 2. 11, 일부개정]

1장 총칙

- 목적
- 동물보호의 기본원칙
- 국가 · 지방자치단체 및 국민의 책무
- 동물복지위원회

2장 동물보호 및 관리

- 적정한 사육 · 관리
- 동물학대 등의 금지
- 동물의 운송 및 전달방법
- 등록대상동물의 등록과 관리
- 맹견의 관리
- 동물의 구조 · 보호

3장 동물실험

- 동물실험의 원칙
- 동물실험의 금지 등
- 동물실험윤리위원회

4장 복지축산농장

동물복지축산농장의
인증

5장 영업

- 영업의 종류
- 인력 및 시설기준
- 등록 및 허가
- 준수사항

6장 보칙

- 동물보호감시원
- 동물보호명예감시원
- 실태조사

동물보호법

[시행 2021. 2. 12.] [법률 제16977호, 2020. 2. 11., 일부개정]

▶ 제 7 장 벌칙

1.1 동물보호법

[시행 2021. 2. 12.] [법률 제16977호, 2020. 2. 11., 일부개정]

제1장 총칙

★제1조(목적)

이 법은 **동물에 대한 학대행위의 방지** 등 동물을 적정하게 보호·관리하기 위하여 필요한 사항을 규정함으로써 **동물의 생명보호, 안전 보장 및 복지 증진**을 꾀하고, **건전하고 책임 있는 사육문화를 조성하여, 동물의 생명 존중** 등 국민의 정서를 기르고 사람과 동물의 조화로운 공존[1]에 이바지함을 목적으로 한다. <개정 2018. 3. 20., 2020. 2. 11.>

★제2조(정의)

이 법에서 사용하는 용어의 뜻은 다음과 같다.

<개정 2013. 8. 13., 2017. 3. 21., 2018. 3. 20., 2020. 2. 11.>

1. "동물"이란 고통을 느낄 수 있는 **신경체계가 발달한** 척추동물[2]로서 다음 각 목의 어느 하나에 해당하는 동물을 말한다.

   가. 포유류

   나. 조류

---

1) **야생생물 보호 및 관리에 관한 법률 제1조(목적)**

   이 법은 야생생물과 그 서식환경을 체계적으로 보호·관리함으로써 **야생생물의 멸종을 예방**하고, 생물의 다양성을 증진시켜 **생태계의 균형**을 유지함과 아울러 사람과 야생생물이 공존하는 건전한 자연환경**을 확보**함을 목적으로 한다.

   [전문개정 2011. 7. 28.]

2) **동물보호법 시행령 제2조(동물의 범위)**

   「동물보호법」(이하 "법"이라 한다) 제2조제1호다목에서 "대통령령으로 정하는 동물"이란 파충류, 양서류 및 어류를 말한다. 다만, **식용(食用)을 목적으로 하는 것은 제외한다.**

   [전문개정 2014. 2. 11.]

   ※ **식용(食用)을 목적으로 하는 것**

   – 축산물 위생관리법 제2조(정의) 이 법에서 사용하는 용어의 뜻은 다음과 같다. <개정 2013. 3. 23., 2016. 2. 3., 2017. 10. 24.>

   1. "가축"이란 소, 말, 양(염소 등 **산양**을 포함한다. 이하 같다), **돼지**(사육하는 **멧돼지**를 포함한다. 이하 같다), 닭, 오리, 그 밖에 식용(食用)을 목적으로 하는 동물로서 대통령령으로 정하는 동물(축산물 위생관리법 시행규칙 제2조 ①항 1.**사슴** 2.**토끼** 3.**칠면조** 4.**거위** 5.**메추리** 6.**꿩** 7.**당나귀**)을 말한다.

다. **파충류·양서류·어류** 중 농림축산식품부장관이 관계 중앙행정기관의 장과의 협의를 거쳐 **대통령령으로 정하는 동물**

1의2. "**동물학대**"란 동물을 대상으로 정당한 사유 없이 불필요하거나 피할 수 있는 **신체적 고통과 스트레스를 주는 행위** 및 굶주림, 질병 등에 대하여 적절한 조치를 게을리하거나 방치하는 행위를 말한다.

1의3. "**반려동물**"이란 반려(伴侶) 목적으로 **기르는 개, 고양이** 등 농림축산식품부령으로 정하는 동물3)을 말한다.

2. "**등록대상동물**"이란 동물의 보호, 유실·유기방지, 질병의 관리, 공중위생상의 위해 방지 등을 위하여 등록이 필요하다고 인정하여 **대통령령으로 정하는 동물**4)을 말한다.

3. "**소유자등**"이란 동물의 **소유자와 일시적 또는 영구적으로 동물을 사육·관리 또는 보호하는 사람**을 말한다.

3의2. "**맹견**"이란 도사견, 핏불테리어, 로트와일러 등 **사람의 생명이나 신체에 위해를 가할 우려가 있는 개로서 농림축산식품부령으로 정하는 개**5)를 말한다.

4. "동물실험"이란 「실험동물에 관한 법률」 제2조제1호에 따른 동물실험을 말한다.

5. "동물실험시행기관"이란 동물실험을 실시하는 법인·단체 또는 기관으로서 대통령령으로 정하는 법인·단체 또는 기관을 말한다.

★제3조(동물보호의 기본원칙)

누구든지 동물을 사육·관리 또는 보호할 때에는 **다음 각 호의 원칙**6)**을 준수하여야 한다.**

---

3) **동물보호법 시행규칙 제1조의2(반려동물의 범위)**

「동물보호법」(이하 "법"이라 한다) 제2조제1호의3에서 "개, 고양이 등 농림축산식품부령으로 정하는 동물"이란 개, 고양이, 토끼, 페럿, 기니피그 및 햄스터를 말한다. [본조신설 2020. 8. 21.]

4) **동물보호법 시행령 제3조(등록대상동물의 범위)**

법 제2조제2호에서 "대통령령으로 정하는 동물"이란 다음 각 호의 어느 하나에 해당하는 **월령(月齡) 2개월 이상인 개**를 말한다. <개정 2016. 8. 11., 2019. 3. 12.>

1. 「주택법」 제2조제1호 및 제4호에 따른 주택·준주택에서 기르는 개

2. 제1호에 따른 주택·준주택 외의 장소에서 반려(伴侶) 목적으로 기르는 개

5) **동물보호법 시행규칙 제1조의3(맹견의 범위)**

법 제2조제3호의2에 따른 **맹견(猛犬)**은 다음 각 호와 같다. <개정 2020. 8. 21.>

1. 도사견과 그 잡종의 개 2. 아메리칸 핏불테리어와 그 잡종의 개 3. 아메리칸 스태퍼드셔 테리어와 그 잡종의 개 4. 스태퍼드셔 불 테리어와 그 잡종의 개 5. 로트와일러와 그 잡종의 개[본조신설 2018. 9. 21.]

6) 동물의 5대 자유

<개정 2017. 3. 21.>

1. 동물이 본래의 습성과 신체의 원형을 유지하면서 정상적으로 살 수 있도록 할 것
2. 동물이 갈증 및 굶주림을 겪거나 영양이 결핍되지 아니하도록 할 것
3. 동물이 정상적인 행동을 표현할 수 있고 불편함을 겪지 아니하도록 할 것
4. 동물이 고통·상해 및 질병으로부터 자유롭도록 할 것
5. 동물이 공포와 스트레스를 받지 아니하도록 할 것

★제4조(국가·지방자치단체 및 국민의 책무)

① 국가는 동물의 적정한 보호·관리를 위하여 **5년마다** 다음 각 호의 사항이 포함된 **동물복지종합계획을 수립·시행**하여야 하며, 지방자치단체는 **국가의 계획에 적극 협조하여야 한다.** <개정 2017. 3. 21., 2018. 3. 20.>

1. 동물학대 방지와 동물복지에 관한 기본방침
2. 다음 각 목에 해당하는 동물의 관리에 관한 사항
   가. 도로·공원 등의 공공장소에서 소유자등이 없이 배회하거나 내버려진 동물(이하 "유실·유기동물"이라 한다)
   나. 제8조제2항에 따른 학대를 받은 동물(이하 "피학대 동물"이라 한다)
3. 동물실험시행기관 및 제25조의 동물실험윤리위원회의 운영 등에 관한 사항
4. 동물학대 방지, 동물복지, 유실·유기동물의 입양 및 동물실험윤리 등의 교육·홍보에 관한 사항
5. 동물복지 축산의 확대와 동물복지축산농장 지원에 관한 사항
6. 그 밖에 동물학대 방지와 반려동물 운동·휴식시설 등 동물복지에 필요한 사항

② 특별시장·광역시장·도지사 및 특별자치도지사·특별자치시장(이하 "시·도지사"라 한다)은 제1항에 따른 종합계획에 따라 **5년마다 특별시·광역시·도·특별자치도·특별자치시(이하 "시·도"라 한다) 단위의 동물복지계획을 수립**하여야 하고, 이를 농림축산식품부장관에게 통보하여야 한다. <개정 2013. 3. 23.>

③ 국가와 지방자치단체는 제1항 및 제2항에 따른 사업을 적정하게 수행하기 위한 **인력·예산 등을 확보하기 위하여 노력**하여야 하며, 국가는 동물의 적정한 보호·관리, 복지업무 추진을 위하여 지방자치단체에 **필요한 사업비의 전부나 일부를 예산의 범위에서 지원**할 수 있다. <신설 2017. 3. 21.>

[The Five Freedoms for Animals, 영국의 농장 동물복지 위원회(the Farm Animal Welfare Council)]
야생동물이 아닌 인간의 통제 아래 있는 동물의 권리와 복지를 위해 고안된 것으로, 배고픔과 목마름으로부터의 자유, 불편함으로부터의 자유, 통증·부상·질병으로부터의 자유, 정상적인 행동을 표현할 자유, 두려움과 괴로움으로부터의 자유를 의미한다. (두산백과)

④ 국가와 지방자치단체는 대통령령으로 정하는 민간단체에 동물보호운동이나 그 밖에 이와 관련된 활동을 권장하거나 필요한 지원을 할 수 있다. <개정 2017. 3. 21.>

⑤ **모든 국민은 동물을 보호하기 위한 국가와 지방자치단체의 시책에 적극 협조하는 등** 동물의 보호를 위하여 노력하여야 한다. <개정 2017. 3. 21.>

★제5조(동물복지위원회)

① 농림축산식품부장관의 다음 각 호의 자문에 응하도록 하기 위하여 **농림축산식품부**에 **동물복지위원회**를 둔다. <개정 2013. 3. 23.>

  1. 제4조에 따른 **종합계획의 수립·시행**에 관한 사항

  2. 제28조에 따른 **동물실험윤리위원회의 구성** 등에 대한 지도·감독에 관한 사항

  3. 제29조에 따른 **동물복지축산농장의 인증과 동물복지축산정책**에 관한 사항

  4. 그 밖에 **동물의 학대방지·구조 및 보호 등 동물복지에 관한 사항**

② 동물복지위원회는 위원장 1명을 포함하여 **10명 이내의 위원**으로 구성한다.

③ 위원은 다음 각 호에 해당하는 사람 중에서 농림축산식품부장관이 위촉하며, 위원장은 위원 중에서 호선한다. <개정 2013. 3. 23., 2017. 3. 21.>

  1. 수의사로서 동물보호 및 동물복지에 대한 학식과 경험이 풍부한 사람

  2. 동물복지정책에 관한 학식과 경험이 풍부한 자로서 제4조제4항에 해당하는 민간단체의 추천을 받은 사람

  3. 그 밖에 동물복지정책에 관한 전문지식을 가진 사람으로서 농림축산식품부령으로 정하는 자격기준에 맞는 사람

④ 그 밖에 동물복지위원회의 구성·운영 등에 관한 사항은 대통령령으로 정한다.

★제6조(다른 법률과의 관계)[7)]

동물의 보호 및 이용·관리 등에 대하여 **다른 법률에 특별한 규정이 있는 경우를 제외하**고는 **이 법에서 정하는 바에 따른다.**

제2장 동물의 보호 및 관리

★제7조(적정한 사육·관리)

① **소유자등은 동물에게 적합한 사료와 물을 공급**하고, **운동·휴식 및 수면이 보장**되도

---

7) **실험동물에 관한 법률 제4조(다른 법률과의 관계)**

  실험동물의 사용 또는 관리에 관하여 **이 법에서 규정한 것을 제외하고는** 「**동물보호법**」으로 정하는 바에 따른다.

록 **노력하여야 한다.**

② **소유자등은** 동물이 질병에 걸리거나 부상당한 경우에는 **신속하게 치료**하거나 그 밖에 **필요한 조치**를 하도록 **노력하여야 한다.**

③ **소유자등은 동물을 관리하거나 다른 장소로 옮긴 경우**에는 그 동물이 **새로운 환경에 적응**하는 데에 필요한 조치를 하도록 **노력하여야 한다.**

④ 제1항부터 제3항까지에서 규정한 사항 외에 **동물의 적절한 사육·관리 방법** 등에 관한 사항은 농림축산식품부령으로 정한다. < 개정 2013. 3. 23. >

★제8조(동물학대 등의 금지)8)

① **누구든지 동물에 대하여 다음 각 호의 행위를 하여서는 아니 된다.**

< 개정 2013. 3. 23., 2013. 4. 5., 2017. 3. 21. >

1. 목을 매다는 등의 잔인한 방법**으로 죽음에 이르게 하는 행위**

2. 노상 등 공개된 장소**에서 죽이거나** 같은 종류의 다른 동물이 보는 앞**에서 죽음에 이르게 하는 행위**

3. 고의로 사료 또는 물**을 주지 아니하는 행위로 인하여 동물을 죽음에 이르게 하는 행위**

4. 그 밖에 수의학적 처치의 필요, 동물로 인한 사람의 생명·신체·재산의 피해 등 농림축산식품부령9)**으로 정하는** 정당한 사유 없이 **죽음에 이르게 하는 행위**

---

8) **야생생물 보호 및 관리에 관한 법률 제8조(야생동물의 학대금지)**

① 누구든지 **정당한 사유 없이** 야생동물을 죽음에 이르게 하는 다음 각 호의 학대행위를 하여서는 아니 된다.

1. **때리거나 산채로 태우는 등** 다른 사람에게 혐오감을 주는 방법으로 **죽이는 행위**

2. **목을 매달거나 독극물, 도구 등을 사용하여** 잔인한 방법으로 **죽이는 행위**

3. **그 밖에 제2항 각 호의 학대행위로 야생동물을** 죽음에 이르게 하는 행위

② 누구든지 **정당한 사유 없이** 야생동물에게 고통을 주거나 상해를 입히는 다음 각 호의 학대행위를 하여서는 아니 된다.

1. **포획·감금**하여 고통을 주거나 상처를 입히는 행위

2. **살아 있는 상태**에서 혈액, 쓸개, 내장 또는 그 밖의 **생체의 일부를 채취하거나 채취하는 장치 등**을 설치하는 행위

3. **도구·약물**을 사용하거나 **물리적인 방법**으로 고통을 주거나 상해를 입히는 행위

4. **도박·광고·오락·유흥 등의 목적**으로 상해를 입히는 행위

5. 야생동물을 보관, 유통하는 경우 등에 **고의로 먹이 또는 물을 제공하지 아니하거나, 질병 등에 대하여 적절한 조치를 취하지 아니하고 방치하는 행위**

9) **동물보호법 시행규칙 제4조 (학대행위의 금지) – 내용 발췌**

② 누구든지 동물에 대하여 다음 각 호의 학대행위를 하여서는 아니 된다.

<개정 2013. 3. 23., 2017. 3. 21., 2018. 3. 20., 2020. 2. 11.>

1. 도구·약물 등 물리적·화학적 방법을 사용하여 상해를 입히는 행위. 다만, 질병의 예방이나 치료 등 농림축산식품부령10)으로 정하는 경우는 제외한다.

2. 살아 있는 상태에서 동물의 신체를 손상하거나 체액을 채취하거나 체액을 채취하기 위한 장치를 설치하는 행위. 다만, 질병의 치료 및 동물실험 등 농림축산식품부령4)으로 정하는 경우는 제외한다.

3. 도박·광고·오락·유흥 등의 목적으로 동물에게 상해를 입히는 행위. 다만, 민속경기 등 농림축산식품부령으로 정하는 경우11)는 제외한다.

3의2. 반려동물에게 최소한의 사육공간 제공 등 농림축산식품부령으로 정하는 사육·관리 의무를 위반하여 상해를 입히거나 질병을 유발시키는 행위

4. 그 밖에 수의학적 처치의 필요, 동물로 인한 사람의 생명·신체·재산의 피해 등 농림축산식품부령12)으로 정하는 정당한 사유 없이 신체적 고통을 주거나 상해를

---

① 법 제8조제1항제4호에서 "농림축산식품부령으로 정하는 정당한 사유 없이 죽음에 이르게 하는 행위"란 다음 각 호의 어느 하나를 말한다.

1. 사람의 생명·신체에 대한 직접적 위협이나 재산상의 피해를 방지하기 위하여 다른 방법이 있음에도 불구하고 동물을 죽음에 이르게 하는 행위

2. 동물의 습성 및 생태환경 등 부득이한 사유가 없음에도 불구하고 해당 동물을 다른 동물의 먹이로 사용하는 경우

10) 동물보호법 시행규칙 제4조 (학대행위의 금지)- 내용 발췌

② 법 제8조제2항제1호 단서 및 제2호 단서에서 "농림축산식품부령으로 정하는 경우"란 다음 각 호의 어느 하나에 해당하는 경우를 말한다. <개정 2013. 3. 23.>

1. 질병의 예방이나 치료

2. 법 제23조에 따라 실시하는 동물실험

3. 긴급한 사태가 발생한 경우 해당 동물을 보호하기 위하여 하는 행위

11) 동물보호법 시행규칙 제4조(학대행위의 금지) - 내용 발췌

③ 법 제8조제2항제3호 단서에서 "민속경기 등 농림축산식품부령으로 정하는 경우"란 「전통 소싸움 경기에 관한 법률」에 따른 소싸움으로서 농림축산식품부장관이 정하여 고시하는 것을 말한다. <개정 2013. 3. 23.>

12) 동물보호법 시행규칙 제4조(학대행위의 금지) - 내용 발췌

⑥ 법 제8조제2항제4호에서 "농림축산식품부령으로 정하는 정당한 사유 없이 신체적 고통을 주거나 상해를 입히는 행위"란 다음 각 호의 어느 하나를 말한다. <개정 2013. 3. 23., 2018. 3. 22., 2018. 9. 21.>

1. 사람의 생명·신체에 대한 직접적 위협이나 재산상의 피해를 방지하기 위하여 다른 방법이 있음에도 불구하고 동물에게 신체적 고통을 주거나 상해를 입히는 행위

입히는 행위

③ **누구든지** 다음 각 호에 해당하는 동물에 대하여 포획하여 판매하거나 죽이는 행위, 판매하거나 죽일 목적으로 포획하는 행위 **또는 다음 각 호에 해당하는 동물임을 알면서도** 알선·구매하는 행위를 하여서는 아니 된다. <개정 2017. 3. 21.>

1. 유실·유기동물
2. 피학대 동물 중 소유자를 알 수 없는 동물

④ 소유자등은 동물을 유기(遺棄)하여서는 아니 된다.

⑤ **누구든지 다음 각 호의 행위를 하여서는 아니 된다.** <개정 2017. 3. 21., 2019. 8. 27.>

1. 제1항부터 제3항까지에 해당하는 행위를 촬영한 사진 또는 영상물을 **판매·전시·전달·상영하거나 인터넷에 게재하는 행위.** 다만, 동물보호 의식을 고양시키기 위한 목적이 표시된 홍보 활동 등 **농림축산식품부령**[13)]으로 정하는 경우에는 그러하지 아니하다.

2. 도박을 목적으로 **동물을 이용하는 행위 또는 동물을 이용하는 도박을 행할 목적으로 광고·선전하는 행위.** 다만, 「사행산업통합감독위원회법」 제2조제1호

---

2. 동물의 습성 또는 사육환경 등의 부득이한 사유가 없음에도 불구하고 동물을 **혹서·혹한 등의 환경에** 방치하여 신체적 고통을 주거나 상해를 입히는 행위

3. 갈증이나 굶주림의 해소 또는 질병의 예방이나 치료 등의 목적 없이 동물에게 **음식이나 물을** 강제로 먹여 신체적 고통을 주거나 상해를 입히는 행위

4. 동물의 사육·훈련 등을 위하여 필요한 방식이 아님에도 불구하고 **다른 동물과 싸우게 하거나 도구를 사용하는 등 잔인한 방식**으로 신체적 고통을 주거나 상해를 입히는 행위

13) 동물보호법 시행규칙 제4조(학대행위의 금지) - 내용 발췌

⑦ 법 제8조제5항제1호 단서에서 "동물보호 의식을 고양시키기 위한 목적이 표시된 홍보 활동 등 농림축산식품부령으로 정하는 경우"란 다음 각 호의 어느 하나에 해당하는 경우를 말한다. <신설 2014. 2. 14., 2018. 3. 22., 2018. 9. 21.>

1. **국가기관, 지방자치단체** 또는 「동물보호법 시행령」(이하 "영"이라 한다) **제5조에 따른 민간단체가** 동물보호 의식을 고양시키기 위한 목적으로 법 제8조제1항부터 제3항까지에 해당하는 행위를 촬영한 사진 또는 영상물(이하 이 항에서 "사진 또는 영상물"이라 한다)에 **기관 또는 단체의** 명칭과 해당 목적을 표시하여 판매·전시·전달·상영하거나 인터넷에 게재하는 경우

2. **언론기관이** 보도 **목적으로** 사진 또는 영상물을 부분 편집하여 전시·전달·상영하거나 인터넷에 게재하는 경우

3. **신고 또는** 제보의 **목적으로** 제1호 및 제2호에 해당하는 기관 또는 단체에 사진 또는 영상물을 전달하는 경우

에 따른 사행산업은 제외한다.

3. 도박 · 시합 · 복권 · 오락 · 유흥 · 광고 등의 상이나 경품으로 동물을 제공하는 행위

4. 영리를 목적으로 동물을 대여하는 행위. 다만, 「장애인복지법」 제40조에 따른 장애인 보조견의 대여 등 농림축산식품부령14)으로 정하는 경우는 제외한다.

★제9조(동물의 운송)

① 동물을 운송하는 자 중 **농림축산식품부령으로 정하는 자**15)는 다음 각 호의 사항을 **준수하여야 한다.** <개정 2013. 3. 23., 2013. 8. 13.>

1. 운송 중인 동물에게 적합한 사료와 물을 공급하고, 급격한 출발 · 제동 등으로 충격과 상해를 입지 아니하도록 할 것

2. 동물을 운송하는 차량은 동물이 운송 중에 상해를 입지 아니하고, 급격한 체온 변화, 호흡곤란 등으로 인한 고통을 최소화할 수 있는 구조로 되어 있을 것

3. 병든 동물, 어린 동물 또는 임신 중이거나 젖먹이가 딸린 동물을 운송할 때에는 함께 운송 중인 다른 동물에 의하여 상해를 입지 아니하도록 칸막이의 설치 등 필요한 조치를 할 것

4. 동물을 싣고 내리는 과정에서 동물이 들어있는 운송용 우리를 던지거나 떨어뜨려서 동물을 다치게 하는 행위를 하지 아니할 것

5. 운송을 위하여 전기(電氣) 몰이도구를 사용하지 아니할 것

② 농림축산식품부장관은 제1항제2호에 따른 동물 운송 차량의 구조 및 설비기준을 정하고 이에 맞는 차량을 사용하도록 권장할 수 있다. <개정 2013. 3. 23.>

③ 농림축산식품부장관은 제1항과 제2항에서 규정한 사항 외에 동물 운송에 관하여 필요한 사항을 정하여 권장할 수 있다. <개정 2013. 3. 23.>

---

14) **동물보호법 시행령 제4조(학대행위의 금지) - 내용 발췌**

⑧ 법 제8조제5항제4호 단서에서 "「장애인복지법」 제40조에 따른 장애인 보조견의 대여 등 농림축산식품부령으로 정하는 경우"란 다음 각 호의 어느 하나에 해당하는 경우를 말한다. <신설 2018. 3. 22., 2018. 9. 21., 2020. 8. 21.>

1. 「장애인복지법」 제40조에 따른 장애인 보조견을 대여하는 경우

2. 촬영, 체험 또는 교육을 위하여 동물을 대여하는 경우. 이 경우 해당 동물을 관리할 수 있는 인력이 대여하는 기간 동안 제3조에 따른 **적절한 사육 · 관리**를 하여야 한다.

15) **동물보호법 시행령 제5조(동물운송자)**

법 제9조제1항 각 호 외의 부분에서 "농림축산식품부령으로 정하는 자"란 **영리를 목적으로** 「자동차관리법」 제2조제1호에 따른 **자동차를 이용하여 동물을 운송하는 자**를 말한다. <개정 2013. 3. 23., 2014. 4. 8., 2018. 3. 22.>

★제9조의2(반려동물 전달 방법)

제32조제1항의 **동물을 판매하려는 자**는 해당 **동물을** 구매자에게 직접 전달하거나 **제9조 제1항**을 준수하는 동물 운송업자를 통하여 배송하여야 한다.

[본조신설 2013. 8. 13.][제목개정 2017. 3. 21.]

★제10조(동물의 도살방법)

① 모든 동물은 **혐오감을 주거나 잔인한 방법으로 도살되어서는 아니 되며, 도살과정 에 불필요한 고통이나 공포, 스트레스를 주어서는 아니 된다.** 〈신설 2013. 8. 13.〉

② 「**축산물위생관리법**」 또는 「**가축전염병예방법**」에 따라 동물을 죽이는 경우에는 **가스 법·전살법(電殺法) 등 농림축산식품부령으로 정하는 방법**을 이용하여 **고통을 최소 화**하여야 하며, 반드시 의식이 없는 상태에서 다음 도살 단계로 **넘어가야 한다. 매몰을 하는 경우에도 또한 같다.** <개정 2013. 3. 23., 2013. 8. 13.>

③ 제1항 및 제2항의 경우 외에도 동물을 불가피하게 죽여야 하는 경우에는 고통을 최소 화할 수 있는 방법에 따라야 한다. <개정 2013. 8. 13.>

★제11조(동물의 수술)[16]

거세, 뿔 없애기, 꼬리 자르기 등 동물에 대한 **외과적 수술**을 하는 사람은 수의학적 방법 에 따라야 한다.

---

16) 수의사법 시행령 제12조(수의사 외의 사람이 할 수 있는 진료의 범위)

법 제10조 단서에서 "대통령령으로 정하는 진료"란 다음 각 호의 행위를 말한다.

1. 수의학을 전공하는 대학(수의학과가 설치된 대학의 수의학과를 포함한다)에서 수의학을 전공하는 학생이 수의사의 자격을 가진 지도교수의 지시·감독을 받아 전공 분야와 관련된 실습을 하기 위 하여 하는 진료행위

2. 제1호에 따른 학생이 수의사의 자격을 가진 지도교수의 지도·감독을 받아 양축 농가에 대한 봉사 활동을 위하여 하는 진료행위

3. 축산 농가에서 자기가 사육하는 다음 각 목의 가축에 대한 진료행위

    가. 「축산법」 제22조제1항제4호에 따른 허가 대상인 가축사육업의 가축

    나. 「축산법」 제22조제3항에 따른 등록 대상인 가축사육업의 가축

    다. 그 밖에 농림축산식품부장관이 정하여 고시하는 가축

4. 농림축산식품부령으로 정하는 비업무로 수행하는 무상 진료행위

★제12조(등록대상동물의 등록 등)

① **등록대상동물의 소유자는** 동물의 보호와 유실·유기방지 등을 위하여 시장·군수· 구청장(자치구의 구청장을 말한다. 이하 같다)·특별자치시장(이하 "시장·군수·구청 장"이라 한다)에게 등록대상동물**을 등록하여야 한다.** 다만, 등록대상동물이 **맹견이 아닌 경우**로서 **농림축산식품부령**[17]으로 정하는 바에 따라 시·도의 조례로 정하는 지역에서는 그러하지 아니하다. <개정 2013. 3. 23., 2018. 3. 20.>

② 제1항에 따라 등록된 등록대상동물의 소유자는 다음 각 호의 어느 하나에 해당하는 경우에는 해당 각 호의 구분에 따른 기간에 **시장·군수·구청장에게 신고**하여야 한 다. <개정 2013. 3. 23., 2017. 3. 21.>

1. **등록대상동물을 잃어버린 경우에는 등록대상동물을 잃어버린 날부터 10일 이내**
2. **등록대상동물에 대하여 농림축산식품부령으로 정하는 사항이 변경된 경우에는 변경 사유 발생일부터 30일 이내**

③ 제1항에 따른 등록대상동물의 소유권을 이전받은 자 중 제1항에 따른 등록을 실시하 는 지역에 거주하는 자는 그 사실을 소유권을 이전받은 날부터 30일 이내에 자신의 주소지를 관할하는 시장·군수·구청장에게 신고하여야 한다.

④ 시장·군수·구청장은 농림축산식품부령으로 정하는 자(이하 이 조에서 "동물등록대 행자"라 한다)로 하여금 제1항부터 제3항까지의 규정에 따른 업무를 대행하게 할 수 있다. 이 경우 그에 따른 수수료를 지급할 수 있다. <개정 2013. 3. 23., 2020. 2. 11.>

⑤ 등록대상동물의 등록 사항 및 방법·절차, 변경신고 절차, 동물등록대행자 준수사항 등에 관한 사항은 농림축산식품부령으로 정하며, 그 밖에 등록에 필요한 사항은 시· 도의 조례로 정한다. <개정 2013. 3. 23., 2020. 2. 11.>

★제13조(등록대상동물의 관리 등)

① 소유자등은 등록대상동물을 **기르는 곳에서 벗어나게 하는 경우**에는 소유자등의 연락 처 등 농림축산식품부령으로 정하는 사항을 표시한 인식표[18]**를 등록대상동물에게 부**

---

17) **동물보호법 시행규칙 제7조(동물등록제 제외 지역의 기준)**

법 제12조제1항 단서에 따라 시·도의 조례로 동물을 등록하지 않을 수 있는 지역으로 정할 수 있는 지 역의 범위는 다음 각 호와 같다. <개정 2013. 12. 31.>

1. **도서**[도서, 제주특별자치도 본도(本島) 및 방파제 또는 교량 등으로 육지와 연결된 도서는 제외한다]
2. 제10조제1항에 따라 **동물등록 업무를 대행하게 할 수 있는 자가 없는 읍·면**

18) **동물보호법 시행령 제11조(인식표의 부착)**

법 제13조제1항에 따라 **등록대상동물을 기르는 곳에서 벗어나게 하는 경우** 해당 동물의 소유자등은 다 음 각 호의 사항을 표시한 **인식표를 등록대상동물에 부착**하여야 한다.

착하여야 한다. <개정 2013. 3. 23.>

② 소유자등은 등록대상동물을 동반하고 외출할 때에는 농림축산식품부령으로 정하는 바에 따라 **목줄 등** 안전조치[19)20)]를 하여야 하며, **배설물**(소변의 경우에는 공동주택의 엘리베이터·계단 등 건물 내부의 공용공간 및 평상·의자 등 사람이 눕거나 앉을 수 있는 기구 위의 것으로 한정한다)이 생겼을 때에는 즉시 수거하여야 한다. <개정 2013. 3. 23., 2015. 1. 20.>

③ 시·도지사는 등록대상동물의 유실·유기 또는 공중위생상의 위해 방지를 위하여 필요할 때에는 시·도의 조례로 정하는 바에 따라 소유자등으로 하여금 **등록대상동물**에 대하여 **예방접종**을 하게 하거나 특정 지역 또는 장소에서의 **사육 또는 출입을 제한**하게 하는 등 필요한 조치를 할 수 있다.

---

1. 소유자의 성명
2. 소유자의 전화번호
3. 동물등록번호(등록한 동물만 해당한다)

19) **동물보호법 시행령 제12조(안전조치)**

① 소유자등은 법 제13조제2항에 따라 **등록대상동물을 동반하고 외출할 때에는** 목줄 또는 가슴줄을 하거나 이동장치를 사용해야 한다. 다만, 소유자등이 월령 3개월 미만인 등록대상동물을 직접 안아서 외출하는 경우에는 해당 안전조치를 하지 않을 수 있다. <개정 2021. 2. 10.>

② 제1항 본문에 따른 **목줄 또는 가슴줄은** 2미터 이내의 길이**여야 한다.** ⟨개정 2021. 2. 10.⟩

③ 등록대상동물의 소유자등은 법 제13조제2항에 따라 「주택법 시행령」 제2조제2호 및 제3호에 따른 **다중주택 및 다가구주택,** 같은 영 제3조에 따른 공동주택의 건물 내부의 공용공간**에서는 등록대상동물을** 직접 안거나 목줄의 목덜미 부분 **또는** 가슴줄의 손잡이 부분을 잡는 등 등록대상동물이 이동할 수 없도록 안전조치**를 해야 한다.** <신설 2021. 2. 10.>

[전문개정 2019. 3. 21.]

20) **경범죄 처벌법 제3조(경범죄의 종류) - 내용 발췌**

① 다음 각 호의 어느 하나에 해당하는 사람은 10만원 이하의 벌금, 구류 또는 과료(科料)의 형으로 처벌한다. <개정 2014. 11. 19., 2017. 7. 26., 2017. 10. 24.>

25. **(위험한 동물의 관리 소홀)** 사람이나 가축에 **해를 끼치는 버릇이 있는 개나** 그 밖의 동물을 함부로 풀어놓거나 제대로 살피지 아니하여 나다니게 한 사람

26. **(동물 등에 의한 행패 등)** 소나 말을 놀라게 하여 달아나게 하거나 **개나 그 밖의 동물을 시켜 사람이나 가축에게 달려들게 한 사람**

★제13조의2(맹견의 관리)21)

① 맹견의 소유자등은 다음 각 호의 사항을 준수하여야 한다.

　1. 소유자등 없이 맹견을 기르는 곳에서 벗어나지 아니하게 할 것

　2. 월령이 3개월 이상인 맹견을 동반하고 외출할 때에는 농림축산식품부령으로 정하는 바에 따라 목줄 및 입마개 등 안전장치를 하거나 맹견의 탈출을 방지할 수 있는 적정한 이동장치를 할 것

　3. 그 밖에 맹견이 사람에게 신체적 피해를 주지 아니하도록 하기 위하여 농림축산식품부령으로 정하는 사항을 따를 것

② 시·도지사와 시장·군수·구청장은 맹견이 사람에게 신체적 피해를 주는 경우 농림축산식품부령으로 정하는 바에 따라 소유자등의 동의 없이 맹견에 대하여 격리조치 등 필요한 조치를 취할 수 있다.

③ 맹견의 소유자는 맹견의 안전한 사육 및 관리에 관하여 농림축산식품부령으로 정하는 바에 따라 정기적으로 교육22)을 받아야 한다.

④ 맹견의 소유자는 맹견으로 인한 다른 사람의 생명·신체나 재산상의 피해를 보상하기 위하여 대통령령으로 정하는 바23)에 따라 보험에 가입하여야 한다.

---

21) 동물보호법 시행규칙 제1조의3(맹견의 범위)

　법 제2조제3호의2에 따른 맹견(猛犬)은 다음 각 호와 같다. <개정 2020. 8. 21.>

　1. 도사견과 그 잡종의 개 2. 아메리칸 핏불테리어와 그 잡종의 개 3. 아메리칸 스태퍼드셔 테리어와 그 잡종의 개 4. 스태퍼드셔 불 테리어와 그 잡종의 개 5. 로트와일러와 그 잡종의 개 [본조신설 2018. 9. 21.][제1조의2에서 이동 <2020. 8. 21.>]

22) 동물보호법 시행규칙 제12조의4(맹견 소유자의 교육)

　① 법 제13조의2제3항에 따른 맹견 소유자의 맹견에 관한 교육은 다음 각 호의 구분에 따른다.

　1. 맹견의 소유권을 최초로 취득한 소유자의 신규교육: 소유권을 취득한 날부터 6개월 이내 3시간

　2. 그 외 맹견 소유자의 정기교육: 매년 3시간

　－ 이하생략 －

23) 동물보호법 시행령 제6조의2(보험의 가입)

　법 제13조의2제4항에 따라 맹견의 소유자는 다음 각 호의 요건을 모두 충족하는 보험에 가입해야 한다.

　1. 다음 각 목에 해당하는 금액 이상을 보상할 수 있는 보험일 것

　가. 사망의 경우에는 피해자 1명당 8천만원

　나. 부상의 경우에는 피해자 1명당 농림축산식품부령으로 정하는 상해등급에 따른 금액

　다. 부상에 대한 치료를 마친 후 더 이상의 치료효과를 기대할 수 없고 그 증상이 고정된 상태에서 그 부상이 원인이 되어 신체의 장애(이하 "후유장애"라 한다)가 생긴 경우에는 피해자 1명당 농림축산식품부령으로 정하는 후유장애등급에 따른 금액

<신설 2020. 2. 11.>

[본조신설 2018. 3. 20.]

★제13조의3(맹견의 출입금지 등)

맹견의 소유자등은 다음 각 호의 어느 하나에 해당하는 장소에 맹견이 출입하지 아니하도록 하여야 한다.

1. 「영유아보육법」 제2조제3호에 따른 어린이집
2. 「유아교육법」 제2조제2호에 따른 유치원
3. 「초·중등교육법」 제38조에 따른 초등학교 및 같은 법 제55조에 따른 특수학교
4. 그 밖에 불특정 다수인이 이용하는 장소로서 시·도의 조례[24]로 정하는 장소

[본조신설 2018. 3. 20.]

★제14조(동물의 구조·보호)

① 시·도지사(특별자치시장은 제외한다. 이하 이 조, 제15조, 제17조부터 제19조까지, 제21조, 제29조, 제38조의2, 제39조부터 제41조까지, 제41조의2, 제43조, 제45조 및 제47조에서 같다)와 시장·군수·구청장은 **다음 각 호의 어느 하나에 해당하는 동물을 발견한 때에는 그 동물을 구조하여 제7조에 따라 치료·보호에 필요한 조치(이하 "보호조치"라 한다)를 하여야 하며, 제2호 및 제3호에 해당하는 동물은 학대 재발 방지를 위하여 학대행위자로부터 격리[25]하여야 한다.** 다만, 제1호에 해당하는

라. 다른 사람의 동물이 상해를 입거나 죽은 경우에는 사고 1건당 200만원

　　　－ 이하생략 －

24) 서울특별시 동물보호 조례 [시행 2021. 9. 30.] 제7조의3(맹견의 출입금지 등)

맹견의 소유자등은 다음 각 호의 어느 하나에 해당하는 장소에 맹견이 출입하지 아니하도록 하여야 한다. <개정 2019.7.18>

1. 「영유아보육법」제2조제3호에 따른 어린이집
2. 「유아교육법」제2조제2호에 따른 유치원
3. 「초·중등교육법」제38조에 따른 초등학교 및 같은 법 제55조에 따른 특수학교
4. 「노인복지법」제36조제1항에 따른 노인여가복지시설
5. 「장애인복지법」 제58조제1항에 따른 장애인복지시설

[본조신설 2019.3.28.]

25) 동물보호법 시행규칙 제14조(보호조치 기간)

특별시장·광역시장·도지사 및 특별자치도지사(이하 "시·도지사"라 한다)와 시장·군수·구청장은 법 제14조제3항에 따라 **소유자로부터 학대받은 동물**을 보호할 때에는 **수의사의 진단에 따라 기간을 정하여** 보호조치하되 3일 이상 소유자로부터 격리조치 하여야 한다. <개정 2018. 3. 22., 2020. 8. 21.>

동물 중 농림축산식품부령으로 정하는 동물은 **구조·보호조치의 대상에서 제외**[26]한다. <개정 2013. 3. 23., 2013. 4. 5., 2017. 3. 21.>

1. 유실·유기동물[27]

2. 피학대 동물 중 소유자를 알 수 없는 동물

3. **소유자로부터 제8조제2항에 따른 학대를 받아 적정하게 치료·보호받을 수 없다고 판단되는 동물**

② 시·도지사와 시장·군수·구청장이 제1항제1호 및 제2호에 해당하는 동물에 대하여 보호조치 중인 경우에는 그 **동물의 등록 여부를 확인하여야 하고,** 등록된 동물인 경우에는 **지체 없이 동물의 소유자에게 보호조치 중인 사실을 통보하여야 한다.** <신설 2017. 3. 21.>

③ 시·도지사와 시장·군수·구청장이 제1항제3호에 따른 동물을 보호할 때에는 **농림축산식품부령으로 정하는 바에 따라 기간**[28]을 정하여 해당 동물에 대한 보호조치를 하여야 한다. <개정 2013. 3. 23., 2013. 4. 5., 2017. 3. 21.>

④ 시·도지사와 시장·군수·구청장은 제1항 각 호 외의 부분 단서에 해당하는 동물에 대하여도 보호·관리를 위하여 필요한 조치를 취할 수 있다. <신설 2017. 3. 21.>

★제15조(동물보호센터의 설치·지정 등)

① **시·도지사와 시장·군수·구청장**은 제14조에 따른 동물의 구조·보호조치 등을 위하여 농림축산식품부령으로 정하는 기준에 맞는 **동물보호센터를 설치·운영할 수 있다.** <개정 2013. 3. 23., 2013. 8. 13.>

② **시·도지사와 시장·군수·구청장은 제1항에 따른 동물보호센터를 직접 설치·운영하도록 노력하여야 한다. 〈신설 2017. 3. 21.〉**

③ **농림축산식품부장관**은 제1항에 따라 **시·도지사 또는 시장·군수·구청장이 설치·**

---

26) **동물보호법 시행령 제13조(구조·보호조치 제외 동물)**

① 법 제14조제1항 각 호 외의 부분 단서에서 "농림축산식품부령으로 정하는 동물"이란 도심지나 주택가**에서 자연적으로 번식하여 자생적으로 살아가는 고양이로서** 개체수 조절을 위해 **중성화(中性化)하여 포획장소에 방사(放飼)**하는 등의 조치 대상이거나 조치가 된 고양이를 말한다. <개정 2013. 3. 23., 2018. 3. 22.>

27) **동물보호법 4조 1항 2호 가목: 도로·공원 등의 공공장소에서 소유자등이 없이 배회하거나 내버려진 동물** – 내용 발췌

28) **동물보호법 시행규칙 제14조(보호조치 기간)**

특별시장·광역시장·도지사 및 특별자치도지사(이하 "시·도지사"라 한다)와 시장·군수·구청장은 법 제14조제3항에 따라 소유자로부터 **학대받은 동물**을 보호할 때에는 **수의사의 진단에 따라** 기간을 정하여 보호조치하되 **3일 이상 소유자로부터 격리조치** 하여야 한다. <개정 2018. 3. 22., 2020. 8. 21.>

운영하는 동물보호센터의 설치 · 운영에 드는 비용의 전부 또는 일부를 지원할 수 있다. <개정 2013. 3. 23., 2017. 3. 21.>

④ 시 · 도지사 또는 시장 · 군수 · 구청장은 농림축산식품부령으로 정하는 기준에 맞는 기관이나 단체를 동물보호센터로 지정하여 제14조에 따른 동물의 구조 · 보호조치 등을 하게 할 수 있다. <개정 2013. 3. 23., 2017. 3. 21.>

⑤ 제4항에 따른 동물보호센터로 지정받으려는 자는 농림축산식품부령으로 정하는 바에 따라 시 · 도지사 또는 시장 · 군수 · 구청장에게 신청하여야 한다. <개정 2013. 3. 23., 2017. 3. 21.>

⑥ 시 · 도지사 또는 시장 · 군수 · 구청장은 제4항에 따른 동물보호센터에 동물의 구조·보호조치 등에 드는 비용(이하 "보호비용"이라 한다)의 전부 또는 일부를 지원할 수 있으며, 보호비용의 지급절차와 그 밖에 필요한 사항은 농림축산식품부령으로 정한다. <개정 2013. 3. 23., 2017. 3. 21.>

⑦ 시 · 도지사 또는 시장 · 군수 · 구청장은 제4항에 따라 지정된 동물보호센터가 다음 각 호의 어느 하나에 해당하는 경우에는 그 지정을 취소할 수 있다. 다만, 제1호에 해당하는 경우에는 지정을 취소하여야 한다. <개정 2017. 3. 21.>

1. 거짓이나 그 밖의 부정한 방법으로 지정을 받은 경우
2. 제4항에 따른 지정기준에 맞지 아니하게 된 경우
3. 제6항에 따른 보호비용을 거짓으로 청구한 경우
4. 제8조제1항부터 제3항까지의 규정을 위반한 경우
5. 제22조를 위반한 경우
6. 제39조제1항제3호의 시정명령을 위반한 경우
7. 특별한 사유 없이 유실 · 유기동물 및 피학대 동물에 대한 보호조치를 3회 이상 거부한 경우
8. 보호 중인 동물을 영리를 목적으로 분양하는 경우

⑧ 시 · 도지사 또는 시장 · 군수 · 구청장은 제7항에 따라 지정이 취소된 기관이나 단체를 지정이 취소된 날부터 1년 이내에는 다시 동물보호센터로 지정하여서는 아니 된다. 다만, 제7항제4호에 따라 지정이 취소된 기관이나 단체는 지정이 취소된 날부터 2년 이내에는 다시 동물보호센터로 지정하여서는 아니 된다. <개정 2017. 3. 21., 2018. 3. 20.>

⑨ 동물보호센터 운영의 공정성과 투명성을 확보하기 위하여 농림축산식품부령으로 정하는 일정규모 이상[29]의 동물보호센터는 농림축산식품부령으로 정하는 바에 따라 운영위

---

29) 동물보호법 시행규칙 제17조(동물보호센터 운영위원회의 설치 및 기능 등) - 내용 발췌
① 법 제15조제9항에서 "농림축산식품부령으로 정하는 일정 규모 이상"이란 연간 유기동물 처리 마릿수가 1천마리 이상인 것을 말한다. <개정 2013. 3. 23., 2018. 3. 22.> - 이하생략 -

원회를 구성·운영하여야 한다. <개정 2013. 3. 23., 2017. 3. 21.>
⑩ 제1항 및 제4항에 따른 동물보호센터의 준수사항 등에 관한 사항은 농림축산식품부령
으로 정하고, 지정절차 및 보호조치의 구체적인 내용 등 그 밖에 필요한 사항은 시·도
의 조례로 정한다. <개정 2013. 3. 23., 2017. 3. 21.>

★제16조(신고 등)
① 누구든지 다음 각 호의 어느 하나에 해당하는 동물을 발견한 때에는 관할 지방자치
단체의 장 또는 동물보호센터에 신고할 수 있다. <개정 2017. 3. 21.>
  1. 제8조에서 금지한 학대를 받는 동물
  2. 유실·유기동물
② 다음 각 호의 어느 하나에 해당하는 자가 그 직무상 제1항에 따른 동물을 발견한 때
에는 지체 없이 관할 지방자치단체의 장 또는 동물보호센터에 신고하여야 한다. <개
정 2017. 3. 21.>
  1. 제4조제4항에 따른 민간단체의 임원 및 회원
  2. 제15조제1항에 따라 설치되거나 같은 조 제4항에 따라 동물보호센터로 지정된 기
    관이나 단체의 장 및 그 종사자
  3. 제25조제1항에 따라 동물실험윤리위원회를 설치한 동물실험시행기관의 장 및 그
    종사자
  4. 제27조제2항에 따른 동물실험윤리위원회의 위원
  5. 제29조제1항에 따라 동물복지축산농장으로 인증을 받은 자
  6. 제33조제1항에 따라 영업등록을 하거나 제34조제1항에 따라 영업허가를 받은 자
    및 그 종사자
  7. 수의사, 동물병원의 장 및 그 종사자
③ 신고인의 신분은 보장되어야 하며 그 의사에 반하여 신원이 노출되어서는 아니 된다.

★제17조(공고)
시·도지사와 시장·군수·구청장은 제14조제1항제1호 및 제2호에 따른 동물을 보호하고 있
는 경우에는 소유자등이 보호조치 사실을 알 수 있도록 대통령령으로 정하는 바[30])에 따
라 지체 없이 7일 이상 그 사실을 공고하여야 한다. <개정 2013. 4. 5.>

---

30) 동물보호관리시스템 www.animal.go.kr

제18조(동물의 반환 등)

① 시·도지사와 시장·군수·구청장은 다음 각 호의 어느 하나에 해당하는 사유가 발생한 경우에는 제14조에 해당하는 동물을 그 **동물의 소유자에게 반환**하여야 한다. <개정 2013. 4. 5., 2017. 3. 21.>

  1. 제14조제1항제1호 및 제2호에 해당하는 **동물이 보호조치 중에 있고, 소유자가 그 동물에 대하여 반환을 요구하는 경우**

  2. 제14조제3항에 따른 **보호기간이 지난 후**, 보호조치 중인 제14조제1항제3호의 동물에 대하여 소유자가 제19조제2항에 따라 **보호비용을 부담하고 반환을 요구하는 경우**

② 시·도지사와 시장·군수·구청장은 제1항제2호에 해당하는 **동물의 반환과 관련하여 동물의 소유자에게 보호기간, 보호비용 납부기한 및 면제 등에 관한 사항을 알려야 한다.** <개정 2013. 4. 5.>

제19조(보호비용의 부담)

① 시·도지사와 시장·군수·구청장은 제14조제1항제1호 및 제2호에 해당하는 **동물의 보호비용을 소유자 또는** 제21조제1항에 따라 **분양을 받는 자에게** 청구할 수 있다. <개정 2013. 4. 5.>

② 제14조제1항제3호에 해당하는 **동물의 보호비용은** 농림축산식품부령으로 정하는 바에 따라 **납부기한까지 그 동물의 소유자가 내야 한다.** 이 경우 시·도지사와 시장·군수·구청장은 동물의 소유자가 제20조제2호에 따라 그 동물의 **소유권을 포기한 경우에는 보호비용의 전부 또는 일부를 면제**할 수 있다. <개정 2013. 3. 23., 2013. 4. 5.>

③ 제1항 및 제2항에 따른 보호비용의 징수에 관한 사항은 대통령령으로 정하고, 보호비용의 산정 기준에 관한 사항은 농림축산식품부령으로 정하는 범위에서 해당 시·도의 조례로 정한다. <개정 2013. 3. 23.>

★제20조(동물의 소유권 취득)

시·도와 시·군·구가 **동물의 소유권을 취득**할 수 있는 경우는 다음 각 호와 같다. <개정 2013. 4. 5., 2017. 3. 21.>

  1. 「유실물법」 제12조 및 「민법」 제253조에도 불구하고 제17조에 따라 공고한 날부터 **10일이 지나도 동물의 소유자등을 알 수 없는 경우**

  2. 제14조제1항제3호에 해당하는 **동물의 소유자가 그 동물의 소유권을 포기한 경우**

  3. 제14조제1항제3호에 해당하는 동물의 소유자가 제19조제2항에 따른 **보호비용의**

납부기한이 종료된 날부터 10일이 지나도 보호비용을 납부하지 아니한 경우
4. 동물의 소유자를 확인한 날부터 10일이 지나도 정당한 사유 없이 동물의 소유자
와 연락이 되지 아니하거나 소유자가 반환받을 의사를 표시하지 아니한 경우

★제21조(동물의 분양·기증)

① **시·도지사와 시장·군수·구청장은** 제20조에 따라 소유권을 취득한 동물이 적정하
게 사육·관리될 수 있도록 시·도의 조례로 정하는 바에 따라 동물원, 동물을 애호하
는 자(시·도의 조례로 정하는 자격요건을 갖춘 자로 한정한다)나 대통령령으로 정하는
민간단체31) **등에 기증하거나 분양할 수 있다.** <개정 2013. 4. 5.>

② 시·도지사와 시장·군수·구청장은 제20조에 따라 **소유권을 취득한 동물에 대하여는**
제1항에 따라 **분양될 수 있도록 공고할 수 있다.** <개정 2013. 4. 5.>

③ 제1항에 따른 기증·분양의 요건 및 절차 등 그 밖에 필요한 사항은 시·도의 조례로
정한다.

★제22조(동물의 인도적인 처리 등)

① 제15조제1항 및 제4항에 따른 동물보호센터의 장 및 운영자는 제14조제1항에 따라 보
호조치 중인 동물에게 질병 등 농림축산식품부령으로 정하는 사유가 있는 경우에는
농림축산식품부장관이 정하는 바32)에 따라 인도적인 방법으로 처리하여야 한다.
<개정 2013. 3. 23., 2017. 3. 21.>

---

31) **동물보호법 시행령 제9조(동물의 기증 또는 분양 대상 민간단체 등의 범위)**
   법 제21조제1항에서 "대통령령으로 정하는 민간단체 등"이란 다음 각 호의 어느 하나에 해당하는 단체
   또는 기관 등을 말한다.
   1. 제5조 각 호의 어느 하나에 해당하는 **법인 또는 단체**
   2. 「장애인복지법」 제40조제4항에 따라 **지정된 장애인 보조견 전문훈련기관**
   3. 「사회복지사업법」 제2조제4호에 따른 **사회복지시설**

32) **동물보호법 시행령 제22조(동물의 인도적인 처리)**
   법 제22조제1항에서 "농림축산식품부령으로 정하는 사유"란 다음 각 호의 어느 하나에 해당하는 경우
   를 말한다. <개정 2013. 3. 23., 2018. 3. 22.>
   1. 동물이 **질병 또는 상해**로부터 회복될 수 없거나 지속적으로 고통을 받으며 살아야 할 것으로 **수의
      사가 진단한 경우**
   2. 동물이 사람이나 보호조치 중인 다른 동물에게 **질병을 옮기거나 위해**를 끼칠 우려가 매우 높은 것
      으로 **수의사가 진단한 경우**
   3. 법 제21조에 따른 기증 또는 분양이 곤란한 경우 등 **시·도지사 또는 시장·군수·구청장이 부득이
      한 사정이 있다고 인정하는 경우**

② 제1항에 따른 인도적인 방법에 따른 **처리는 수의사에 의하여 시행**되어야 한다.

③ **동물보호센터의 장**은 제1항에 따라 **동물의 사체**가 발생한 경우 「폐기물관리법」에 따라 처리하거나 제33조에 따라 동물장묘업의 등록을 한 자가 설치·운영하는 **동물장묘시설에서 처리하여야 한다.** <개정 2017. 3. 21.>

제3장 동물실험

★제23조(동물실험의 원칙)[33]

① 동물실험은 인류의 복지 증진과 **동물 생명의 존엄성**을 고려하여 실시하여야 한다.

② 동물실험을 하려는 경우에는 이를 대체할 수 있는 방법을 우선적으로 고려하여야 한다.

③ 동물실험은 실험에 사용하는 동물(이하 "실험동물"이라 한다)의 윤리적 취급과 과학적 사용에 관한 지식과 경험을 보유한 자가 시행하여야 하며 **필요한 최소한의 동물을 사용**하여야 한다.

④ 실험동물의 고통이 수반되는 실험은 감각능력이 낮은 동물을 사용하고 진통·진정·마취제의 사용 등 수의학적 방법에 따라 고통을 덜어주기 위한 적절한 조치를 하여야 한다.

⑤ 동물실험을 한 자는 그 **실험이 끝난 후 지체 없이 해당 동물을 검사**하여야 하며, **검사 결과 정상적으로 회복한 동물**은 분양하거나 기증할 수 있다. <개정 2018. 3. 20.>

⑥ 제5항에 따른 검사 결과 해당 **동물이 회복할 수 없거나 지속적으로 고통을 받으며 살아야 할 것으로 인정되는 경우**에는 신속하게 고통을 주지 아니하는 방법으로 처리하여야 한다. <신설 2018. 3. 20.>

⑦ 제1항부터 제6항까지에서 규정한 사항 외에 동물실험의 원칙에 관하여 필요한 사항은 농림축산식품부장관이 정하여 고시한다. <개정 2013. 3. 23., 2018. 3. 20.>

★제24조(동물실험의 금지 등)

누구든지 다음 각 호의 동물실험을 하여서는 아니 된다. 다만, 해당 동물종(種)의 건강, 질병관리연구 등 농림축산식품부령으로 정하는 불가피한 사유로 농림축산식품부령으로 정하는 바에 따라 승인을 받은 경우에는 그러하지 아니하다. <개정 2013. 3. 23., 2020. 2. 11.>

1. 유실·유기동물(보호조치 중인 동물을 포함한다)을 대상으로 하는 실험

2. 「장애인복지법」 제40조에 따른 장애인 보조견 등 사람이나 국가를 위하여 봉사하고 있거나 봉사한 동물로서 대통령령으로 정하는 동물[34]을 대상으로 하는 실험

---

33) 3R원칙[3Rs] : 동물실험에 관한 세 가지 원칙으로, 동물실험의 대체(Replacement)·사용 동물 수 감소(Reduction)·실험방법의 개선(Refinement)을 지칭한다. (두산백과)

34) **동물보호법 시행령 제10조(동물실험 금지 동물)**

★제24조의2(미성년자 동물 해부실습의 금지)

누구든지 미성년자(19세 미만의 사람을 말한다. 이하 같다)에게 체험·교육·시험· 연구 등의 목적으로 동물(사체를 포함한다) 해부실습을 하게 하여서는 아니 된다. 다만, 「초·중등교육법」 제2조에 따른 학교 또는 동물실험시행기관 등이 시행하는 경우 등 **농림축산식품부령으로 정하는 경우**[35])에는 그러하지 아니하다.

[본조신설 2018. 3. 20.]

법 제24조제2호에서 "대통령령으로 정하는 동물"이란 다음 각 호의 어느 하나에 해당하는 동물을 말한다. <개정 2013. 3. 23., 2014. 11. 19., 2017. 7. 26., 2021. 2. 9., 2021. 7. 6.>

1. 「장애인복지법」 제40조에 따른 **장애인 보조견**
2. 소방청(그 소속 기관을 포함한다)에서 효율적인 구조활동을 위해 이용하는 **119구조견**
3. 다음 각 목의 기관(그 소속 기관을 포함한다)에서 수색·탐지 등을 위해 이용하는 **경찰견**
   가. 국토교통부
   나. 경찰청
   다. 해양경찰청
4. 국방부(그 소속 기관을 포함한다)에서 수색·경계·추적·탐지 등을 위해 이용하는 **군견**
5. 농림축산식품부(그 소속 기관을 포함한다) 및 관세청(그 소속 기관을 포함한다) 등에서 각종 물질의 탐지 등을 위해 이용하는 **마약 및 폭발물 탐지견과 검역 탐지견**

35) 동물보호법 시행규칙 제23조의2(미성년자 동물 해부실습 금지의 적용 예외)

법 제24조의2 단서에서 "「초·중등교육법」 제2조에 따른 학교 또는 동물실험시행기관 등이 시행하는 경우 등 농림축산식품부령으로 정하는 경우"란 「초·중등교육법」 제2조에 따른 **학교** 및 「영재교육 진흥법」 제2조제4호에 따른 **영재학교**(이하 이 조에서 "학교"라 한다) 또는 **동물실험시행기관**이 다음 각 호의 어느 하나에 해당하는 경우를 말한다.

1. **학교**가 동물 해부실습의 시행에 대해 법 제25조제1항에 따른 **동물실험시행기관의 동물실험윤리위원회의 심의를 거친 경우**
2. **학교**가 다음 각 목의 **요건을 모두 갖추어 동물 해부실습을 시행하는 경우**
   가. 동물 해부실습에 관한 사항을 심의하기 위하여 학교에 동물 해부실습 심의위원회(이하 "심의위원회"라 한다)를 둘 것
   – 중략 –
   다. 학교의 장이 심의위원회의 심의를 거쳐 동물 해부실습의 시행이 타당하다고 인정할 것
   라. 심의위원회의 심의 및 운영에 관하여 별표 5의2의 기준을 준수할 것
3. **동물실험시행기관**이 동물 해부실습의 시행에 대해 법 제25조제1항 본문 또는 단서에 따른 **동물실험윤리위원회 또는 실험동물운영위원회의 심의를 거친 경우**

[본조신설 2021. 2. 10.]

★제25조(동물실험윤리위원회의 설치 등)

① 동물실험시행기관의 장은 실험동물의 보호와 윤리적인 취급을 위하여 제27조에 따라 **동물실험윤리위원회**[36]**(이하 "윤리위원회"라 한다)를 설치·운영하여야 한다.** 다만, 동물실험시행기관에 「**실험동물에 관한 법률**」 **제7조**[37]**에 따른 실험동물운영위원회가** 설치되어 있고, 그 위원회의 구성이 제27조제2항부터 제4항까지에 규정된 요건을 충족할 경우에는 해당 위원회를 **윤리위원회로 본다.**

② 농림축산식품부령으로 정하는 일정 기준 이하의 동물실험시행기관은 다른 동물실험시행기관과 **공동으로** 농림축산식품부령으로 정하는 바에 따라 **윤리위원회를 설치·운영할 수 있다.** <개정 2013. 3. 23.>

③ **동물실험시행기관의 장은** 동물실험을 하려면 윤리위원회의 심의를 거쳐야 한다.

제26조(윤리위원회의 기능 등)

① 윤리위원회는 다음 각 호의 기능을 수행한다.

1. **동물실험에 대한 심의**

2. 동물실험이 **제23조의 원칙**에 맞게 시행되도록 지도·감독

3. 동물실험시행기관의 장에게 **실험동물의 보호와 윤리적인 취급**을 위하여 필요한 조치 요구

② 윤리위원회의 심의대상인 동물실험에 관여하고 있는 위원은 해당 동물실험에 관한 심의에 참여하여서는 아니 된다.

③ 윤리위원회의 위원은 그 직무를 수행하면서 알게 된 비밀을 누설하거나 도용하여서는 아니 된다.

④ 제1항에 따른 지도·감독의 방법과 그 밖에 윤리위원회의 운영 등에 관한 사항은 대통령령으로 정한다.

---

36) **동물실험윤리위원회** (Institutional Animal Care and Use Committees, IACUC)

37) **실험동물에 관한 법률 제7조**(실험동물운영위원회 설치 등)

① 동물실험시설에는 **동물실험의 윤리성, 안전성 및 신뢰성 등을 확보**하기 위하여 **실험동물운영위원회를 설치·운영하여야 한다.** 다만, 해당 동물실험시설에 「동물보호법」 제25조에 따른 동물실험윤리위원회가 설치되어 있고, 그 위원회의 구성이 제2항 및 제3항의 요건을 충족하는 경우에는 **그 위원회를 실험동물운영위원회로 본다.**

② 실험동물운영위원회는 위원장 1명을 포함하여 **4명 이상 15명 이내**의 위원으로 구성한다.

제27조(윤리위원회의 구성)

① 윤리위원회는 위원장 **1명을 포함하여 3명 이상 15명 이하의 위원으로 구성**한다.

② 위원은 다음 각 호에 해당하는 사람 중에서 동물실험시행기관의 장이 위촉하며, 위원장은 위원 중에서 호선(互選)한다. 다만, 제25조제2항에 따라 구성된 윤리위원회의 위원은 해당 동물실험시행기관의 장들이 공동으로 위촉한다. <개정 2013. 3. 23., 2017. 3. 21.>

  1. 수의사로서 농림축산식품부령으로 정하는 자격기준에 맞는 사람

  2. 제4조제4항에 따른 민간단체가 추천하는 동물보호에 관한 학식과 경험이 풍부한 사람으로서 농림축산식품부령으로 정하는 자격기준에 맞는 사람

  3. 그 밖에 실험동물의 보호와 윤리적인 취급을 도모하기 위하여 필요한 사람으로서 농림축산식품부령으로 정하는 사람

③ 윤리위원회에는 제2항제1호 및 제2호에 해당하는 위원을 각각 1명 이상 포함하여야 한다.

④ 윤리위원회를 구성하는 위원의 **3분의 1 이상**은 해당 동물실험시행기관과 **이해관계가 없는 사람**이어야 한다.

⑤ 위원의 임기는 2년으로 한다.

⑥ 그 밖에 윤리위원회의 구성 및 이해관계의 범위 등에 관한 사항은 농림축산식품부령으로 정한다. <개정 2013. 3. 23.>

제28조(윤리위원회의 구성 등에 대한 지도·감독)

① 농림축산식품부장관은 제25조제1항 및 제2항에 따라 윤리위원회를 설치한 동물실험시행기관의 장에게 제26조 및 제27조에 따른 윤리위원회의 구성·운영 등에 관하여 지도·감독을 할 수 있다. <개정 2013. 3. 23.>

② 농림축산식품부장관은 윤리위원회가 제26조 및 제27조에 따라 구성·운영되지 아니할 때에는 해당 동물실험시행기관의 장에게 대통령령으로 정하는 바에 따라 기간을 정하여 해당 윤리위원회의 구성·운영 등에 대한 개선명령을 할 수 있다. <개정 2013. 3. 23.>

제4장 동물복지축산농장의 인증

제29조(동물복지축산농장의 인증)

① 농림축산식품부장관은 동물복지 증진에 이바지하기 위하여 「축산물위생관리법」 제2조제1호에 따른 **가축38)으로서 농림축산식품부령으로 정하는 동물**이 본래의 습성 등을

---

38) **축산물 위생관리법 제2조(정의)** 이 법에서 사용하는 용어의 뜻은 다음과 같다. <개정 2013. 3. 23.,

유지하면서 정상적으로 살 수 있도록 관리하는 축산농장을 동물복지축산농장으로 **인증**할 수 있다. <개정 2013. 3. 23.>

② 제1항에 따라 인증을 받으려는 자는 농림축산식품부령으로 정하는 바에 따라 농림축산식품부장관에게 신청하여야 한다. <개정 2013. 3. 23.>

③ 농림축산식품부장관은 동물복지축산농장으로 인증된 축산농장에 대하여 다음 각 호의 지원을 할 수 있다. <개정 2013. 3. 23.>

 1. 동물의 보호 및 복지 증진을 위하여 축사시설 개선에 필요한 비용

 2. 동물복지축산농장의 환경개선 및 경영에 관한 지도 · 상담 및 교육

④ 농림축산식품부장관은 동물복지축산농장으로 인증을 받은 자가 거짓이나 그 밖의 부정한 방법으로 인증을 받은 경우 그 인증을 취소하여야 하고, 제7항에 따른 인증기준에 맞지 아니하게 된 경우 그 인증을 취소할 수 있다. <개정 2013. 3. 23.>

⑤ 제4항에 따라 인증이 취소된 자(법인인 경우에는 그 대표자를 포함한다)는 그 인증이 취소된 날부터 1년 이내에는 제1항에 따른 동물복지축산농장 인증을 신청할 수 없다.

⑥ 농림축산식품부장관, 시 · 도지사, 시장 · 군수 · 구청장, 「축산자조금의 조성 및 운용에 관한 법률」 제2조제3호에 따른 축산단체, 제4조제4항에 따른 민간단체는 동물복지축산농장의 운영사례를 교육 · 홍보에 적극 활용하여야 한다. <개정 2013. 3. 23., 2017. 3. 21.>

⑦ 제1항부터 제6항까지에서 규정한 사항 외에 동물복지축산농장의 인증 기준·절차 및 인증농장의 표시 등에 관한 사항은 농림축산식품부령으로 정한다. <개정 2013. 3. 23.>

제30조(부정행위의 금지)

누구든지 다음 각 호에 해당하는 행위를 하여서는 아니 된다.

 1. 거짓이나 그 밖의 부정한 방법으로 동물복지축산농장 인증을 받은 행위

 2. 제29조에 따른 인증을 받지 아니한 축산농장을 동물복지축산농장으로 표시하는 행위

제31조(인증의 승계)

① 다음 각 호의 어느 하나에 해당하는 자는 동물복지축산농장 인증을 받은 자의 지위를 승계한다.

 1. 동물복지축산농장 인증을 받은 사람이 사망한 경우 그 농장을 계속하여 운영하려는 상속인

2016. 2. 3., 2017. 10. 24.>

1. "가축"이란 **소, 말, 양**(염소 등 **산양**을 포함한다. 이하 같다), **돼지**(사육하는 **멧돼지**를 포함한다. 이하 같다), **닭, 오리**, 그 밖에 식용(食用)을 목적으로 하는 동물로서 대통령령으로 정하는 동물(축산물위생관리법 시행규칙 제2조 ①항 **1.사슴 2.토끼 3.칠면조 4.거위 5.메추리 6.꿩 7.당나귀**)을 말한다.

2. 동물복지축산농장 인증을 받은 사람이 그 사업을 양도한 경우 그 양수인

3. 동물복지축산농장 인증을 받은 법인이 합병한 경우 합병 후 존속하는 법인이나 합병으로 설립되는 법인

② 제1항에 따라 동물복지축산농장 인증을 받은 자의 지위를 승계한 자는 30일 이내에 농림축산식품부장관에게 신고하여야 하다. <개정 2013. 3. 23.>

③ 제2항에 따른 신고에 필요한 사항은 농림축산식품부령으로 정한다. <개정 2013. 3. 23.>

제5장 영업

★제32조(영업의 종류 및 시설기준 등)

① 반려동물과 관련된 다음 각 호의 **영업을 하려는 자**는 농림축산식품부령으로 정하는 기준에 맞는 시설과 인력[39]을 갖추어야 한다. <개정 2013. 3. 23., 2013. 8. 13., 2017. 3. 21., 2020. 2. 11.>

1. **동물장묘업(動物葬墓業)**
2. **동물판매업**
3. **동물수입업**
4. 동물생산업
5. **동물전시업**
6. **동물위탁관리업**
7. **동물미용업**
8. **동물운송업**

② 제1항 각 호에 따른 **영업의 세부 범위**는 **농림축산식품부령**으로 정한다. <개정 2013. 3. 23.>

★제33조(영업의 등록)

① **제32조제1항**제1호부터 제3호**까지 및** 제5호부터 제8호까지**의** 규정에 따른 영업을 하려는 자는 농림축산식품부령으로 정하는 바에 따라 시장·군수·구청장에게 등록**하여야 한다.** <개정 2013. 3. 23., 2017. 3. 21.>

② 제1항에 따라 등록을 한 자는 농림축산식품부령으로 정하는 사항을 변경하거나 폐업·휴업 또는 그 영업을 재개하려는 경우에는 미리 농림축산식품부령으로 정하는 바에 따라 시장·군수·구청장에게 신고를 하여야 한다. <개정 2013. 3. 23.>

③ 시장·군수·구청장은 제2항에 따른 변경신고를 받은 경우 그 내용을 검토하여 이 법

---

39) **동물보호법 시행규칙** [별표 9] 반려동물 관련 영업별 시설 및 인력 기준

에 적합하면 신고를 수리하여야 한다. <신설 2019. 8. 27.>

④ 다음 각 호의 **어느 하나에 해당하는 경우**에는 제1항에 따른 **등록을 할 수 없다.** 다만, 제5호는 제32조제1항제1호에 따른 영업에만 적용한다. <개정 2014. 3. 24., 2017. 3. 21., 2018. 12. 24., 2019. 8. 27.>

1. 등록을 하려는 자(법인인 경우에는 임원을 포함한다. 이하 이 조에서 같다)가 **미성년자, 피한정후견인 또는 피성년후견인인 경우**

2. 제32조제1항 각 호 외의 부분에 따른 **시설 및 인력의 기준에 맞지 아니한 경우**

3. 제38조제1항에 따라 **등록이 취소된 후 1년이 지나지 아니한 자**(법인인 경우에는 그 대표자를 포함한다)가 취소된 업종과 같은 업종을 등록하려는 경우

4. 등록을 하려는 자가 **이 법을 위반하여** 벌금형 이상의 형을 선고받고 그 형이 확정된 날부터 **3년이 지나지 아니한 경우.** 다만, **제8조를 위반하여** 벌금형 이상의 형을 선고받은 경우에는 **그 형이 확정된 날부터 5년으로 한다.**

5. 다음 각 목의 어느 하나에 해당하는 지역에 **동물장묘시설**을 설치하려는 경우
   가. 「**장사 등에 관한 법률**」 제17조에 해당하는 지역
   나. **20호 이상의 인가밀집지역, 학교, 그 밖에 공중이 수시로 집합하는 시설 또는 장소로부터 300미터 이하 떨어진 곳.** 다만, 토지나 지형의 상황으로 보아 해당 시설의 기능이나 이용 등에 지장이 없는 경우로서 시장·군수·구청장이 인정하는 경우에는 적용을 제외한다.

제33조의2(공설 동물장묘시설의 설치ㆍ운영 등)

① **지방자치단체의 장은 반려동물을 위한 장묘시설(이하 "공설 동물장묘시설"이라 한다)을 설치ㆍ운영할 수 있다.** <개정 2020. 2. 11.>

② 국가는 제1항에 따라 공설 동물장묘시설을 설치·운영하는 지방자치단체에 대해서는 예산의 범위에서 시설의 설치에 필요한 경비를 지원할 수 있다.

[본조신설 2018. 12. 24.]

제33조의3(공설 동물장묘시설의 사용료 등)

지방자치단체의 장이 공설 동물장묘시설을 사용하는 자에게 부과하는 사용료 또는 관리비의 금액과 부과방법, 사용료 또는 관리비의 용도, 그 밖에 필요한 사항은 해당 지방자치단체의 조례로 정한다. 이 경우 사용료 및 관리비의 금액은 토지가격, 시설물 설치·조성비용, 지역주민 복지증진 등을 고려하여 정하여야 한다.

[본조신설 2018. 12. 24.]

★제34조(영업의 허가)

① **제32조제1항제4호에 규정된 영업을 하려는 자**는 농림축산식품부령으로 정하는 바에 따라 **시장·군수·구청장에게 허가를 받아야 한다.** <개정 2013. 3. 23., 2017. 3. 21.>

② 제1항에 따라 허가를 받은 자가 농림축산식품부령으로 정하는 사항을 **변경하거나 폐업·휴업 또는 그 영업을 재개하려면 미리** 농림축산식품부령으로 정하는 바에 따라 시장·군수·구청장에게 **신고를 하여야 한다.** <개정 2013. 3. 23., 2017. 3. 21.>

③ 시장·군수·구청장은 제2항에 따른 변경신고를 받은 경우 그 내용을 검토하여 이 법에 적합하면 신고를 수리하여야 한다. <신설 2019. 8. 27.>

④ 다음 각 호의 **어느 하나에 해당하는 경우**에는 제1항에 따른 **허가를 받을 수 없다.** <개정 2014. 3. 24., 2017. 3. 21., 2018. 12. 24., 2019. 8. 27.>

  1. 허가를 받으려는 자(법인인 경우에는 임원을 포함한다. 이하 이 조에서 같다)가 **미성년자, 피한정후견인 또는 피성년후견인인 경우**

  2. 제32조제1항 각 호 외의 부분에 따른 **시설과 인력을 갖추지 아니한 경우**

  3. 제37조제1항에 따른 **교육을 받지 아니한 경우**

  4. 제38조제1항에 따라 **허가가 취소된 후 1년이 지나지 아니한 자**(법인인 경우에는 그 대표자를 포함한다)가 취소된 업종과 같은 업종의 허가를 받으려는 경우

  5. 허가를 받으려는 자가 **이 법을 위반하여** 벌금형 이상의 형을 선고받고 그 형이 확정된 날부터 **3년이 지나지 아니한 경우.** 다만, **제8조를 위반하여** 벌금형 이상의 형을 선고받은 경우에는 **그 형이 확정된 날부터 5년으로 한다.**

[제목개정 2017. 3. 21.]

제35조(영업의 승계)

① 제33조제1항에 따라 영업등록을 하거나 제34조제1항에 따라 영업허가를 받은 자(이하 "영업자"라 한다)가 그 영업을 양도하거나 사망하였을 때 또는 법인의 합병이 있을 때에는 그 양수인·상속인 또는 합병 후 존속하는 법인이나 합병으로 설립되는 법인(이하 "양수인등"이라 한다)은 그 영업자의 지위를 승계한다. <개정 2017. 3. 21.>

② 다음 각 호의 어느 하나에 해당하는 절차에 따라 영업시설의 전부를 인수한 자는 그 영업자의 지위를 승계한다.

  1. 「민사집행법」에 따른 경매

  2. 「채무자 회생 및 파산에 관한 법률」에 따른 환가(換價)

  3. 「국세징수법」·「관세법」 또는 「지방세법」에 따른 압류재산의 매각

  4. 제1호부터 제3호까지의 규정 중 어느 하나에 준하는 절차

③ 제1항 또는 제2항에 따라 영업자의 지위를 승계한 자는 승계한 날부터 30일 이내에 농림축산식품부령으로 정하는 바에 따라 시장·군수·구청장에게 신고하여야 한다. <개정 2013. 3. 23.>

④ 제1항 및 제2항에 따른 승계에 관하여는 제33조제4항 및 제34조제4항을 준용하되, 제33조제4항 중 "등록"과 제34조제4항 중 "허가"는 "신고"로 본다. 다만, 상속인이 제33조제4항제1호 또는 제34조제4항제1호에 해당하는 경우에는 상속을 받은 날부터 3개월 동안은 그러하지 아니하다. <개정 2017. 3. 21., 2019. 8. 27.>

★제36조(영업자 등의 준수사항)

① 영업자(법인인 경우에는 그 대표자를 포함한다)와 그 종사자는 다음 각 호에 관하여 농림축산식품부령으로 정하는 사항[40]을 지켜야 한다. <개정 2013. 3. 23., 2017. 3. 21., 2020. 2. 11.>

  1. 동물의 사육·관리에 관한 사항
  2. 동물의 생산등록, 동물의 반입·반출 기록의 작성·보관에 관한 사항
  3. 동물의 판매가능 월령, 건강상태 등 판매에 관한 사항
  4. 동물 사체의 적정한 처리에 관한 사항
  5. 영업시설 운영기준에 관한 사항
  6. 영업 종사자의 교육에 관한 사항
  7. 등록대상동물의 등록 및 변경신고의무(등록·변경신고방법 및 위반 시 처벌에 관한 사항 등을 포함한다) 고지에 관한 사항
  8. 그 밖에 동물의 보호와 공중위생상의 위해 방지를 위하여 필요한 사항

② 제32조제1항제2호에 따른 동물판매업을 하는 자(이하 "동물판매업자"라 한다)는 **영업자를 제외한 구매자에게 등록대상동물을 판매하는 경우** 그 구매자의 명의로 제12조제1항에 따른 등록대상동물의 등록 신청을 한 후 판매**하여야 한다.** <신설 2020. 2. 11.>

③ 동물판매업자는 제12조제5항에 따른 등록 방법 중 **구매자가 원하는 방법으로** 제2항에 따른 **등록대상동물의 등록 신청을 하여야 한다.** <신설 2020. 2. 11.>

★제37조(교육)[41]

① 제32조제1항제2호부터 제8호까지의 규정에 해당하는 **영업을 하려는 자**와 제38조에

---

40) **동물보호법 시행규칙** [별표 10] 영업자와 그 종사자의 준수사항
41) **동물보호법 시행규칙** 제44조(동물판매업자 등의 교육)

  ① 법 제37조제1항 및 제2항에 따른 교육대상자별 교육시간은 다음 각 호의 구분에 따른다. <개정 2018. 3. 22.>

  1. 동물판매업, 동물수입업, 동물생산업, 동물전시업, 동물위탁관리업, 동물미용업 또는 동물운송

따른 **영업정지 처분을 받은 영업자**는 동물의 보호 및 공중위생상의 위해 방지 등에 관한 **교육을 받아야 한다.** <개정 2017. 3. 21.>

② 제32조제1항제2호부터 제8호까지의 규정에 해당하는 **영업을 하는 자**는 연 1회 이상 교육을 받아야 한다. <신설 2017. 3. 21.>

③ 제1항에 따라 교육을 받아야 하는 영업자로서 **교육을 받지 아니한 영업자는 그 영업을 하여서는 아니 된다.** <개정 2017. 3. 21.>

④ 제1항에 따라 교육을 받아야 하는 영업자가 영업에 직접 종사하지 아니하거나 **두 곳 이상의 장소에서 영업을 하는 경우에는 종사자 중에서 책임자를 지정하여 영업자 대신 교육을 받게 할 수 있다.** <개정 2017. 3. 21.>

⑤ 제1항에 따른 교육의 실시기관, **교육 내용 및 방법** 등에 관한 사항은 농림축산식품부령으로 정한다. <개정 2013. 3. 23., 2017. 3. 21.>

★제38조(등록 또는 허가 취소 등)

① 시장·군수·구청장은 영업자가 다음 각 호의 어느 하나에 해당할 경우에는 농림축산식품부령으로 정하는 바에 따라 그 등록 또는 허가를 취소하거나 6개월 이내의 기간을 정하여 그 영업의 전부 또는 일부의 정지를 명할 수 있다. 다만, 제1호에 해당하는 경우에는 등록 또는 허가를 취소하여야 한다. <개정 2013. 3. 23., 2017. 3. 21.>

  1. **거짓이나 그 밖의 부정한 방법**으로 등록을 하거나 **허가**를 받은 것이 판명된 경우

  2. **제8조제1항부터 제3항까지의 규정을 위반하여 동물에 대한 학대행위 등을 한 경우**

    업을 하려는 자: 등록신청일 또는 허가신청일 이전 1년 이내 3시간

    2. 법 제38조에 따라 영업정지 처분을 받은 자: 처분을 받은 날부터 6개월 이내 3시간

    3. 영업자(동물장묘업자는 제외한다): 매년 3시간

② 교육기관은 **다음 각 호의 내용을 포함하여 교육을 실시하여야** 한다. <개정 2019. 3. 21.>

    1. 이 법 및 동물보호정책에 관한 사항

    2. 동물의 보호·복지에 관한 사항

    3. 동물의 사육·관리 및 질병예방에 관한 사항

    4. 영업자 준수사항에 관한 사항

    5. 그 밖에 교육기관이 필요하다고 인정하는 사항

③ 교육기관은 법 제32조제1항제2호부터 제8호까지의 규정에 해당하는 영업 중 두 가지 이상의 영업을 하는 자에 대해 법 제37조제2항에 따른 교육을 실시하려는 경우에는 제2항 각 호의 교육내용 중 중복된 교육내용을 면제할 수 있다. <신설 2021. 6. 17.>

④ 교육기관의 지정, 교육의 방법, 교육결과의 통지 및 기록의 유지·관리·보관에 관하여는 제12조의4제2항·제4항 및 제5항을 준용한다. <신설 2019. 3. 21., 2021. 6. 17.>

⑤ 삭제 <2019. 3. 21.>

3. 등록 또는 허가를 받은 날부터 **1년이 지나도 영업을 시작하지 아니한 경우**

4. 제32조제1항 각 호 외의 부분에 따른 **기준에 미치지 못하게 된 경우**

5. 제33조제2항 및 제34조제2항에 따라 **변경신고를 하지 아니한 경우**

6. 제36조에 따른 준수사항을 지키지 아니한 경우

② 제1항에 따른 처분의 효과는 그 처분기간이 만료된 날부터 1년간 양수인등에게 승계되며, 처분의 절차가 진행 중일 때에는 양수인등에 대하여 처분의 절차를 행할 수 있다. 다만, 양수인등이 양수·상속 또는 합병 시에 그 처분 또는 위반사실을 알지 못하였음을 증명하는 경우에는 그러하지 아니하다.

[제목개정 2017. 3. 21.]

★제38조의2(영업자에 대한 점검 등)

시장·군수·구청장은 영업자에 대하여 제32조제1항에 따른 시설 및 인력 기준과 제36조에 따른 **준수사항의 준수 여부를** 매년 1회 이상 점검하고, 그 결과를 다음 연도 **1월 31일까지 시·도지사를 거쳐 농림축산식품부장관에게 보고**하여야 한다.

[본조신설 2017. 3. 21.]

제6장 보칙

★제39조(출입·검사 등)

① **농림축산식품부장관, 시·도지사 또는 시장·군수·구청장**은 동물의 보호 및 공중 위생상의 위해 방지 등을 위하여 필요하면 동물의 소유자등에 대하여 **다음 각 호의 조치를 할 수 있다.** <개정 2013. 3. 23.>

1. **동물 현황 및 관리실태 등 필요한 자료제출의 요구**

2. **동물이 있는 장소에 대한 출입·검사**

3. **동물에 대한 위해 방지 조치의 이행 등 농림축산식품부령으로 정하는 시정명령**

② 농림축산식품부장관, 시·도지사 또는 시장·군수·구청장은 동물보호 등과 관련하여 필요하면 **영업자나 다음 각 호의 어느 하나에 해당하는 자에게 필요한 보고를 하도록 명하거나 자료를 제출하게 할 수 있으며, 관계 공무원**으로 하여금 해당 시설 등에 **출입하여** 운영실태를 조사하게 하거나 관계 서류를 검사하게 할 수 있다. <개정 2013. 3. 23., 2017. 3. 21.>

1. 제15조제1항 및 제4항에 따른 **동물보호센터의 장**

2. 제25조제1항 및 제2항에 따라 **윤리위원회를 설치한 동물실험시행기관의 장**

3. 제29조제1항에 따라 **동물복지축산농장으로 인증받은 자**

③ 농림축산식품부장관, 시ㆍ도지사 또는 시장ㆍ군수ㆍ구청장이 제1항제2호 및 제2항에 따른 출입ㆍ검사를 할 때에는 **출입ㆍ검사 시작 7일 전까지** 대상자에게 다음 각 호의 사항이 포함된 **출입ㆍ검사 계획을 통지하여야 한다.** 다만, 출입ㆍ검사 계획을 미리 통지할 경우 그 목적을 달성할 수 없다고 인정하는 경우에는 출입ㆍ검사를 착수할 때에 통지할 수 있다. <개정 2013. 3. 23.>

1. 출입ㆍ검사 목적
2. 출입ㆍ검사 기간 및 장소
3. 관계 공무원의 성명과 직위
4. 출입ㆍ검사의 범위 및 내용
5. 제출할 자료

★제40조(동물보호감시원)

① **농림축산식품부장관(대통령령으로 정하는 소속 기관의 장을 포함한다), 시ㆍ도지사 및 시장ㆍ군수ㆍ구청장**은 동물의 학대 방지 등 동물보호에 관한 사무를 처리하기 위하여 소속 공무원 중에서 **동물보호감시원을 지정**하여야 한다. <개정 2013. 3. 23.>

② 제1항에 따른 동물보호감시원(이하 "동물보호감시원"이라 한다)의 자격, 임명, 직무 범위 등에 관한 사항은 대통령령으로 정한다.

③ **동물보호감시원**이 제2항에 따른 **직무를 수행할 때**에는 농림축산식품부령으로 정하는 **증표를 지니고 이를 관계인에게 보여주어야 한다.** <개정 2013. 3. 23.>

④ **누구든지** 동물의 특성에 따른 출산, 질병 치료 등 부득이한 사유가 없으면 제2항에 따른 **동물보호감시원의 직무 수행을 거부ㆍ방해 또는 기피하여서는 아니 된다.**

★제41조(동물보호명예감시원)[42]

① **농림축산식품부장관, 시ㆍ도지사 및 시장ㆍ군수ㆍ구청장**은 동물의 학대 방지 등

---

[42] **동물보호법 시행령 제15조(동물보호명예감시원의 자격 및 위촉 등)**

─ 중략 ─

③ 명예감시원의 직무는 다음 각 호와 같다.

1. **동물보호 및 동물복지에 관한 교육ㆍ상담ㆍ홍보 및 지도**
2. **동물학대행위에 대한 신고 및 정보 제공**
3. **제14조제3항에 따른 동물보호감시원의 직무 수행을 위한 지원**
4. **학대받는 동물의 구조ㆍ보호 지원**

④ 명예감시원의 활동 범위는 다음 각 호의 구분에 따른다. <개정 2013. 3. 23.>

1. **농림축산식품부장관이 위촉한 경우: 전국**
2. 시ㆍ도지사 또는 시장ㆍ군수ㆍ구청장**이 위촉한 경우: 위촉한 기관장의 관할구역** ─ 이하생략 ─

동물보호를 위한 지도·계몽 등을 위하여 동물보호명예감시원을 위촉할 수 있다. <개정 2013. 3. 23.>

② 제1항에 따른 동물보호명예감시원(이하 "명예감시원"이라 한다)의 자격, 위촉, 해촉, 직무, 활동 범위와 수당의 지급 등에 관한 사항은 대통령령으로 정한다.

③ 명예감시원은 제2항에 따른 **직무를 수행할 때에는 부정한 행위를 하거나 권한을 남용하여서는 아니 된다.**

④ 명예감시원이 그 **직무를 수행하는 경우**에는 신분을 표시하는 증표를 지니고 이를 관계인에게 보여주어야 한다.

제41조의2 삭제 〈2020. 2. 11.〉

제42조(수수료)

다음 각 호의 어느 하나에 해당하는 자는 농림축산식품부령으로 정하는 바에 따라 수수료를 내야 한다. 다만, 제1호에 해당하는 자에 대하여는 시·도의 조례로 정하는 바에 따라 수수료를 감면할 수 있다. <개정 2013. 3. 23., 2017. 3. 21.>

1. 제12조제1항에 따라 등록대상동물을 등록하려는 자
2. 제29조제1항에 따라 동물복지축산농장 인증을 받으려는 자
3. 제33조 및 제34조에 따라 영업의 등록을 하려거나 허가를 받으려는 자 또는 변경 신고를 하려는 자

제43조(청문)

농림축산식품부장관, 시·도지사 또는 시장·군수·구청장은 다음 각 호의 어느 하나에 해당하는 처분을 하려면 청문을 하여야 한다. <개정 2013. 3. 23., 2017. 3. 21.>

1. 제15조제7항에 따른 동물보호센터의 지정 취소
2. 제29조제4항에 따른 동물복지축산농장의 인증 취소
3. 제38조제1항에 따른 영업등록 또는 허가의 취소

제44조(권한의 위임)

농림축산식품부장관은 대통령령으로 정하는 바에 따라 이 법에 따른 권한의 일부를 소속 기관의 장 또는 시·도지사에게 위임할 수 있다. <개정 2013. 3. 23.>

제45조(실태조사 및 정보의 공개)

① 농림축산식품부장관은 다음 각 호의 **정보와 자료를 수집·조사·분석**하고 그 결과

를 **해마다 정기적으로 공표**하여야 한다. <개정 2013. 3. 23., 2017. 3. 21.>

1. 제4조제1항의 **동물복지종합계획 수립을 위한 동물보호 및 동물복지 실태에 관한 사항**

2. 제12조에 따른 **등록대상동물의 등록에 관한 사항**

3. 제14조부터 제22조까지의 규정에 따른 **동물보호센터와 유실 · 유기동물 등의 치료 · 보호 등에 관한 사항**

4. 제25조부터 제28조까지의 규정에 따른 윤리위원회의 운영 및 동물실험 실태, 지도 · 감독 등에 관한 사항

5. 제29조에 따른 동물복지축산농장 인증현황 등에 관한 사항

6. 제33조 및 제34조에 따른 **영업의 등록 · 허가와 운영실태에 관한 사항**

7. 제38조의2에 따른 **영업자에 대한 정기점검에 관한 사항**

8. 그 밖에 동물보호 및 동물복지 실태와 관련된 사항

② 농림축산식품부장관은 제1항에 따른 업무를 효율적으로 추진하기 위하여 실태조사를 실시할 수 있으며, 실태조사를 위하여 필요한 경우 관계 중앙행정기관의 장, 지방자치단체의 장, 공공기관(「공공기관의 운영에 관한 법률」 제4조에 따른 공공기관을 말한다. 이하 같다)의 장, 관련 기관 및 단체, 동물의 소유자등에게 필요한 자료 및 정보의 제공을 요청할 수 있다. 이 경우 자료 및 정보의 제공을 요청받은 자는 정당한 사유가 없는 한 자료 및 정보를 제공하여야 한다. <개정 2013. 3. 23.>

③ 제2항에 따른 실태조사(현장조사를 포함한다)의 범위, 방법, 그 밖에 필요한 사항은 대통령령으로 정한다.

④ 시 · 도지사, 시장 · 군수 · 구청장 또는 동물실험시행기관의 장은 제1항제1호부터 제4호까지 및 제6호의 실적을 다음 해 1월 31일까지 농림축산식품부장관(대통령령으로 정하는 그 소속 기관의 장을 포함한다)에게 보고하여야 한다. <개정 2013. 3. 23.>

제7장 벌칙

★제46조(벌칙)

① **다음 각 호의 어느 하나에 해당하는 자는** 3년 이하의 징역 또는 3천만원 이하의 벌금**에 처한다.** <신설 2018. 3. 20., 2020. 2. 11.>

1. **제8조제1항을 위반하여 동물을** 죽음에 이르게 하는 학대행위**를 한 자**

2. **제13조제2항 또는 제13조의2제1항을 위반하여** 사람**을** 사망**에 이르게 한 자**

② **다음 각 호의 어느 하나에 해당하는 자는** 2년 이하의 징역 또는 2천만원 이하의 벌금**에 처한다.** <개정 2017. 3. 21., 2018. 3. 20., 2020. 2. 11.>

1. 제8조제2항 또는 제3항을 위반하여 동물을 학대한 자

1의2. 제8조제4항을 위반하여 맹견을 유기한 소유자등

1의3. 제13조제2항에 따른 목줄 등 안전조치 의무를 위반하여 사람의 신체를 상해에 이르게 한 자

1의4. 제13조의2제1항을 위반하여 사람의 신체를 상해에 이르게 한 자

2. 제30조제1호를 위반하여 거짓이나 그 밖의 부정한 방법으로 동물복지축산농장 인증을 받은 자

3. 제30조제2호를 위반하여 인증을 받지 아니한 농장을 동물복지축산농장으로 표시한 자

③ 다음 각 호의 어느 하나에 해당하는 자는 500만원 이하의 벌금에 처한다. <개정 2017. 3. 21., 2018. 3. 20.>

1. 제26조제3항을 위반하여 비밀을 누설하거나 도용한 윤리위원회의 위원

2. 제33조에 따른 등록 또는 신고를 하지 아니하거나 제34조에 따른 허가를 받지 아니하거나 신고를 하지 아니하고 영업을 한 자

3. 거짓이나 그 밖의 부정한 방법으로 제33조에 따른 등록 또는 신고를 하거나 제34조에 따른 허가를 받거나 신고를 한 자

4. 제38조에 따른 영업정지기간에 영업을 한 영업자

④ 다음 각 호의 어느 하나에 해당하는 자는 300만원 이하의 벌금에 처한다. <개정 2017. 3. 21., 2018. 3. 20., 2019. 8. 27., 2020. 2. 11.>

1. 제8조제4항을 위반하여 동물을 유기한 소유자등

2. 제8조제5항제1호를 위반하여 사진 또는 영상물을 판매 · 전시 · 전달 · 상영하거나 인터넷에 게재한 자

3. 제8조제5항제2호를 위반하여 도박을 목적으로 동물을 이용한 자 또는 동물을 이용하는 도박을 행할 목적으로 광고 · 선전한 자

4. 제8조제5항제3호를 위반하여 도박 · 시합 · 복권 · 오락 · 유흥 · 광고 등의 상이나 경품으로 동물을 제공한 자

5. 제8조제5항제4호를 위반하여 영리를 목적으로 동물을 대여한 자

6. 제24조를 위반하여 동물실험을 한 자

⑤ 상습적으로 제1항부터 제3항까지의 죄를 지은 자는 그 죄에 정한 형의 2분의 1까지 가중한다. <개정 2017. 3. 21., 2018. 3. 20.>

제46조의2(양벌규정)

법인의 대표자나 법인 또는 개인의 대리인, 사용인, 그 밖의 종업원이 그 법인 또는 개

인의 업무에 관하여 제46조에 따른 위반행위를 하면 그 행위자를 벌하는 외에 **그 법인 또는 개인에게도 해당 조문의 벌금형을 과한다.** 다만, 법인 또는 개인이 그 위반행위를 방지하기 위하여 해당 업무에 관하여 상당한 주의와 감독을 게을리하지 아니한 경우에는 그러하지 아니하다.

[본조신설 2017. 3. 21.]

제47조(과태료)

① **다음 각 호의 어느 하나에 해당하는 자에게는** 300만원 이하의 과태료**를 부과한다.**
　　<신설 2017. 3. 21., 2018. 3. 20., 2020. 2. 11.>

　1. 삭제 <2020. 2. 11.>

　2. 제9조의2를 위반하여 동물을 판매한 자

　2의2. 제13조의2제1항제1호를 위반하여 소유자등 없이 **맹견을 기르는 곳에서 벗어나** 게 한 소유자등

　2의3. 제13조의2제1항제2호를 위반하여 월령이 3개월 이상인 **맹견을 동반하고 외출** **할 때 안전장치 및 이동장치**를 하지 아니한 소유자등

　2의4. 제13조의2제1항제3호를 위반하여 **사람에게 신체적 피해**를 주지 아니하도록 관 리하지 아니한 소유자등

　2의5. 제13조의2제3항을 위반하여 **맹견의 안전한 사육 및 관리에 관한 교육**을 받지 아니한 소유자

　2의6. 제13조의2제4항을 위반하여 **보험에 가입하지 아니한 소유자**

　2의7. 제13조의3을 위반하여 **맹견을 출입하게 한 소유자등**

　3. 제25조제1항을 위반하여 **윤리위원회**를 설치·운영하지 아니한 동물실험시행기관 의 장

　4. 제25조제3항을 위반하여 **윤리위원회의 심의**를 거치지 아니하고 동물실험을 한 동 물실험시행기관의 장

　5. 제28조제2항을 위반하여 **개선명령**을 이행하지 아니한 동물실험시행기관의 장

② **다음 각 호의 어느 하나에 해당하는 자에게는** 100만원 이하의 과태료**를 부과한다.**
　　<개정 2013. 8. 13., 2017. 3. 21., 2018. 3. 20.>

　1. 삭제 <2017. 3. 21.>

　2. 제9조제1항제4호 또는 제5호를 위반하여 동물을 운송한 자

　3. 제9조제1항을 위반하여 제32조제1항의 동물을 운송한 자

　4. 삭제 <2017. 3. 21.>

　5. 제12조제1항을 위반하여 등록대상동물을 등록하지 아니한 소유자

5의2. 제24조의2를 위반하여 **미성년자에게 동물 해부실습**을 하게 한 자

6. 삭제 <2017. 3. 21.>

7. 삭제 <2017. 3. 21.>

8. 제31조제2항을 위반하여 동물복지축산농장 인증을 받은 자의 지위를 승계하고 그 사실을 신고하지 아니한 자

9. 제35조제3항을 위반하여 영업자의 지위를 승계하고 그 사실을 신고하지 아니한 자

10. 제37조제2항 또는 제3항을 위반하여 **교육을 받지 아니하고 영업을 한 영업자**

11. 제39조제1항제1호에 따른 자료제출 요구에 응하지 아니하거나 **거짓 자료를 제출한 동물의 소유자등**

12. 제39조제1항제2호에 따른 **출입·검사를 거부·방해 또는 기피한 동물의 소유자등**

13. 제39조제1항제3호에 따른 **시정명령을 이행하지 아니한 동물의 소유자등**

14. 제39조제2항에 따른 보고·자료제출을 하지 아니하거나 **거짓으로 보고·자료제출을 한 자** 또는 같은 항에 따른 **출입·조사를 거부·방해·기피한 자**

15. 제40조제4항을 위반하여 **동물보호감시원의 직무 수행을 거부·방해 또는 기피한 자**

③ **다음 각 호의 어느 하나에 해당하는 자에게는** 50만원 이하의 과태료**를 부과한다.** <개정 2017. 3. 21.>

1. 제12조제2항을 위반하여 **정해진 기간 내에 신고**를 하지 아니한 소유자

2. 제12조제3항을 위반하여 **변경신고**를 하지 아니한 소유권을 이전받은 자

3. 제13조제1항을 위반하여 **인식표**를 부착하지 아니한 소유자등

4. 제13조제2항을 위반하여 **안전조치**를 하지 아니하거나 **배설물**을 수거하지 아니한 소유자등

④ 제1항부터 제3항까지의 과태료는 대통령령으로 정하는 바에 따라 농림축산식품부장관, 시·도지사 또는 시장·군수·구청장이 부과·징수한다. <개정 2013. 3. 23., 2017. 3. 21.>

부칙 〈제10995호, 2011. 8. 4.〉

제1조(시행일) 이 법은 공포 후 6개월이 경과한 날부터 시행한다. 다만, 제4조제2항 및 제12조제1항의 개정규정 중 특별자치시 및 특별자치시장에 관한 부분은 2012년 7월 1일부터 시행하고, 제12조(시장·군수·구청장과 관련된 부분은 제외한다), 제42조제1호, 제45조제1항제2호, 제47조제1항제2호 및 같은 조 제2항제1호·제2호의 개정규정은 2013년 1월 1일부터 시행한다.

제2조(일반적 경과조치) ① 이 법 시행 당시 종전의 규정에 따라 행정기관이 한 행위나 행정기관에 대하여 한 행위는 이 법에 따른 행정기관의 행위 또는 행정기관에 대한 행위로 본다.

제3조(동물보호센터에 관한 경과조치) 이 법 시행 당시 종전의 규정에 따른 보호시설은 제
15조제1항의 개정규정에 따른 동물보호센터로, 종전의 규정에 따른 위탁보호시설은
제15조제3항의 개정규정에 따른 동물보호센터로 지정된 것으로 본다.

제4조(유기동물 공고에 관한 경과조치) 이 법 시행 당시 종전의 규정에 따라 유기동물을 공
고한 경우에는 제17조의 개정규정에 따라 공고된 것으로 본다.

제5조(윤리위원회 구성에 관한 경과조치) 이 법 시행 당시 종전의 규정에 따른 윤리위원회
는 제25조의 개정규정에 따른 윤리위원회로 보며, 이 법 시행 당시 종전의 규정에 따
라 위촉된 위원은 이 법 시행일에 위촉된 것으로 본다.

제6조(영업의 등록에 관한 경과조치) 이 법 시행 당시 종전의 규정에 따라 동물생산업을 등
록한 자는 제34조제1항의 개정규정에 따라 동물생산업을 신고한 자로 본다.

제7조(벌칙 및 과태료에 관한 경과조치) 이 법 시행 전의 행위에 대하여 벌칙이나 과태료
규정을 적용할 때에는 종전의 규정에 따른다.

제8조(다른 법률과의 관계) 이 법 시행 당시 다른 법령에서 종전의 「동물보호법」의 규정을
인용한 경우 이 법 가운데 그에 해당하는 규정이 있으면 종전의 규정을 갈음하여 이
법의 해당 규정을 인용한 것으로 본다.

부칙 〈제11690호, 2013. 3. 23.〉 (정부조직법)

제1조(시행일) ① 이 법은 공포한 날부터 시행한다.

② 생략

제2조부터 제5조까지 생략

제6조(다른 법률의 개정) ①부터 〈293〉까지 생략

〈294〉 동물보호법 일부를 다음과 같이 개정한다.

제4조제2항, 제5조제1항 각 호 외의 부분, 제3항 각 호 외의 부분, 제9조제2항·제3항, 제15
조제2항, 제22조제1항, 제23조제6항, 제28조제2항, 제29조제1항·제2항, 같은 조 제3항 각
호 외의 부분, 같은 조 제4항·제6항, 제31조제2항, 제39조제1항 각 호 외의 부분, 제2항 각
호 외의 부분, 같은 조 제3항 각 호 외의 부분 본문, 제40조제1항, 제41조제1항, 제43조 각
호 외의 부분, 제44조, 제45조제1항 각 호 외의 부분, 같은 조 제2항 전단, 같은 조 제4항
및 제47조제3항 중 "농림수산식품부장관"을 각각 "농림축산식품부장관"으로 한다.

제5조제1항 각 호 외의 부분 중 "농림수산식품부"를 "농림축산식품부"로 한다.

제5조제3항제3호, 제7조제4항, 제8조제1항제3호, 같은 조 제2항제1호 단서, 같은 항 제2호
단서, 제3호 단서, 같은 항 제4호, 제9조제1항 각 호 외의 부분, 제10조제1항, 제12조제1항
단서, 같은 조 제2항, 같은 조 제4항 전단, 같은 조 제5항, 제13조제1항·제2항, 제14조제1
항 각 호 외의 부분 단서, 같은 조 제2항, 제15조제1항·제3항·제4항·제5항·제8항·제9항,

제19조제2항 전단, 같은 조 제3항, 제22조제1항, 제24조 각 호 외의 부분 단서, 제25조제2 항, 제27조제2항제1호·제2호·제3호, 같은 조 제6항, 제29조제1항·제2항·제7항, 제31조제 3항, 제32조제1항 각 호 외의 부분, 같은 조 제2항, 제33조제1항·제2항, 제34조제1항·제2 항, 제35조제3항, 제36조 각 호 외의 부분, 제37조제4항, 제38조제1항 각 호 외의 부분 본 문, 제39조제1항제3호, 제40조제3항 및 제42조 각 호 외의 부분 본문 중 "농림수산식품부 령"을 각각 "농림축산식품부령"으로 한다.
제28조제1항 중 "농림수산식품부 장관"을 "농림축산식품부장관"으로 한다.
　<295>부터 <710>까지 생략
제7조 생략

부칙 〈제11737호, 2013. 4. 5.〉
이 법은 공포한 날부터 시행한다.

부칙 〈제12051호, 2013. 8. 13.〉
이 법은 공포 후 6개월이 경과한 날부터 시행한다. 다만, 제9조의2 및 제47조제1항제3호· 제4호의 개정규정은 공포 후 1년이 경과한 날부터 시행한다.

부칙 〈제12512호, 2014. 3. 24.〉
제1조(시행일) 이 법은 공포한 날부터 시행한다.
제2조(금치산자 등에 대한 경과조치) 제33조제3항제1호 및 제34조제3항제1호의 개정규정 에 따른 피성년후견인 및 피한정후견인에는 법률 제10429호 민법 일부개정법률 부칙 제2조에 따라 금치산 또는 한정치산 선고의 효력이 유지되는 사람을 포함하는 것으로 본다.

부칙 〈제13023호, 2015. 1. 20.〉
이 법은 공포한 날부터 시행한다.

부칙 〈제14651호, 2017. 3. 21.〉
제1조(시행일) 이 법은 공포 후 1년이 경과한 날부터 시행한다.
제2조(유실신고에 관한 적용례) 제12조제2항제1호의 개정규정은 이 법 시행 이후 등록대상 동물을 잃어버리는 경우부터 적용한다.
제3조(동물의 소유권 취득에 관한 적용례) 제20조제4호의 개정규정은 이 법 시행 이후 동 물의 소유자를 확인한 경우부터 적용한다.

제4조(동물생산업 신고에 관한 경과조치) 이 법 시행 당시 종전의 규정에 따라 동물생산업
　　의 신고를 한 자는 제34조제1항의 개정규정에 따라 허가를 받은 것으로 본다. 다만,
　　이 법 시행 후 2년 이내에 이 법에 따른 요건을 갖추어야 한다.

제5조(벌칙 등에 관한 경과조치) 이 법 시행 전의 위반행위에 대하여 벌칙이나 과태료를 적
　　용할 때에는 종전의 규정에 따른다.

부칙 〈제15502호, 2018. 3. 20.〉

제1조(시행일) 이 법은 공포 후 6개월이 경과한 날부터 시행한다. 다만, 제13조의2, 제13조
　　의3, 법률 제14651호 동물보호법 일부개정법률 제46조 및 법률 제14651호 동물보호법
　　일부개정법률 제47조제1항제2호의2부터 제2호의6까지의 개정규정은 공포 후 1년이
　　경과한 날부터 시행하고, 제24조의2 및 법률 제14651호 동물보호법 일부개정법률 제
　　47조제2항제5호의2의 개정규정은 공포 후 2년이 경과한 날부터 시행한다.

제2조(동물보호센터 재지정 제한기한에 관한 경과조치) 이 법 시행 당시 종전의 규정에 따
　　라 동물보호센터의 지정이 취소된 자는 법률 제14651호 동물보호법 일부개정법률 제
　　15조제8항의 개정규정에도 불구하고 종전의 규정에 따른다.

부칙 〈제16075호, 2018. 12. 24.〉

제1조(시행일) 이 법은 공포 후 3개월이 경과한 날부터 시행한다.

제2조(동물장묘업의 등록에 관한 경과조치) 이 법 시행 당시 종전의 규정에 따라 동물장묘
　　업 등록을 신청한 자는 제33조제3항제5호의 개정규정에도 불구하고 종전의 규정에 따
　　른다.

제3조(동물학대로 벌금형 이상의 형을 선고받은 자에 관한 적용례) 제33조제3항제4호와 제
　　34조제3항제5호의 개정규정은 이 법 시행 이후 제8조를 위반하여 벌금형 이상의 형을
　　선고받고, 그 형이 확정된 경우부터 적용한다.

부칙 〈제16544호, 2019. 8. 27.〉

이 법은 공포 후 6개월이 경과한 날부터 시행한다. 다만, 제33조제3항·제4항, 제34조제3항
·제4항 및 제35조제4항의 개정규정은 공포한 날부터 시행한다.

부칙 〈제16977호, 2020. 2. 11.〉

제1조(시행일) 이 법은 공포 후 1년이 지난 후부터 시행한다. 다만, 제1조 및 제24조제2호
　　의 개정규정은 공포한 날부터 시행하고, 제2조제1호의3, 제8조제2항제3호의2, 제12조

제4항·제5항, 제32조제1항, 제33조의2제1항, 제36조제1항제7호 및 제41조의2의 개정규정은 공포 후 6개월이 경과한 날부터 시행한다.

제2조(벌칙이나 과태료에 관한 경과조치) 이 법 시행 전의 위반행위에 대하여 벌칙이나 과태료를 적용할 때에는 종전의 규정에 따른다.

1.2

동물보호법 시행령

[시행 2021. 7. 6.] [대통령령 제31871호, 2021. 7. 6., 타법개정]

동물보호법 시행령

[시행 2021. 7. 6.] [대통령령 제31871호, 2021. 7. 6., 타법개정]

1.2 동물보호법 시행령

[시행 2021. 7. 6.] [대통령령 제31871호, 2021. 7. 6., 타법개정]

제1조(목적)
이 영은 「동물보호법」에서 위임된 사항과 그 시행에 필요한 사항을 규정함을 목적으로 한다.

★제2조(동물의 범위)
「동물보호법」(이하 "법"이라 한다) 제2조제1호다목에서 "대통령령으로 정하는 동물"이란
파충류, 양서류 및 어류를 말한다. 다만, 식용(食用)을 목적으로 하는 것은 제외한다.
[전문개정 2014. 2. 11.]

제3조(등록대상동물의 범위)
법 제2조제2호에서 "대통령령으로 정하는 동물"이란 다음 각 호의 어느 하나에 해당하는
월령(月齡) 2개월 이상인 개를 말한다. <개정 2016. 8. 11., 2019. 3. 12.>
  1. **「주택법」 제2조제1호 및 제4호에 따른** 주택·준주택에서 기르는 개
  2. **제1호에 따른 주택·준주택 외의 장소에서** 반려(伴侶) 목적으로 기르는 개

제4조(동물실험시행기관의 범위)
법 제2조제5호에서 "대통령령으로 정하는 법인·단체 또는 기관"이란 다음 각 호의 어느 하
나에 해당하는 법인·단체 또는 기관으로서 동물을 이용하여 동물실험을 시행하는 법인·단
체 또는 기관을 말한다. <개정 2014. 12. 9., 2015. 12. 22., 2020. 3. 17., 2020. 4. 28.>
  1. 국가기관
  2. 지방자치단체의 기관
  3. 「정부출연연구기관 등의 설립·운영 및 육성에 관한 법률」 제8조제1항에 따른 연구
     기관
  4. 「과학기술분야 정부출연연구기관 등의 설립·운영 및 육성에 관한 법률」 제8조제1
     항에 따른 연구기관
  5. 「특정연구기관 육성법」 제2조에 따른 연구기관
  6. 「약사법」 제31조제10항에 따른 의약품의 안전성·유효성에 관한 시험성적서 등의
     자료를 발급하는 법인·단체 또는 기관
  7. 「화장품법」 제4조제3항에 따른 화장품 등의 안전성·유효성에 관한 심사에 필요한
     자료를 발급하는 법인·단체 또는 기관

8. 「고등교육법」 제2조에 따른 학교

9. 「의료법」 제3조에 따른 의료기관

10. 「의료기기법」 제6조·제15조 또는 「체외진단의료기기법」 제5조·제11조에 따라 의료기기 또는 체외진단의료기기를 제조하거나 수입하는 법인·단체 또는 기관

11. 「기초연구진흥 및 기술개발지원에 관한 법률」 제14조제1항에 따른 기관 또는 단체

12. 「농업·농촌 및 식품산업 기본법」 제3조제4호에 따른 생산자단체와 같은 법 제28조에 따른 영농조합법인(營農組合法人) 및 농업회사법인(農業會社法人)

12의2. 「수산업·어촌 발전 기본법」 제3조제5호에 따른 생산자단체와 같은 법 제19조에 따른 영어조합법인(營漁組合法人) 및 어업회사법인(漁業會社法人)

13. 「화학물질의 등록 및 평가 등에 관한 법률」 제22조에 따라 화학물질의 물리적·화학적 특성 및 유해성에 관한 시험을 수행하기 위하여 지정된 시험기관

14. 「농약관리법」 제17조의4에 따라 지정된 시험연구기관

15. 「사료관리법」 제2조제7호 또는 제8호에 따른 제조업자 또는 수입업자 중 법인·단체 또는 기관

16. 「식품위생법」 제37조에 따라 식품 또는 식품첨가물의 제조업·가공업 허가를 받은 법인·단체 또는 기관

17. 「건강기능식품에 관한 법률」 제5조에 따른 건강기능식품제조업 허가를 받은 법인·단체 또는 기관

18. 「국제백신연구소설립에관한협정」에 따라 설립된 국제백신연구소

★제5조(동물보호 민간단체의 범위)

법 제4조제4항에서 "대통령령으로 정하는 민간단체"란 다음 각 호의 어느 하나에 해당하는 **법인 또는 단체**를 말한다. <개정 2018. 3. 20.>

1. 「민법」 제32조에 따라 설립된 법인으로서 동물보호를 목적으로 하는 법인

2. 「비영리민간단체 지원법」 제4조에 따라 등록된 비영리민간단체로서 동물보호를 목적으로 하는 단체

제6조(동물복지위원회의 운영 등)

① 법 제5조제1항에 따른 동물복지위원회(이하 "복지위원회"라 한다)의 위원장은 복지위원회를 대표하며, 복지위원회의 업무를 총괄한다.

② 위원장이 부득이한 사유로 직무를 수행할 수 없을 때에는 위원장이 미리 지명한 위원의 순으로 그 직무를 대행한다.

③ 위원의 임기는 2년으로 한다.

④ 농림축산식품부장관은 위원이 다음 각 호의 어느 하나에 해당하는 경우에는 해당 위원을 해촉(解囑)할 수 있다. <신설 2016. 1. 22.>

1. 심신장애로 인하여 직무를 수행할 수 없게 된 경우

2. 직무와 관련된 비위사실이 있는 경우

3. 직무태만, 품위손상이나 그 밖의 사유로 인하여 위원으로 적합하지 아니하다고 인정되는 경우

4. 위원 스스로 직무를 수행하는 것이 곤란하다고 의사를 밝히는 경우

⑤ 복지위원회의 회의는 농림축산식품부장관 또는 위원 3분의 1 이상의 요구가 있을 때 위원장이 소집한다. <개정 2013. 3. 23., 2016. 1. 22.>

⑥ 복지위원회의 회의는 재적위원 과반수의 출석으로 개의(開議)하고, 출석위원 과반수의 찬성으로 의결한다. <개정 2016. 1. 22.>

⑦ 복지위원회는 심의사항과 관련하여 필요하다고 인정할 때에는 관계인을 출석시켜 의견을 들을 수 있다. <개정 2016. 1. 22.>

⑧ 제1항부터 제7항까지에서 규정한 사항 외에 복지위원회의 운영에 필요한 사항은 복지위원회의 의결을 거쳐 위원장이 정한다. <개정 2016. 1. 22.>

★제6조의2(보험의 가입)

법 제13조의2제4항에 따라 맹견의 소유자는 다음 각 호의 요건을 모두 충족하는 보험에 가입해야 한다.

1. 다음 각 목에 **해당하는 금액 이상을 보상할 수 있는 보험**일 것

   가. 사망의 경우에는 피해자 1명당 8천만원

   나. 부상의 경우에는 피해자 1명당 농림축산식품부령으로 정하는 상해등급에 따른 금액

   다. 부상에 대한 치료를 마친 후 더 이상의 치료효과를 기대할 수 없고 그 증상이 고정된 상태에서 그 부상이 원인이 되어 신체의 장애(이하 "후유장애"라 한다)가 생긴 경우에는 피해자 1명당 농림축산식품부령으로 정하는 후유장애등급에 따른 금액

   라. 다른 사람의 동물이 상해를 입거나 죽은 경우에는 사고 1건당 200만원

2. 지급보험금액은 실손해액을 초과하지 않을 것. 다만, 사망으로 인한 실손해액이 2천만원 미만인 경우의 지급보험금액은 2천만원으로 한다.

3. 하나의 사고로 제1호가목부터 다목까지의 규정 중 둘 이상에 해당하게 된 경우에는 실손해액을 초과하지 않는 범위에서 다음 각 목의 구분에 따라 보험금을 지급할 것

   가. 부상한 사람이 치료 중에 그 부상이 원인이 되어 사망한 경우에는 제1호가목

및 나목의 금액을 더한 금액

나. 부상한 사람에게 후유장애가 생긴 경우에는 제1호나목 및 다목의 금액을 더한 금액

다. 제1호다목의 금액을 지급한 후 그 부상이 원인이 되어 사망한 경우에는 제1호 가목의 금액에서 같은 호 다목에 따라 지급한 금액 중 사망한 날 이후에 해당하는 손해액을 뺀 금액

[본조신설 2021. 2. 9.]

★제7조(공고)

① 특별시장·광역시장·특별자치시장·도지사 및 특별자치도지사(이하 "시·도지사"라 한다)와 시장·군수·구청장(자치구의 구청장을 말한다. 이하 같다)은 법 제17조에 따라 동물 보호조치에 관한 공고를 하려면 농림축산식품부장관이 정하는 시스템(이하 "동물보호관리시스템"이라 한다)에 게시하여야 한다. 다만, 동물보호관리시스템이 정상적으로 운영되지 않을 경우에는 농림축산식품부령으로 정하는 동물보호 공고문을 작성하여 다른 방법으로 게시하되, 동물보호관리시스템이 정상적으로 운영되면 그 내용을 **동물보호관리시스템에 게시하여야 한다.** <개정 2013. 3. 23., 2018. 3. 20.>

② 시·도지사와 시장·군수·구청장은 제1항에 따른 공고를 하는 경우 농림축산식품부령으로 정하는 바에 따라 동물보호관리시스템을 통하여 개체관리카드와 보호동물 관리대장을 작성·관리하여야 한다. <개정 2013. 3. 23., 2018. 3. 20.>

제8조(보호비용의 징수)

시·도지사와 시장·군수·구청장은 법 제19조제1항 및 제2항에 따라 보호비용을 징수하려면 농림축산식품부령으로 정하는 비용징수 통지서를 동물의 소유자 또는 법 제21조제1항에 따라 분양을 받는 자에게 발급하여야 한다. <개정 2013. 3. 23., 2018. 3. 20.>

★제9조(동물의 기증 또는 분양 대상 민간단체 등의 범위)

법 제21조제1항에서 "대통령령으로 정하는 민간단체 등"이란 다음 각 호의 어느 하나에 해당하는 단체 또는 기관 등을 말한다.

1. 제5조 각 호의 어느 하나에 해당하는 법인 또는 단체
2. 「장애인복지법」 제40조제4항에 따라 지정된 장애인 보조견 전문훈련기관
3. 「사회복지사업법」 제2조제4호에 따른 사회복지시설

★제10조(동물실험 금지 동물)

법 제24조제2호에서 "대통령령으로 정하는 동물"이란 다음 각 호의 어느 하나에 해당하는 동물을 말한다. <개정 2013. 3. 23., 2014. 11. 19., 2017. 7. 26., 2021. 2. 9., 2021. 7. 6.>

1. 「장애인복지법」 제40조에 따른 **장애인 보조견**
2. 소방청(그 소속 기관을 포함한다)에서 효율적인 구조활동을 위해 이용하는 **119구조견**
3. 다음 각 목의 기관(그 소속 기관을 포함한다)에서 수색·탐지 등을 위해 이용하는 **경찰견**
   가. 국토교통부
   나. 경찰청
   다. 해양경찰청
4. 국방부(그 소속 기관을 포함한다)에서 수색·경계·추적·탐지 등을 위해 이용하는 **군견**
5. 농림축산식품부(그 소속 기관을 포함한다) 및 관세청(그 소속 기관을 포함한다) 등에서 각종 물질의 탐지 등을 위해 이용하는 **마약 및 폭발물 탐지견과 검역 탐지견**

★제11조(동물실험윤리위원회의 지도·감독의 방법)

법 제25조제1항에 따른 동물실험윤리위원회(이하 "윤리위원회"라 한다)는 다음 각 호의 방법을 통하여 해당 동물실험시행기관을 지도·감독한다.

1. **동물실험의 윤리적·과학적 타당성에 대한 심의**
2. 동물실험에 사용하는 동물(이하 "실험동물"이라 한다)의 **생산·도입·관리·실험 및 이용과 실험이 끝난 뒤 해당 동물의 처리에 관한 확인 및 평가**
3. 동물실험시행기관의 **운영자 또는 종사자에 대한 교육·훈련 등에 대한 확인 및 평가**
4. 동물실험 및 동물실험시행기관의 **동물복지 수준 및 관리실태에 대한 확인 및 평가**

제12조(윤리위원회의 운영)

① 윤리위원회의 회의는 다음 각 호의 어느 하나에 해당하는 경우에 위원장이 소집하고, 위원장이 그 의장이 된다.
1. 재적위원 3분의 1 이상이 소집을 요구하는 경우
2. 해당 동물실험시행기관의 장이 소집을 요구하는 경우
3. 그 밖에 위원장이 필요하다고 인정하는 경우
② 윤리위원회의 회의는 재적위원 과반수의 출석으로 개의하고, 출석위원 과반수의 찬성으로 의결한다. <개정 2020. 3. 17., 2021. 2. 9.>
③ 동물실험계획을 심의·평가하는 회의에는 다음 각 호의 위원이 각각 1명 이상 참석해

야 한다. <신설 2021. 2. 9.>

  1. 법 제27조제2항제1호에 따른 위원

  2. 법 제27조제4항에 따른 동물실험시행기관과 이해관계가 없는 위원

④ 회의록 등 윤리위원회의 구성·운영 등과 관련된 **기록 및 문서는 3년 이상 보존**하여
   야 한다. <개정 2021. 2. 9.>

⑤ 윤리위원회는 심의사항과 관련하여 **필요하다고 인정할 때에는 관계인을 출석시켜 의
   견을 들을 수 있다.** <개정 2021. 2. 9.>

⑥ 동물실험시행기관의 장은 해당 기관에 설치된 윤리위원회의 효율적인 운영을 위하여
   다음 각 호의 사항에 대하여 적극 협조하여야 한다. <개정 2021. 2. 9.>

  1. **윤리위원회의 독립성 보장**

  2. **윤리위원회의 결정 및 권고사항에 대한 즉각적이고 효과적인 조치 및 시행**

  3. **윤리위원회의 설치 및 운영에 필요한 인력, 장비, 장소, 비용 등에 관한 적절한 지원**

⑦ 동물실험시행기관의 장은 매년 윤리위원회의 운영 및 동물실험의 실태에 관한 사항을
   다음 해 1월 31일까지 농림축산식품부령으로 정하는 바에 따라 농림축산식품부장관에
   게 통지하여야 한다. <개정 2013. 3. 23., 2021. 2. 9.>

⑧ 제1항부터 제7항까지에서 규정한 사항 외에 윤리위원회의 효율적인 운영을 위하여 필
   요한 사항은 농림축산식품부장관이 정하여 고시한다. <개정 2013. 3. 23., 2021. 2. 9.>

제13조(윤리위원회의 구성·운영 등에 대한 개선명령)

① 농림축산식품부장관은 법 제28조제2항에 따라 개선명령을 하는 경우 그 개선에 필요
   한 조치 등을 고려하여 3개월의 범위에서 기간을 정하여 개선명령을 하여야 한다.
   <개정 2013. 3. 23.>

② 농림축산식품부장관은 천재지변이나 그 밖의 부득이한 사유로 제1항에 따른 개선기간
   에 개선을 할 수 없는 동물실험시행기관의 장이 개선기간 연장 신청을 하면 해당 사유
   가 끝난 날부터 3개월의 범위에서 그 기간을 연장할 수 있다. <개정 2013. 3. 23.>

③ 제1항에 따라 개선명령을 받은 동물실험시행기관의 장이 그 명령을 이행하였을 때에
   는 지체 없이 그 결과를 농림축산식품부장관에게 통지하여야 한다. <개정 2013. 3. 23.>

④ 제1항에 따른 개선명령에 대하여 이의가 있는 동물실험시행기관의 장은 30일 이내에
   농림축산식품부장관에게 이의신청을 할 수 있다. <개정 2013. 3. 23.>

★제14조(동물보호감시원의 자격 등)

① 법 제40조제1항에서 "대통령령으로 정하는 소속 기관의 장"이란 농림축산검역본부장
   (이하 "검역본부장"이라 한다)을 말한다. <개정 2013. 3. 23., 2018. 3. 20.>

② 농림축산식품부장관, 검역본부장, 시·도지사 및 시장·군수·구청장이 법 제40조제1항에 따라 동물보호감시원을 지정할 때에는 다음 각 호의 어느 하나에 해당하는 **소속 공무원 중에서 동물보호감시원을 지정하여야 한다.** <개정 2013. 3. 23., 2018. 3. 20.>

1. 「수의사법」 제2조제1호에 따른 수의사 면허가 있는 사람
2. 「국가기술자격법」 제9조에 따른 축산기술사, 축산기사, 축산산업기사 또는 축산기능사 자격이 있는 사람
3. 「고등교육법」 제2조에 따른 학교에서 수의학·축산학·동물관리학·애완동물학·반려동물학 등 동물의 관리 및 이용 관련 분야, 동물보호 분야 또는 동물복지 분야를 전공하고 졸업한 사람
4. 그 밖에 동물보호·동물복지·실험동물 분야와 관련된 사무에 종사한 경험이 있는 사람

③ 동물보호감시원의 직무는 다음 각 호와 같다. <개정 2018. 3. 20., 2021. 2. 9.>

1. 법 제7조에 따른 동물의 **적정한 사육·관리에 대한 교육 및 지도**
2. 법 제8조에 따라 금지되는 **동물학대행위의 예방, 중단 또는 재발방지를 위하여 필요한 조치**
3. 법 제9조 및 제9조의2에 따른 **동물의 적정한 운송과 반려동물 전달 방법에 대한 지도·감독**
3의2. 법 제10조에 따른 **동물의 도살방법에 대한 지도**
3의3. 법 제12조에 따른 등록대상동물의 **등록** 및 법 제13조에 따른 **등록대상동물의 관리에 대한 감독**
3의4. 법 제13조의2 및 제13조의3에 따른 **맹견의 관리 및 출입금지 등에 대한 감독**
4. 법 제15조에 따라 설치·지정되는 **동물보호센터의 운영에 관한 감독**
4의2. 법 제28조에 따른 **윤리위원회의 구성·운영** 등에 관한 지도·감독 및 개선명령의 이행 여부에 대한 확인 및 지도
5. 법 제29조에 따라 **동물복지축산농장**으로 인증받은 농장의 인증기준 준수 여부 감독
6. 법 제33조제1항에 따라 **영업등록**을 하거나 법 제34조제1항에 따라 **영업허가를 받은 자(이하 "영업자"라 한다)의 시설·인력 등 등록 또는 허가사항, 준수사항, 교육 이수 여부에 관한 감독**
6의2. 법 제33조의2제1항에 따른 **반려동물을 위한 장묘시설의 설치·운영에 관한 감독**
7. 법 제39조에 따른 조치, 보고 및 자료제출 명령의 이행 여부 등에 관한 확인·지도
8. 법 제41조제1항에 따라 위촉된 **동물보호명예감시원에 대한 지도**
9. 그 밖에 **동물의 보호 및 복지 증진에 관한 업무**

★제15조(동물보호명예감시원의 자격 및 위촉 등)

① 농림축산식품부장관, 시·도지사 및 시장·군수·구청장이 법 제41조제1항에 따라 동물보호명예감시원(이하 "명예감시원"이라 한다)을 위촉할 때에는 다음 각 호의 어느 하나에 해당하는 사람으로서 **농림축산식품부장관이 정하는 관련 교육과정을 마친 사람을 명예감시원으로 위촉**하여야 한다. <개정 2013. 3. 23.>

　1. 제5조에 따른 법인 또는 단체의 장이 추천한 사람

　2. 제14조제2항 각 호의 어느 하나에 해당하는 사람

　3. 동물보호에 관한 학식과 경험이 풍부하고, 명예감시원의 직무를 성실히 수행할 수 있는 사람

② 농림축산식품부장관, 시·도지사 또는 시장·군수·구청장은 제1항에 따라 위촉한 명예감시원이 다음 각 호의 어느 하나에 해당하는 경우에는 위촉을 해제할 수 있다. <개정 2013. 3. 23.>

　1. 사망·질병 또는 부상 등의 사유로 직무 수행이 곤란하게 된 경우

　2. 제3항에 따른 직무를 성실히 수행하지 아니하거나 직무와 관련하여 부정한 행위를 한 경우

③ **명예감시원의 직무**는 다음 각 호와 같다.

　1. **동물보호 및 동물복지에 관한 교육·상담·홍보 및 지도**

　2. **동물학대행위에 대한 신고 및 정보 제공**

　3. **제14조제3항에 따른 동물보호감시원의 직무 수행을 위한 지원**

　4. **학대받는 동물의 구조·보호 지원**

④ **명예감시원의 활동 범위**는 다음 각 호의 구분에 따른다. <개정 2013. 3. 23.>

　1. **농림축산식품부장관이 위촉한 경우: 전국**

　2. **시·도지사 또는 시장·군수·구청장이 위촉한 경우: 위촉한 기관장의 관할구역**

⑤ 농림축산식품부장관, 시·도지사 또는 시장·군수·구청장은 명예감시원에게 예산의 범위에서 수당을 지급할 수 있다. <개정 2013. 3. 23.>

⑥ 제1항부터 제5항까지에서 규정한 사항 외에 명예감시원의 운영을 위하여 필요한 사항은 농림축산식품부장관이 정하여 고시한다. <개정 2013. 3. 23.>

제15조의2 삭제 〈2021. 2. 9.〉

제16조(권한의 위임)

농림축산식품부장관은 법 제44조에 따라 다음 각 호의 권한을 검역본부장에게 위임한다. <개정 2013. 3. 23., 2016. 1. 22., 2018. 3. 20., 2020. 3. 17., 2021. 2. 9.>

1. 법 제9조제3항에 따른 동물 운송에 관하여 필요한 사항의 권장
2. 법 제10조제2항에 따른 동물의 도살방법에 관한 세부사항의 규정
3. 법 제23조제7항에 따른 동물실험의 원칙에 관한 고시
4. 법 제28조에 따른 윤리위원회의 구성·운영 등에 관한 지도·감독 및 개선명령
5. 법 제29조제1항에 따른 동물복지축산농장의 인증
6. 법 제29조제2항에 따른 동물복지축산농장 인증 신청의 접수
7. 법 제29조제4항에 따른 동물복지축산농장의 인증 취소
8. 법 제31조제2항에 따라 동물복지축산농장의 인증을 받은 자의 지위 승계 신고 수리(受理)
9. 법 제39조에 따른 출입·검사 등
10. 법 제41조에 따른 명예감시원의 위촉, 해촉, 수당 지급
11. 법 제43조제2호에 따른 동물복지축산농장의 인증 취소처분에 관한 청문
12. 법 제45조제2항에 따른 실태조사(현장조사를 포함한다. 이하 "실태조사"라 한다) 및 정보의 공개
13. 법 제47조제1항제2호·제3호부터 제5호까지 및 같은 조 제2항제2호·제3호·제5 호의2·제8호·제10호부터 제15호까지의 규정에 따른 과태료의 부과·징수

제17조(실태조사의 범위 등)
① 농림축산식품부장관은 법 제45조제2항에 따른 실태조사(이하 "실태조사"라 한다)를 할 때에는 실태조사 계획을 수립하고 그에 따라 실시하여야 한다. <개정 2013. 3. 23.>
② 농림축산식품부장관은 실태조사를 효율적으로 하기 위하여 동물보호관리시스템, 전자 우편 등을 통한 전자적 방법, 서면조사, 현장조사 방법 등을 사용할 수 있으며, 전문연구기 관·단체 또는 관계 전문가에게 의뢰하여 실태조사를 할 수 있다. <개정 2013. 3. 23.>
③ 제1항과 제2항에서 규정한 사항 외에 실태조사에 필요한 사항은 농림축산식품부장관 이 정하여 고시한다. <개정 2013. 3. 23.>

제18조(소속 기관의 장)
법 제45조제4항에서 "대통령령으로 정하는 그 소속 기관의 장"이란 검역본부장을 말한다. <개정 2013. 3. 23.>

제19조(고유식별정보의 처리)
농림축산식품부장관(검역본부장을 포함한다), 시·도지사 또는 시장·군수·구청장(해당 권 한이 위임·위탁된 경우에는 그 권한을 위임·위탁받은 자를 포함한다)은 다음 각 호의 사

무를 수행하기 위하여 불가피한 경우에는 「개인정보 보호법 시행령」 제19조제1호, 제2호 또는 제4호에 따른 주민등록번호, 여권번호 또는 외국인등록번호가 포함된 자료를 처리할 수 있다. <개정 2013. 3. 23., 2014. 8. 6., 2018. 3. 20.>

1. 법 제12조에 따른 등록대상동물의 등록 및 변경신고에 관한 사무
2. 법 제15조에 따른 동물보호센터의 지정 및 지정 취소에 관한 사무
3. 삭제 <2016. 1. 22.>
4. 삭제 <2016. 1. 22.>
5. 법 제33조에 따른 영업의 등록, 변경신고 및 폐업 등의 신고에 관한 사무
6. 법 제34조에 따른 영업의 허가, 변경신고 및 폐업 등의 신고에 관한 사무
7. 법 제35조에 따른 영업의 승계신고에 관한 사무
8. 법 제38조에 따른 등록 또는 허가의 취소 및 영업의 정지에 관한 사무

제19조의2 삭제 〈2016. 12. 30.〉

제20조(과태료의 부과 · 징수)
① 법 제47조제1항부터 제3항까지의 규정에 따른 과태료의 부과기준은 별표와 같다.
② 법 제47조제4항에 따른 과태료의 부과권자는 다음 각 호의 구분에 따른다. <개정 2020. 3. 17., 2021. 2. 9.>

1. 법 제47조제1항제2호 · 제3호부터 제5호까지 및 같은 조 제2항제2호 · 제3호 · 제5호 의2 · 제8호 · 제10호부터 제15호까지의 규정에 따른 과태료: 농림축산식품부장관
2. 법 제47조제2항제11호부터 제15호까지의 규정에 따른 과태료: 시 · 도지사(특별자 치시장은 제외한다)
3. 법 제47조제1항제2호 · 제2호의2부터 제2호의7까지, 같은 조 제2항제2호 · 제3호 · 제5호 · 제9호부터 제15호까지 및 같은 조 제3항 각 호에 따른 과태료: 특별자치시 장 · 시장(「제주특별자치도 설치 및 국제자유도시 조성을 위한 특별법」 제11조제2 항에 따른 행정시장을 포함한다) · 군수 · 구청장

[전문개정 2018. 3. 20.]

부칙 〈제31871호, 2021. 7. 6.〉 (119구조 · 구급에 관한 법률 시행령)
제1조(시행일) 이 영은 2021년 7월 6일부터 시행한다.
제2조(다른 법령의 개정) 동물보호법 시행령 일부를 다음과 같이 개정한다.
제10조제2호 중 "인명구조견"을 "119구조견"으로 한다.

☑ 별표 / 서식

[별표] 과태료의 부과기준(제20조 관련)

■ 동물보호법 시행령 [별표] 〈개정 2021. 2. 9.〉

과태료의 부과기준(제20조 관련)

1. 일반기준

가. 위반행위의 횟수에 따른 과태료의 가중된 부과기준은 **최근 2년간 같은 위반행위**로 과태료 부과처분을 받은 경우에 적용한다. 이 경우 기간의 계산은 위반행위에 대하여 과태료 부과처분을 받은 날과 그 처분 후 다시 같은 위반행위를 하여 적발된 날을 기준으로 한다.

나. 가목에 따라 가중된 부과처분을 하는 경우 가중처분의 적용 차수는 그 위반행위 전 부과처분 차수(가목에 따른 기간 내에 과태료 부과처분이 둘 이상 있었던 경우에는 높은 차수를 말한다)의 다음 차수로 한다.

다. 다음의 어느 하나에 해당하는 경우에는 제2호의 개별기준에 따른 **과태료 금액의 2분의 1의 범위에서 그 금액을 줄일 수 있다.** 다만, 과태료를 체납하고 있는 위반행위자에 대해서는 그렇지 않다.

1) 위반행위자가 「질서위반행위규제법 시행령」 제2조의2제1항 각 호의 어느 하나에 해당하는 경우

2) 위반행위자가 자연재해·화재 등으로 재산에 현저한 손실이 발생하거나 사업여건의 악화로 사업이 중대한 위기에 처하는 등의 사정이 있는 경우

3) 위반행위가 사소한 부주의나 오류 등 과실로 인한 것으로 인정되는 경우

4) 위반행위자가 같은 위반행위로 다른 법률에 따라 과태료·벌금·영업정지 등의 처분을 받은 경우

5) 위반행위자가 위법행위로 인한 결과를 시정하거나 해소한 경우

6) 그 밖에 위반행위의 정도, 위반행위의 동기와 그 결과 등을 고려하여 그 금액을 줄일 필요가 있다고 인정되는 경우

2. 개별기준

(단위: 만원)

위반행위	근거 법조문	과태료 금액		
		1차 위반	2차 위반	3차 이상 위반
가. 법 제9조제1항제4호 또는 제5호를 위반하여 동물을 운송한 경우	법 제47조 제2항제2호	10	20	40
나. 법 제9조제1항을 위반하여 법 제32조제1항의 동물을 운송한 경우	법 제47조 제2항제3호	10	20	40
다. 법 제9조의2(반려동물의 전달방법)를 위반하여 동물을 판매한 경우	법 제47조 제1항제2호	50	100	200
라. 소유자가 법 제12조제1항을 위반하여 등록대상동물을 등록하지 않은 경우	법 제47조 제2항제5호	20	40	60
마. 소유자가 법 제12조제2항을 위반하여 정해진 기간 내에 신고를 하지 않은 경우	법 제47조 제3항제1호	10	20	40
바. 법 제12조제3항을 위반하여 변경신고를 하지 않고 소유권을 이전받은 경우	법 제47조 제3항제2호	10	20	40
사. 소유자등이 법 제13조제1항을 위반하여 인식표를 부착하지 않은 경우	법 제47조 제3항제3호	5	10	20
아. 소유자등이 법 제13조제2항을 위반하여 안전조치를 하지 않은 경우	법 제47조 제3항제4호	20	30	50
자. 소유자등이 법 제13조제2항을 위반하여 배설물을 수거하지 않은 경우	법 제47조 제3항제4호	5	7	10
차. 소유자등이 법 제13조의2제1항제1호를 위반하여 소유자등 없이 맹견을 기르는 곳에서 벗어나게 한 경우	법 제47조 제1항 제2호의2	100	200	300
카. 소유자등이 법 제13조의2제1항제2호를 위반하여 월령이 3개월 이상인 맹견을 동반하고 외출할 때 안전장치 및 이동장치를 하지 않은 경우	법 제47조 제1항 제2호의3	100	200	300
타. 소유자등이 법 제13조의2제1항제3호를 위반하여 사람에게 신체적 피해를 주지 않도록 관리하지 않은 경우	법 제47조 제1항 제2호의4	100	200	300
파. 소유자가 법 제13조의2제3항을 위반하여 맹견의 안전한 사육 및 관리에 관한 교육을 받지 않은 경우	법 제47조 제1항 제2호의5	100	200	300
하. 소유자가 법 제13조의2제4항을 위반하여 보험에 가입하지 않은 경우	법 제47조 제1항 제2호의6	100	200	300

한권으로 정리하는 동물보호법

위반행위	근거 법조문	1차	2차	3차
거. 소유자등이 법 제13조의3(맹견의 출입금지 등)을 위반하여 맹견을 출입하게 한 경우	법 제47조 제1항 제2호의7	100	200	300
너. 법 제24조의2를 위반하여 미성년자에게 동물 해부실습을 하게 한 경우	법 제47조 제2항 제5호의2	30	50	100
더. 동물실험시행기관의 장이 법 제25조제1항을 위반하여 윤리위원회를 설치·운영하지 않은 경우	법 제47조 제1항제3호		300	
러. 동물실험시행기관의 장이 법 제25조제3항을 위반하여 윤리위원회의 심의를 거치지 않고 동물실험을 한 경우	법 제47조 제1항제4호	100	200	300
머. 동물실험시행기관의 장이 법 제28조제2항을 위반하여 개선명령을 이행하지 않은 경우	법 제47조 제1항제5호	100	200	300
버. 법 제31조제2항을 위반하여 동물복지축산농장 인증을 받은 자의 지위를 승계하고 그 사실을 신고하지 않은 경우	법 제47조 제2항제8호	30	50	100
서. 법 제35조제3항을 위반하여 영업자의 지위를 승계하고 그 사실을 신고하지 않은 경우	법 제47조 제2항제9호	30	50	100
어. 영업자가 법 제37조제2항 또는 제3항을 위반하여 교육을 받지 않고 영업을 한 경우	법 제47조 제2항 제10호	30	50	100
저. 동물의 소유자등이 법 제39조제1항제1호에 따른 자료제출 요구에 응하지 않거나 거짓 자료를 제출한 경우	법 제47조 제2항 제11호	20	40	60
처. 동물의 소유자등이 법 제39조제1항제2호에 따른 출입·검사를 거부·방해 또는 기피한 경우	법 제47조 제2항 제12호	20	40	60
커. 동물의 소유자등이 법 제39조제1항제3호에 따른 시정명령을 이행하지 않은 경우	법 제47조 제2항 제13호	30	50	100
터. 법 제39조제2항에 따른 보고·자료제출을 하지 않거나 거짓으로 보고·자료제출을 한 경우 또는 같은 항에 따른 출입·조사를 거부·방해·기피한 경우	법 제47조 제2항 제14호	20	40	60
퍼. 법 제40조제4항을 위반하여 동물보호감시원의 직무 수행을 거부·방해 또는 기피한 경우	법 제47조 제2항 제15호	20	40	60

1.3

동물보호법
시행규칙

[시행 2022. 6. 18.] [농림축산식품부령 제482호, 2021. 6. 17., 일부개정]

동물보호법 시행규칙

[시행 2022. 6. 18.] [농림축산식품부령 제482호, 2021. 6. 17., 일부개정]

제1조(목적)

제1조의2(반려동물의 범위)

제1조의3(맹견의 범위)

제2조(동물복지위원회 위원 자격)

제3조(적절한 사육ㆍ관리 방법 등)

제4조(학대행위의 금지)

제5조(동물운송자)

제6조(동물의 도살방법)

제7조(동물등록제 제외 지역의 기준)

제8조(등록대상동물의 등록사항 및 방법 등)

제9조(등록사항의 변경신고 등)

제10조(등록업무의 대행)

제11조(인식표의 부착)

제12조(안전조치)

제12조의2(맹견의 관리)

제12조의3(맹견에 대한 격리조치 등에 관한 기준)

제12조의4(맹견 소유자의 교육)

제12조의5(보험금액)

제13조(구조ㆍ보호조치 제외 동물)

제14조(보호조치 기간)

제15조(동물보호센터의 지정 등)

제16조(동물의 보호비용 지원 등)

제17조(동물보호센터 운영위원회의 설치 및 기능 등)

제18조(운영위원회의 구성ㆍ운영 등)

제19조(동물보호센터의 준수사항)

제20조(공고)

제21조(보호비용의 납부)

1.3 동물보호법 시행규칙

[시행 2022. 6. 18.] [농림축산식품부령 제482호, 2021. 6. 17., 일부개정]

제1조(목적)
이 규칙은 「동물보호법」 및 같은 법 시행령에서 위임된 사항과 그 시행에 필요한 사항을 규정함을 목적으로 한다.

★제1조의2(반려동물의 범위)
「동물보호법」(이하 "법"이라 한다) 제2조제1호의3에서 "개, 고양이 등 농림축산식품부령으로 정하는 동물"이란 개, 고양이, 토끼, 페럿, 기니피그 및 햄스터를 말한다.
[본조신설 2020. 8. 21.]
[종전 제1조의2는 제1조의3으로 이동 <2020. 8. 21.>]

★제1조의3(맹견의 범위)
법 제2조제3호의2에 따른 **맹견(猛犬)은 다음 각 호와 같다.** <개정 2020. 8. 21.>
   1. 도사견과 그 잡종의 개
   2. 아메리칸 핏불테리어와 그 잡종의 개
   3. 아메리칸 스태퍼드셔 테리어와 그 잡종의 개
   4. 스태퍼드셔 불 테리어와 그 잡종의 개
   5. 로트와일러와 그 잡종의 개
[본조신설 2018. 9. 21.]
[제1조의2에서 이동 <2020. 8. 21.>]

제2조(동물복지위원회 위원 자격)
법 제5조제3항제3호에서 "농림축산식품부령으로 정하는 자격기준에 맞는 사람"이란 다음 각 호의 어느 하나에 해당하는 사람을 말한다. <개정 2013. 3. 23., 2018. 3. 22., 2018. 9. 21.>
   1. 법 제25조제1항에 따른 동물실험윤리위원회(이하 "윤리위원회"라 한다)의 위원
   2. 법 제33조제1항에 따라 영업등록을 하거나 법 제34조제1항에 따라 영업허가를 받은 자(이하 "영업자"라 한다)로서 동물보호·동물복지에 관한 학식과 경험이 풍부한 사람
   3. 법 제41조에 따른 동물보호명예감시원으로서 그 사람을 위촉한 농림축산식품부장관(그 소속 기관의 장을 포함한다) 또는 지방자치단체의 장의 추천을 받은 사람

4. 「축산자조금의 조성 및 운용에 관한 법률」 제2조제3호에 따른 축산단체 대표로서 동물보호·동물복지에 관한 학식과 경험이 풍부한 사람

5. 변호사 또는 「고등교육법」 제2조에 따른 학교에서 법학을 담당하는 조교수 이상의 직(職)에 있거나 있었던 사람

6. 「고등교육법」 제2조에 따른 학교에서 동물보호·동물복지를 담당하는 조교수 이상의 직(職)에 있거나 있었던 사람

7. 그 밖에 동물보호·동물복지에 관한 학식과 경험이 풍부하다고 농림축산식품부장관이 인정하는 사람

★제3조(적절한 사육·관리 방법 등)
법 제7조제4항에 따른 동물의 적절한 사육·관리 방법 등에 관한 사항은 **별표 1**과 같다.

★제4조(학대행위의 금지)
① **법 제8조제1항제4호에서** "농림축산식품부령으로 정하는 정당한 사유 없이 **죽음에 이르게 하는 행위"**란 다음 각 호의 어느 하나를 말한다. <개정 2013. 3. 23., 2016. 1. 21., 2018. 3. 22.>
   1. **사람의 생명·신체에 대한 직접적 위협이나 재산상의 피해를 방지하기 위하여** 다른 방법이 있음에도 불구하고 **동물을 죽음에 이르게 하는 행위**
   2. **동물의 습성 및 생태환경 등 부득이한 사유가 없음에도 불구하고 해당 동물을 다른** 동물의 먹이로 **사용하는 경우**
② **법 제8조제2항제1호** 단서 및 제2호 단서에서 "농림축산식품부령으로 정하는 경우"란 다음 각 호의 어느 하나에 해당하는 경우를 말한다. <개정 2013. 3. 23.>
   1. **질병의 예방이나 치료**
   2. **법 제23조에 따라 실시하는 동물실험**
   3. **긴급한 사태가 발생한 경우 해당 동물을 보호하기 위하여 하는 행위**
③ **법 제8조제2항제3호** 단서에서 "민속경기 등 농림축산식품부령으로 정하는 경우"란 **「전통 소싸움 경기에 관한 법률」에** 따른 **소싸움**으로서 농림축산식품부장관이 정하여 고시하는 것을 말한다. <개정 2013. 3. 23.>
④ **삭제 〈2020. 8. 21.〉**
⑤ **법 제8조제2항제3호의2에서** "최소한의 사육공간 제공 등 농림축산식품부령으로 정하는 사육·관리 의무"란 **별표 1의2에 따른 사육·관리 의무**를 말한다. <개정 2020. 8. 21.>
⑥ **법 제8조제2항제4호에서** "농림축산식품부령으로 정하는 정당한 사유 없이 신체적 고통을 주거나 상해를 입히는 행위"란 다음 각 호의 어느 하나를 말한다. <개정 2013. 3.

23., 2018. 3. 22., 2018. 9. 21.>

1. **사람의 생명·신체에 대한 직접적 위협이나 재산상의 피해를 방지하기 위하여** 다른 방법이 있음에도 불구하고 **동물에게 신체적 고통을 주거나 상해를 입히는 행위**
2. **동물의 습성 또는 사육환경 등의 부득이한 사유가 없음에도 불구하고 동물을 혹서·혹한 등의** 환경에 **방치**하여 **신체적 고통을 주거나 상해를 입히는 행위**
3. **갈증이나 굶주림의 해소 또는 질병의 예방이나 치료 등의 목적 없이 동물에게** 음식이나 물을 강제로 먹여 **신체적 고통을 주거나 상해를 입히는 행위**
4. **동물의 사육·훈련 등을 위하여 필요한 방식이 아님에도 불구하고** 다른 동물과 싸우게 하거나 **도구를 사용하는 등** 잔인한 방식으로 신체적 고통을 주거나 상해를 입히는 행위

⑦ **법 제8조제5항제1호** 단서에서 "동물보호 의식을 고양시키기 위한 목적이 표시된 홍보 활동 등 농림축산식품부령으로 정하는 경우"란 다음 각 호의 어느 하나에 해당하는 경우를 말한다. <신설 2014. 2. 14., 2018. 3. 22., 2018. 9. 21.>

1. **국가기관, 지방자치단체** 또는 「동물보호법 시행령」(이하 "영"이라 한다) 제5조에 따른 **민간단체가 동물보호 의식을 고양시키기 위한 목적**으로 법 제8조제1항부터 제3항까지에 해당하는 행위를 촬영한 사진 또는 영상물(이하 이 항에서 "사진 또는 영상물"이라 한다)에 기관 또는 단체의 명칭과 해당 목적을 표시하여 **판매·전시· 전달·상영하거나 인터넷에 게재하는 경우**
2. **언론기관이 보도 목적으로** 사진 또는 영상물을 부분 편집하여 **전시·전달·상영 하거나 인터넷에 게재하는 경우**
3. **신고 또는 제보의 목적으로** 제1호 및 제2호에 해당하는 기관 또는 단체에 사진 또는 **영상물을 전달하는 경우**

⑧ **법 제8조제5항제4호** 단서에서 "「장애인복지법」 제40조에 따른 장애인 보조견의 대여 등 농림축산식품부령으로 정하는 경우"란 다음 각 호의 어느 하나에 해당하는 경우를 말한다. <신설 2018. 3. 22., 2018. 9. 21., 2020. 8. 21.>

1. 「장애인복지법」 **제40조에 따른** 장애인 보조견을 **대여하는 경우**
2. 촬영, 체험 또는 교육을 위하여 동물을 대여하는 경우. **이 경우 해당 동물을** 관리할 수 있는 인력이 **대여하는 기간 동안 제3조에 따른 적절한 사육·관리를 하여야 한다.**

제5조(동물운송자)

법 제9조제1항 각 호 외의 부분에서 "농림축산식품부령으로 정하는 자"란 **영리를 목적으로** 「자동차관리법」 제2조제1호에 따른 **자동차를 이용하여 동물을 운송하는 자**를 말한다.

<개정 2013. 3. 23., 2014. 4. 8., 2018. 3. 22.>

제6조(동물의 도살방법)

① 법 제10조제2항에서 "농림축산식품부령으로 정하는 방법"이란 다음 각 호의 어느 하나의 방법을 말한다. <개정 2013. 3. 23., 2016. 1. 21.>

  1. 가스법, 약물 투여

  2. 전살법(電殺法), 타격법(打擊法), 총격법(銃擊法), 자격법(刺擊法)

② 농림축산식품부장관은 제1항 각 호의 도살방법 중「축산물 위생관리법」에 따라 도축하는 경우에 대하여 고통을 최소화하는 방법을 정하여 고시할 수 있다. <개정 2013. 3. 23., 2018. 3. 22.>

제7조(동물등록제 제외 지역의 기준)

법 제12조제1항 단서에 따라 시·도의 조례로 동물을 등록하지 않을 수 있는 지역으로 정할 수 있는 지역의 범위는 다음 각 호와 같다. <개정 2013. 12. 31.>

  1. 도서[도서, 제주특별자치도 본도(本島) 및 방파제 또는 교량 등으로 육지와 연결된 도서는 제외한다]

  2. 제10조제1항에 따라 동물등록 업무를 대행하게 할 수 있는 자가 없는 읍·면

★제8조(등록대상동물의 등록사항 및 방법 등)

① 법 제12조제1항 본문에 따라 등록대상동물을 등록하려는 자는 **해당 동물의 소유권을 취득한 날 또는 소유한 동물이 등록대상동물이 된 날부터** 30일 이내에 별지 제1호서식의 동물등록 신청서(변경신고서)를 시장·군수·구청장(자치구의 구청장을 말한다. 이하 같다)·특별자치시장(이하 "시장·군수·구청장"이라 한다)에게 제출하여야 한다. 이 경우 시장·군수·구청장은「전자정부법」제36조제1항에 따른 행정정보의 공동이용을 통하여 주민등록표 초본, 외국인등록사실증명 또는 법인 등기사항증명서를 확인하여야 하며, 신청인이 확인에 동의하지 아니하는 경우에는 해당 서류(법인 등기사항증명서는 제외한다)를 첨부하게 하여야 한다. <개정 2013. 12. 31., 2017. 1. 25., 2017. 7. 3., 2019. 3. 21.>

② 제1항에 따라 동물등록 신청을 받은 시장·군수·구청장은 별표 2의 동물등록번호의 부여방법 등에 따라 등록대상동물에 무선전자개체식별장치(이하 "무선식별장치"라 한다)를 장착 후 별지 제2호서식의 동물등록증(전자적 방식을 포함한다)을 발급하고, 영 제7조제1항에 따른 **동물보호관리시스템(이하 "동물보호관리시스템"이라 한다)으로 등록사항을 기록·유지·관리**하여야 한다. <개정 2014. 2. 14., 2020. 8. 21.>

③ 동물등록증을 잃어버리거나 헐어 못 쓰게 되는 등의 이유로 동물등록증의 재발급을 신청하려는 자는 별지 제3호서식의 동물등록증 재발급 신청서를 시장·군수·구청장에게 제출하여야 한다. 이 경우 시장·군수·구청장은 「전자정부법」 제36조제1항에 따른 행정정보의 공동이용을 통하여 주민등록표 초본, 외국인등록사실증명 또는 법인 등기사항증명서를 확인하여야 하며, 신청인이 확인에 동의하지 아니하는 경우에는 해당 서류(법인 등기사항증명서는 제외한다)를 첨부하게 하여야 한다. <개정 2017. 7. 3., 2019. 3. 21.>

④ **등록대상동물의 소유자는 등록하려는 동물이** 영 제3조 각 호 외의 부분에 따른 **등록대상 월령(月齡) 이하인 경우에도 등록할 수 있다.** <신설 2019. 3. 21.>

제9조(등록사항의 변경신고 등)

① 법 제12조제2항제2호에서 "농림축산식품부령으로 정하는 사항이 변경된 경우"란 다음 각 호의 어느 하나에 해당하는 경우를 말한다. <개정 2013. 3. 23., 2018. 3. 22., 2019. 3. 21., 2020. 8. 21.>

  1. 소유자가 변경되거나 소유자의 성명(법인인 경우에는 법인 명칭을 말한다. 이하 같다)이 변경된 경우

  2. 소유자의 주소(법인인 경우에는 주된 사무소의 소재지를 말한다)가 변경된 경우

  3. 소유자의 전화번호(법인인 경우에는 주된 사무소의 전화번호를 말한다. 이하 같다)가 변경된 경우

  4. 등록대상동물이 죽은 경우

  5. 등록대상동물 분실 신고 후, 그 동물을 다시 찾은 경우

  6. 무선식별장치를 잃어버리거나 헐어 못 쓰게 되는 경우

② 제1항제1호의 경우에는 변경된 소유자가, 법 제12조제2항제1호 및 이 조 제1항제2호부터 제6호까지의 경우에는 등록대상동물의 소유자가 각각 해당 사항이 변경된 날부터 30일(등록대상동물을 잃어버린 경우에는 10일) 이내에 별지 제1호서식의 동물등록 신청서(변경신고서)에 다음 각 호의 서류를 첨부하여 시장·군수·구청장에게 신고하여야 한다. 이 경우 시장·군수·구청장은 「전자정부법」 제36조제1항에 따른 행정정보의 공동 이용을 통하여 주민등록표 초본, 외국인등록사실증명 또는 법인 등기사항증명서를 확인(제1항제1호 및 제2호의 경우만 해당한다)하여야 하며, 신청인이 확인에 동의하지 아니하는 경우에는 해당 서류(법인 등기사항증명서는 제외한다)를 첨부하게 하여야 한다. <개정 2017. 7. 3., 2018. 3. 22., 2019. 3. 21.>

  1. 동물등록증

  2. 삭제 <2017. 1. 25.>

3. 등록대상동물이 죽었을 경우에는 그 사실을 증명할 수 있는 자료 또는 그 경위서

③ 제2항에 따라 변경신고를 받은 시장·군수·구청장은 변경신고를 한 자에게 별지 제2호서식의 동물등록증을 발급하고, 등록사항을 기록·유지·관리하여야 한다.

④ 제1항제2호의 경우에는 「주민등록법」 제16조제1항에 따른 전입신고를 한 경우 변경신고가 있는 것으로 보아 시장·군수·구청장은 동물보호관리시스템의 주소를 정정하고, 등록사항을 기록·유지·관리하여야 한다.

⑤ 법 제12조제2항제1호 및 이 조 제1항제2호부터 제5호까지의 경우 소유자는 동물보호관리시스템을 통하여 해당 사항에 대한 변경신고를 할 수 있다. <개정 2017. 7. 3., 2018. 3. 22.>

⑥ 등록대상동물을 잃어버린 사유로 제2항에 따라 변경신고를 받은 시장·군수·구청장은 그 사실을 등록사항에 기록하여 신고일부터 1년간 보관하여야 하고, 1년 동안 제1항제5호에 따른 변경 신고가 없는 경우에는 등록사항을 말소한다. <개정 2019. 3. 21.>

⑦ 등록대상동물이 죽은 사유로 제2항에 따라 변경신고를 받은 시장·군수·구청장은 그 사실을 등록사항에 기록하여 보관하고 1년이 지나면 그 등록사항을 말소한다. <개정 2019. 3. 21.>

⑧ 제1항제6호의 사유로 인한 변경신고에 관하여는 제8조제1항 및 제2항을 준용한다.

⑨ 제7조에 따라 동물등록이 제외되는 지역의 시장·군수는 소유자가 이미 등록된 등록대상동물의 법 제12조제2항제1호 및 이 조 제1항제1호부터 제5호까지의 사항에 대해 변경신고를 하는 경우 해당 동물등록 관련 정보를 유지·관리하여야 한다. <개정 2018. 3. 22.>

★제10조(등록업무의 대행)

① 법 제12조제4항에서 "농림축산식품부령으로 정하는 자"란 다음 각 호의 어느 하나에 해당하는 자 중에서 **시장·군수·구청장이 지정하는 자**를 말한다. <개정 2019. 3. 21., 2020. 8. 21.>

1. 「수의사법」 제17조에 따라 **동물병원을 개설한 자**

2. 「비영리민간단체 지원법」 제4조에 따라 등록된 비영리민간단체 중 **동물보호를 목적으로 하는 단체**

3. 「민법」 제32조에 따라 설립된 법인 중 **동물보호를 목적으로 하는 법인**

4. 법 제33조제1항에 따라 등록한 **동물판매업자**

5. 법 제15조에 따른 **동물보호센터**(이하 "동물보호센터"라 한다)

② 법 제12조제4항에 따라 같은 조 제1항부터 제3항까지의 규정에 따른 업무를 대행하는 자(이하 이 조에서 "동물등록대행자"라 한다)는 **등록대상동물에 무선식별장치를 체내**

에 삽입하는 등 외과적 시술이 필요한 행위는 소속 수의사(지정된 자가 수의사인 경우를 포함한다)에게 하게 하여야 한다. <개정 2013. 12. 31., 2020. 8. 21.>

③ 시장·군수·구청장은 필요한 경우 관할 지역 내에 있는 모든 동물등록대행자에 대하여 해당 동물등록대행자가 판매하는 무선식별장치의 제품명과 판매가격을 동물보호관리시스템에 게재하게 하고 해당 영업소 안의 보기 쉬운 곳에 게시하도록 할 수 있다. <신설 2013. 12. 31.>

★제11조(인식표의 부착)

법 제13조제1항에 따라 등록대상동물을 기르는 곳에서 벗어나게 하는 경우 해당 동물의 소유자등은 다음 각 호의 사항을 표시한 인식표를 등록대상동물에 부착하여야 한다.

　1. 소유자의 성명

　2. 소유자의 전화번호

　3. 동물등록번호(등록한 동물만 해당한다)

★제12조(안전조치)

① 소유자등은 법 제13조제2항에 따라 **등록대상동물을 동반하고 외출할 때에는 목줄 또는 가슴줄을 하거나 이동장치를 사용해야 한다.** 다만, 소유자등이 월령 3개월 미만인 등록대상동물을 직접 안아서 외출하는 경우에는 해당 안전조치를 하지 않을 수 있다. <개정 2021. 2. 10.>

② 제1항 본문에 따른 **목줄 또는 가슴줄은 2미터 이내의 길이여야 한다.** <개정 2021. 2. 10.>

③ 등록대상동물의 **소유자등은** 법 제13조제2항에 따라 「주택법 시행령」 제2조제2호 및 제3호에 따른 **다중주택 및 다가구주택,** 같은 영 제3조에 따른 **공동주택의 건물 내부의 공용공간에서는 등록대상동물을** 직접 안거나 목줄의 목덜미 부분 또는 가슴줄의 손잡이 부분을 잡는 등 **등록대상동물이 이동할 수 없도록 안전조치를 해야 한다.** <신설 2021. 2. 10.>

[전문개정 2019. 3. 21.]

★제12조의2(맹견의 관리)

① **맹견의 소유자등은** 법 제13조의2제1항제2호에 따라 월령이 3개월 이상인 맹견을 동반하고 외출할 때에는 다음 각 호의 사항을 준수하여야 한다.

　1. 제12조제1항에도 불구하고 맹견에게는 목줄만 할 것

　2. 맹견이 호흡 또는 체온조절을 하거나 물을 마시는 데 지장이 없는 범위에서 사

람에 대한 공격을 효과적으로 차단할 수 있는 크기의 입마개를 할 것

② **맹견의 소유자등**은 제1항제1호 및 제2호에도 불구하고 다음 각 호의 기준을 충족하는 이동장치를 사용하여 맹견을 이동시킬 때에는 맹견에게 목줄 및 입마개를 하지 않을 수 있다.

1. **맹견이 이동장치에서 탈출할 수 없도록 잠금장치를 갖출 것**
2. **이동장치의 입구, 잠금장치 및 외벽은 충격 등에 의해 쉽게 파손되지 않는 견고한 재질일 것**

[본조신설 2019. 3. 21.]

★**제12조의3(맹견에 대한 격리조치 등에 관한 기준)**

법 제13조의2제2항에 따라 **맹견이 사람에게 신체적 피해를 주는 경우** 소유자등의 동의 없이 취할 수 있는 맹견에 대한 격리조치 등에 관한 기준은 별표 3과 같다.

[본조신설 2019. 3. 21.]

★**제12조의4(맹견 소유자의 교육)**

① 법 제13조의2제3항에 따른 **맹견 소유자의 맹견에 관한 교육**은 다음 각 호의 구분에 따른다.

1. **맹견의 소유권을 최초로 취득한 소유자의 신규교육:** 소유권을 취득한 날부터 6개월 이내 3시간
2. **그 외 맹견 소유자의 정기교육:** 매년 3시간

② 제1항 각 호에 따른 교육은 다음 각 호의 어느 하나에 해당하는 기관으로서 농림축산식품부장관이 지정하는 기관(이하 "교육기관"이라 한다)이 실시하며, 원격교육으로 그 과정을 대체할 수 있다. <개정 2021. 2. 10.>

1. 「수의사법」 제23조에 따른 대한수의사회
2. 영 제5조 각 호에 따른 법인 또는 단체
3. 농림축산식품부 소속 교육전문기관
4. 「농업·농촌 및 식품산업 기본법」 제11조의2에 따른 농림수산식품교육문화정보원

③ 제1항 각 호에 따른 **교육은 다음 각 호의 내용을 포함**하여야 한다.

1. **맹견의 종류별 특성, 사육방법 및 질병예방에 관한 사항**
2. **맹견의 안전관리에 관한 사항**
3. **동물의 보호와 복지에 관한 사항**
4. **이 법 및 동물보호정책에 관한 사항**
5. **그 밖에 교육기관이 필요하다고 인정하는 사항**

④ 교육기관은 제1항 각 호에 따른 교육을 실시한 경우에는 그 결과를 교육이 끝난 후 30일 이내에 시장·군수·구청장에게 통지하여야 한다.

⑤ 제4항에 따른 통지를 받은 시장·군수·구청장은 그 기록을 유지·관리하고, 교육이 끝난 날부터 2년 동안 보관하여야 한다.

[본조신설 2019. 3. 21.]

제12조의5(보험금액)

① 영 제6조의2제1호나목에서 "농림축산식품부령으로 정하는 상해등급에 따른 금액"이란 별표 3의2 제1호의 상해등급에 따른 보험금액을 말한다.

② 영 제6조의2제1호다목에서 "농림축산식품부령으로 정하는 후유장애등급에 따른 금액"이란 별표 3의2 제2호의 후유장애등급에 따른 보험금액을 말한다.

[본조신설 2021. 2. 10.]

★제13조(구조·보호조치 제외 동물)

① 법 제14조제1항 각 호 외의 부분 단서에서 "농림축산식품부령으로 정하는 동물"이란 **도심지나 주택가에서 자연적으로 번식하여 자생적으로 살아가는 고양이**로서 개체수 조절을 위해 중성화(中性化)하여 포획장소에 방사(放飼)하는 등의 조치 대상이거나 조치가 된 고양이를 말한다. <개정 2013. 3. 23., 2018. 3. 22.>

② 제1항의 경우 세부적인 처리방법에 대해서는 농림축산식품부장관이 정하여 고시할 수 있다. <개정 2013. 3. 23.>

★제14조(보호조치 기간)

특별시장·광역시장·도지사 및 특별자치도지사(이하 "시·도지사"라 한다)와 시장·군수·구청장은 법 제14조제3항에 따라 소유자로부터 **학대받은 동물**을 보호할 때에는 **수의사의 진단에 따라** 기간을 정하여 보호조치하되 3일 이상 소유자로부터 격리조치 하여야 한다. <개정 2018. 3. 22., 2020. 8. 21.>

제15조(동물보호센터의 지정 등)

① 법 제15조제1항 및 제3항에서 "농림축산식품부령으로 정하는 기준"이란 별표 4의 동물보호센터의 시설기준을 말한다. <개정 2013. 3. 23.>

② 법 제15조제4항에 따라 동물보호센터로 지정을 받으려는 자는 별지 제4호서식의 동물보호센터 지정신청서에 다음 각 호의 서류를 첨부하여 시·도지사 또는 시장·군수·구청장이 공고하는 기간 내에 제출하여야 한다. <개정 2018. 3. 22.>

1. 별표 4의 기준을 충족함을 증명하는 자료
2. 동물의 구조 · 보호조치에 필요한 건물 및 시설의 명세서
3. 동물의 구조 · 보호조치에 종사하는 인력현황
4. 동물의 구조 · 보호조치 실적(실적이 있는 경우에만 해당한다)
5. 사업계획서
③ 제2항에 따라 동물보호센터 지정 신청을 받은 시 · 도지사 또는 시장 · 군수 · 구청장은 별표 4의 지정기준에 가장 적합한 법인 · 단체 또는 기관을 동물보호센터로 지정하고, 별지 제5호서식의 동물보호센터 지정서를 발급하여야 한다. <개정 2018. 3. 22.>
④ **동물보호센터를 지정한 시 · 도지사 또는 시장 · 군수 · 구청장은** 제1항의 기준 및 제19조의 준수사항을 충족하는 지 여부를 **연 2회 이상 점검하여야 한다.** <개정 2018. 3. 22.>
⑤ 동물보호센터를 지정한 시 · 도지사 또는 시장 · 군수 · 구청장은 제4항에 따른 점검 결과를 연 1회 이상 농림축산검역본부장(이하 "검역본부장"이라 한다)에게 통지하여야 한다. <신설 2019. 3. 21.>

제16조(동물의 보호비용 지원 등)
① 법 제15조제6항에 따라 동물의 보호비용을 지원받으려는 동물보호센터는 동물의 보호비용을 시 · 도지사 또는 시장 · 군수 · 구청장에게 청구하여야 한다. <개정 2018. 3. 22.>
② 시 · 도지사 또는 시장 · 군수 · 구청장은 제1항에 따른 비용을 청구받은 경우 그 명세를 확인하고 금액을 확정하여 지급할 수 있다. <개정 2018. 3. 22.>

★제17조(동물보호센터 운영위원회의 설치 및 기능 등)
① 법 제15조제9항에서 "농림축산식품부령으로 정하는 일정 규모 이상"이란 연간 유기동물 처리 마릿수가 1천마리 이상인 것을 말한다. <개정 2013. 3. 23., 2018. 3. 22.>
② 법 제15조제9항에 따라 동물보호센터에 설치하는 **운영위원회**(이하 "운영위원회"라 한다)는 다음 각 호의 사항을 심의한다. <개정 2018. 3. 22.>
 1. 동물보호센터의 사업계획 및 실행에 관한 사항
 2. 동물보호센터의 예산 · 결산에 관한 사항
 3. 그 밖에 이 법의 준수 여부 등에 관한 사항

제18조(운영위원회의 구성 · 운영 등)
① 운영위원회는 **위원장 1명을 포함하여 3명 이상 10명 이하의 위원으로 구성**한다.
② 위원장은 위원 중에서 호선(互選)하고, 위원은 다음 각 호의 어느 하나에 해당하는 사

람 중에서 동물보호센터 운영자가 위촉한다. <개정 2018. 3. 22.>

1. 「수의사법」 제2조제1호에 따른 수의사
2. 법 제4조제4항에 따른 민간단체에서 추천하는 동물보호에 관한 학식과 경험이 풍부한 사람
3. 법 제41조에 따른 동물보호명예감시원으로서 그 동물보호센터를 지정한 지방자치단체의 장에게 위촉을 받은 사람
4. 그 밖에 동물보호에 관한 학식과 경험이 풍부한 사람

③ 운영위원회에는 다음 각 호에 해당하는 위원이 각 1명 이상 포함되어야 한다. <개정 2019. 3. 21.>

1. 제2항제1호에 해당하는 위원
2. 제2항제2호에 해당하는 위원으로서 동물보호센터와 이해관계가 없는 사람
3. 제2항제3호 또는 제4호에 해당하는 위원으로서 동물보호센터와 이해관계가 없는 사람

④ 위원의 임기는 2년으로 하며, 중임할 수 있다.

⑤ 동물보호센터는 위원회의 회의를 매년 1회 이상 소집하여야 하고, 그 회의록을 작성하여 3년 이상 보존하여야 한다.

⑥ 제1항부터 제5항까지에서 규정한 사항 외에 위원회의 구성 및 운영 등에 필요한 사항은 운영위원회의 의결을 거쳐 위원장이 정한다.

★제19조(동물보호센터의 준수사항)
법 제15조제10항에 따른 동물보호센터의 준수사항은 **별표 5**와 같다. <개정 2018. 3. 22.>

제20조(공고)
① 시·도지사와 시장·군수·구청장은 영 제7조제1항 단서에 따라 동물 보호조치에 관한 공고를 하는 경우 별지 제6호서식의 동물보호 공고문을 작성하여 **해당 지방자치단체의 게시판 및 인터넷 홈페이지에 공고**하여야 한다. <개정 2018. 3. 22.>

② 시·도지사와 시장·군수·구청장은 영 제7조제2항에 따라 별지 제7호서식의 보호동물 개체관리카드와 별지 제8호서식의 보호동물 관리대장을 작성하여 동물보호관리시스템으로 관리하여야 한다. <개정 2018. 3. 22.>

제21조(보호비용의 납부)
① 시·도지사와 시장·군수·구청장은 법 제19조제2항에 따라 동물의 보호비용을 징수하려는 때에는 해당 동물의 소유자에게 별지 제9호서식의 비용징수통지서에 따라 통지하

여야 한다. <개정 2018. 3. 22.>

② 제1항에 따라 비용징수통지서를 받은 동물의 소유자는 **비용징수통지서를 받은 날부터 7일 이내**에 보호비용을 납부하여야 한다. 다만, 천재지변이나 그 밖의 부득이한 사유로 보호비용을 낼 수 없을 때에는 그 사유가 없어진 날부터 7일 이내에 내야 한다.

③ 동물의 소유자가 제2항에 따라 보호비용을 납부기한까지 내지 아니한 경우에는 고지된 비용에 이자를 가산하되, 그 이자를 계산할 때에는 납부기한의 다음 날부터 납부일까지 「소송촉진 등에 관한 특례법」 제3조제1항에 따른 법정이율을 적용한다.

④ 법 제19조제1항 및 제2항에 따른 보호비용은 수의사의 진단·진료 비용 및 동물보호센터의 보호비용을 고려하여 시·도의 조례로 정한다.

★제22조(동물의 인도적인 처리)

법 제22조제1항에서 "농림축산식품부령으로 정하는 사유"란 다음 각 호의 어느 하나에 해당하는 경우를 말한다. <개정 2013. 3. 23., 2018. 3. 22.>

1. 동물이 질병 또는 상해로부터 회복될 수 없거나 지속적으로 고통을 받으며 살아야 할 것으로 수의사가 진단한 경우

2. 동물이 사람이나 보호조치 중인 다른 동물에게 질병을 옮기거나 위해를 끼칠 우려가 매우 높은 것으로 수의사가 진단한 경우

3. 법 제21조에 따른 기증 또는 분양이 곤란한 경우 등 시·도지사 또는 시장·군수·구청장이 부득이한 사정이 있다고 인정하는 경우

제23조(동물실험금지의 적용 예외)

① 법 제24조 각 호 외의 부분 단서에서 "농림축산식품부령으로 정하는 불가피한 사유"란 다음 각 호의 어느 하나에 해당하는 경우를 말한다. <개정 2013. 3. 23., 2021. 2. 10.>

1. 인수공통전염병(人獸共通傳染病) 등 질병의 진단·치료 또는 연구를 하는 경우. 다만, 해당 질병의 확산으로 인간 및 동물의 건강과 안전에 **심각한 위해가 발생될 것이 우려되는 때만 해당한다.**

2. 법 제24조제2호에 따른 **동물의 선발을 목적으로 하거나 해당 동물의 효율적인 훈련방식에 관한 연구**를 하는 경우

3. 삭제 <2021. 2. 10.>

② 제1항에서 정한 사유로 실험을 하려면 해당 동물을 실험하려는 동물실험시행기관의 동물실험윤리위원회(이하 "윤리위원회"라 한다)의 심의를 거치되, 심의 결과 동물실험이 타당한 것으로 나타나면 법 제24조 각 호 외의 부분 단서에 따른 승인으로 본다.

★제23조의2(미성년자 동물 해부실습 금지의 적용 예외)

법 제24조의2 단서에서 "「초·중등교육법」 제2조에 따른 학교 또는 동물실험시행기관 등이 시행하는 경우 등 농림축산식품부령으로 정하는 경우"란 **「초·중등교육법」 제2조에 따른 학교** 및 **「영재교육 진흥법」 제2조제4호에 따른** 영재학교(이하 이 조에서 "학교"라 한다) 또는 동물실험시행기관이 다음 각 호의 어느 하나에 해당하는 경우를 말한다.

1. 학교가 동물 해부실습의 시행에 대해 법 제25조제1항에 따른 동물실험시행기관의 **동물실험윤리위원회의 심의**를 거친 경우

2. 학교가 다음 각 목의 요건을 모두 갖추어 동물 해부실습을 시행하는 경우

   가. 동물 해부실습에 관한 사항을 심의하기 위하여 학교에 **동물 해부실습 심의위원회**(이하 "심의위원회"라 한다)를 둘 것

   나. 심의위원회는 위원장 1명을 포함하여 5명 이상 15명 이하의 위원으로 구성하되, 위원장은 위원 중에서 호선하고, 위원은 다음의 사람 중에서 학교의 장이 임명 또는 위촉할 것

      1) 과학 관련 교원

      2) 특별시·광역시·특별자치시·도 및 특별자치도(이하 "시·도"라 한다) 교육청 소속 공무원 및 그 밖의 교육과정 전문가

      3) 학교의 소재지가 속한 시·도에 거주하는 「수의사법」 제2조제1호에 따른 수의사, 「약사법」 제2조제2호에 따른 약사 또는 「의료법」 제2조제2항제1호부터 제3호까지의 규정에 따른 의사·치과의사·한의사

      4) 학교의 학부모

   다. 학교의 장이 심의위원회의 심의를 거쳐 동물 해부실습의 시행이 타당하다고 인정할 것

   라. 심의위원회의 심의 및 운영에 관하여 별표 5의2의 기준을 준수할 것

3. 동물실험시행기관이 동물 해부실습의 시행에 대해 법 제25조제1항 본문 또는 단서에 따른 **동물실험윤리위원회 또는 실험동물운영위원회의 심의**를 거친 경우

[본조신설 2021. 2. 10.]

제24조(윤리위원회의 공동 설치 등)

① 법 제25조제2항에 따라 다른 동물실험시행기관과 공동으로 윤리위원회를 설치할 수 있는 기관은 다음 각 호의 어느 하나에 해당하는 기관으로 한다. <개정 2017. 1. 25.>

1. 연구인력 5명 이하인 경우

2. 동물실험계획의 심의 건수 및 관련 연구 실적 등에 비추어 윤리위원회를 따로 두는

것이 적절하지 않은 것으로 판단되는 기관

② 법 제25조제2항에 따라 공동으로 윤리위원회를 설치할 경우에는 참여하는 동물실험시행기관 간에 윤리위원회의 공동설치 및 운영에 관한 업무협약을 체결하여야 한다.

제25조(운영 실적)

동물실험시행기관의 장이 영 제12조제6항에 따라 윤리위원회 운영 및 동물실험의 실태에 관한 사항을 검역본부장에게 통지할 때에는 별지 제10호서식의 동물실험윤리위원회 운영 실적 통보서(전자문서로 된 통보서를 포함한다)에 따른다. <개정 2013. 3. 23., 2019. 3. 21.>

제26조(윤리위원회 위원 자격)

① 법 제27조제2항제1호에서 "농림축산식품부령으로 정하는 자격기준에 맞는 사람"이란 다음 각 호의 어느 하나에 해당하는 사람을 말한다. <개정 2013. 3. 23.>

1. 「수의사법」 제23조에 따른 대한수의사회에서 인정하는 실험동물 전문수의사
2. 영 제4조에 따른 동물실험시행기관에서 동물실험 또는 실험동물에 관한 업무에 1년 이상 종사한 수의사
3. 제2항제2호 또는 제4호에 따른 교육을 이수한 수의사

② 법 제27조제2항제2호에서 "농림축산식품부령으로 정하는 자격기준에 맞는 사람"이란 다음 각 호의 어느 하나에 해당하는 사람을 말한다. <개정 2013. 3. 23.>

1. 영 제5조 각 호에 따른 법인 또는 단체에서 동물보호나 동물복지에 관한 업무에 1년 이상 종사한 사람
2. 영 제5조 각 호에 따른 법인·단체 또는 「고등교육법」 제2조에 따른 학교에서 실시하는 동물보호·동물복지 또는 동물실험에 관련된 교육을 이수한 사람
3. 「생명윤리 및 안전에 관한 법률」 제6조에 따른 국가생명윤리심의위원회의 위원 또는 같은 법 제9조에 따른 기관생명윤리심의위원회의 위원으로 1년 이상 재직한 사람
4. 검역본부장이 실시하는 동물보호·동물복지 또는 동물실험에 관련된 교육을 이수한 사람

③ 법 제27조제2항제3호에서 "농림축산식품부령으로 정하는 사람"이란 다음 각 호의 어느 하나에 해당하는 사람을 말한다. <개정 2013. 3. 23.>

1. 동물실험 분야에서 박사학위를 취득한 사람으로서 동물실험 또는 실험동물 관련 업무에 종사한 경력이 있는 사람
2. 「고등교육법」 제2조에 따른 학교에서 철학·법학 또는 동물보호·동물복지를 담당하는 교수
3. 그 밖에 실험동물의 윤리적 취급과 과학적 이용을 위하여 필요하다고 해당 동물실

험시행기관의 장이 인정하는 사람으로서 제2항제2호 또는 제4호에 따른 교육을 이수한 사람

④ 제2항제2호 및 제4호에 따른 동물보호·동물복지 또는 동물실험에 관련된 교육의 내용 및 교육과정의 운영에 관하여 필요한 사항은 검역본부장이 정하여 고시할 수 있다. <개정 2013. 3. 23.>

제27조(윤리위원회의 구성)

① 동물실험시행기관의 장은 윤리위원회를 구성하려는 경우에는 법 제4조제4항에 따른 민간단체에 법 제27조제2항제2호에 해당하는 위원의 추천을 의뢰하여야 한다. <개정 2018. 3. 22.>

② 제1항의 추천을 의뢰받은 민간단체는 해당 동물실험시행기관의 윤리위원회 위원으로 적합하다고 판단되는 사람 1명 이상을 해당 동물실험시행기관에 추천할 수 있다. <개정 2017. 1. 25.>

③ 동물실험시행기관의 장은 제2항에 따라 추천받은 사람 중 적임자를 선택하여 법 제27조제2항제1호 및 제3호에 해당하는 위원과 함께 법 제27조제4항에 적합하도록 윤리위원회를 구성하고, 그 내용을 검역본부장에게 통지하여야 한다. <개정 2013. 3. 23.>

④ 제3항에 따라 설치를 통지한 윤리위원회 위원이나 위원의 구성이 변경된 경우, 해당 동물실험시행기관의 장은 변경된 날부터 30일 이내에 그 사실을 검역본부장에게 통지하여야 한다. <개정 2013. 3. 23.>

제28조(윤리위원회 위원의 이해관계의 범위)

법 제27조제4항에 따른 해당 동물실험시행기관과 이해관계가 없는 사람은 다음 각 호의 어느 하나에 해당하지 않는 사람을 말한다.

1. 최근 3년 이내 해당 동물실험시행기관에 재직한 경력이 있는 사람과 그 배우자
2. 해당 동물실험시행기관의 임직원 및 그 배우자의 직계혈족, 직계혈족의 배우자 및 형제·자매
3. 해당 동물실험시행기관 총 주식의 100분의 3 이상을 소유한 사람 또는 법인의 임직원
4. 해당 동물실험시행기관에 실험동물이나 관련 기자재를 공급하는 등 사업상 거래관계에 있는 사람 또는 법인의 임직원
5. 해당 동물실험시행기관의 계열회사 또는 같은 법인에 소속된 임직원

제29조(동물복지축산농장의 인증대상 동물의 범위)

법 제29조제1항에서 "농림축산식품부령으로 정하는 동물"이란 **소, 돼지, 닭, 오리, 그 밖에 검역본부장이 정하여 고시하는 동물**을 말한다. <개정 2013. 3. 23.>

제30조(동물복지축산농장 인증기준)

법 제29조제1항에 따른 동물복지축산농장(이하 "동물복지축산농장"이라 한다) 인증기준은 별표 6과 같다. <개정 2017. 7. 3.>

제31조(인증의 신청)

법 제29조제2항에 따라 동물복지축산농장으로 인증을 받으려는 자는 별지 제11호서식의 동물복지축산농장 인증 신청서에 다음 각 호의 서류를 첨부하여 검역본부장에게 제출하여야 한다. <개정 2013. 3. 23., 2014. 4. 8., 2019. 8. 26.>

1. 「축산법」에 따른 축산업 허가증 또는 가축사육업 등록증 사본 1부
2. 검역본부장이 정하여 고시하는 서식의 가축종류별 축산농장 운영현황서 1부

제32조(동물복지축산농장의 인증 절차 및 방법)

① 검역본부장은 제31조에 따라 인증 신청을 받으면 신청일부터 3개월 이내에 인증심사를 하고, 별표 6의 인증기준에 맞는 경우 신청인에게 별지 제12호서식의 동물복지축산농장 인증서를 발급하고, 별지 제13호서식의 동물복지축산농장 인증 관리대장을 유지 · 관리하여야 한다. <개정 2013. 3. 23.>

② 제1항의 인증 관리대장은 전자적 처리가 불가능한 특별한 사유가 없으면 전자적 방법으로 작성 · 관리하여야 한다.

③ 제1항 전단에 따른 인증심사의 세부절차 및 방법은 별표 7과 같다.

④ 그 밖에 인증절차 및 방법에 관하여 필요한 사항은 검역본부장이 정하여 고시한다. <개정 2013. 3. 23.>

제33조(동물복지축산농장의 표시)

① 동물복지축산농장이나 동물복지축산농장에서 생산한 「축산물 위생관리법」 제2조제2호에 따른 축산물의 포장 · 용기 등에는 동물복지축산농장의 표시를 할 수 있다. 다만, 식육 · 포장육 및 식육가공품에는 그 생산과정에서 다음 각 호의 사항을 준수한 경우에만 동물복지축산농장의 표시를 할 수 있다. <개정 2017. 7. 3.>

1. 동물을 도살하기 위하여 도축장으로 운송할 때에는 법 제9조제2항에 따른 구조 및

설비기준에 맞는 동물 운송 차량을 이용할 것

2. 동물을 도살할 때에는 법 제10조제2항 및 이 규칙 제6조제2항에 따라 농림축산식품부장관이 고시하는 도살방법에 따를 것

② 제1항에 따른 동물복지축산농장의 표시방법은 별표 8과 같다.

제34조(동물복지축산농장 인증의 승계신고)

① 법 제31조제1항에 따라 동물복지축산농장 인증을 받은 자의 지위를 승계한 자는 별지 제14호서식의 동물복지축산농장 인증 승계신고서에 다음 각 호의 서류를 첨부하여 지위를 승계한 날부터 30일 이내에 검역본부장에게 제출하여야 한다. <개정 2013. 3. 23., 2014. 4. 8., 2019. 8. 26.>

1. 「축산법 시행규칙」 제29조에 따른 승계사항이 기재된 축산업 허가증 또는 가축사육업 등록증 사본 1부

2. 승계받은 농장의 동물복지축산농장 인증서 1부

3. 검역본부장이 정하여 고시하는 서식의 가축종류별 축산농장 운영현황서 1부

② 검역본부장은 제1항에 따른 동물복지축산농장 인증 승계신고서를 수리(受理)하였을 때에는 별지 제12호서식의 동물복지축산농장 인증서를 발급하여야 한다. <개정 2013. 3. 23.>

★제35조(영업별 시설 및 인력 기준)

법 제32조제1항에 따라 반려동물과 관련된 영업을 하려는 자가 갖추어야 하는 시설 및 인력 기준은 별표 9와 같다.

[전문개정 2020. 8. 21.]

★제36조(영업의 세부범위)

법 제32조제2항에 따른 동물 관련 영업의 세부범위는 다음 각 호와 같다.

<개정 2012. 12. 26., 2017. 7. 3., 2018. 3. 22., 2020. 8. 21., 2021. 6. 17.>

1. **동물장묘업:** 다음 각 목 중 어느 하나 이상의 시설을 설치·운영하는 영업
   가. **동물 전용의 장례식장**
   나. **동물의 사체 또는 유골을 불에 태우는 방법으로 처리하는 시설**[이하 "**동물화장(火葬)시설**"이라 한다], **건조·멸균분쇄의 방법으로 처리하는 시설**[이하 "**동물건조장(乾燥葬)시설**"이라 한다] 또는 **화학 용액을 사용해 동물의 사체를 녹이고 유골만 수습하는 방법으로 처리하는 시설**[이하 "**동물수분해장(水分解葬)시설**"이라 한다]

다. 동물 전용의 봉안시설

2. **동물판매업:** 반려동물을 구입하여 판매, 알선 또는 중개하는 영업
3. **동물수입업:** 반려동물을 수입하여 판매하는 영업
4. **동물생산업:** 반려동물을 번식시켜 판매하는 영업
5. **동물전시업:** 반려동물을 보여주거나 접촉하게 할 목적으로 영업자 소유의 동물을 5마리 이상 전시하는 영업. **다만, 「동물원 및 수족관의 관리에 관한 법률」 제2조 제1호에 따른 동물원은 제외한다.**
6. **동물위탁관리업:** 반려동물 소유자의 위탁을 받아 반려동물을 **영업장 내에서 일시 적으로 사육, 훈련 또는 보호하는 영업**
7. **동물미용업:** 반려동물의 털, 피부 또는 발톱 등을 손질하거나 위생적으로 관리하는 영업
8. **동물운송업:** 반려동물을 「자동차관리법」 제2조제1호의 **자동차를 이용하여 운송**하는 영업

★제37조(동물장묘업 등의 등록)

① 법 제33조제1항에 따라 **동물장묘업, 동물판매업, 동물수입업, 동물전시업, 동물위탁 관리업, 동물미용업 또는 동물운송업**의 등록을 하려는 자는 별지 제15호서식의 영업 등록 신청서(전자문서로 된 신청서를 포함한다)에 다음 각 호의 서류(전자문서를 포함 한다)를 첨부하여 관할 시장·군수·구청장에게 제출해야 한다. <개정 2012. 12. 26., 2016. 1. 21., 2018. 3. 22., 2021. 6. 17.>

1. **인력 현황**
2. **영업장의 시설 내역 및 배치도**
3. **사업계획서**
4. 별표 9의 시설기준을 갖추었음을 증명하는 서류가 있는 경우에는 그 서류
5. 삭제 <2016. 1. 21.>
6. 동물사체에 대한 처리 후 잔재에 대한 처리계획서(동물화장시설, 동물건조장시설 또는 동물수분해장시설을 설치하는 경우에만 해당한다)
7. **폐업 시 동물의 처리계획서(동물전시업의 경우에만 해당한다)**

② 제1항에 따른 신청서를 받은 시장·군수·구청장은 「전자정부법」 제36조제1항에 따른 행정정보의 공동이용을 통하여 다음 각 호의 서류를 확인해야 한다. 다만, 신청인이 주 민등록표 초본 및 자동차등록증의 확인에 동의하지 않는 경우에는 해당 서류를 직접 제출하도록 해야 한다. <개정 2021. 6. 17.>

1. 주민등록표 초본(법인인 경우에는 법인 등기사항증명서)

2. 건축물대장 및 토지이용계획정보(자동차를 이용한 동물미용업 또는 동물운송업의 경우는 제외한다)

3. 자동차등록증(자동차를 이용한 동물미용업 또는 동물운송업의 경우에만 해당한다)

③ 시장·군수·구청장은 제1항에 따른 신청인이 법 제33조제4항제1호 또는 제4호에 해당되는지를 확인할 수 없는 경우에는 해당 신청인에게 제1항의 서류 외에 신원확인에 필요한 자료를 제출하게 할 수 있다. <개정 2021. 6. 17.>

④ 시장·군수·구청장은 제1항에 따른 등록 신청이 별표 9의 기준에 맞는 경우에는 신청인에게 별지 제16호서식의 등록증을 발급하고, 별지 제17호서식의 동물장묘업 등록(변경신고) 관리대장과 별지 제18호서식의 동물판매업·동물수입업·동물전시업·동물위탁관리업·동물미용업 및 동물운송업 등록(변경신고) 관리대장을 각각 작성·관리하여야 한다. <개정 2018. 3. 22.>

⑤ 제1항에 따라 등록을 한 영업자가 등록증을 잃어버리거나 헐어 못 쓰게 되어 재발급을 받으려는 경우에는 별지 제19호서식의 등록증 재발급신청서(전자문서로 된 신청서를 포함한다)를 시장·군수·구청장에게 제출하여야 한다. <개정 2018. 3. 22.>

⑥ 제4항의 등록 관리대장은 전자적 처리가 불가능한 특별한 사유가 없으면 전자적 방법으로 작성·관리하여야 한다.

제38조(등록영업의 변경신고 등)

① 법 제33조제2항에서 "농림축산식품부령으로 정하는 사항"이란 다음 각 호의 사항을 말한다. <개정 2013. 3. 23., 2021. 6. 17.>

1. 영업자의 성명(영업자가 법인인 경우에는 그 대표자의 성명)

2. 영업장의 명칭 또는 상호

3. 영업시설

4. 영업장의 주소

② 법 제33조제2항에 따라 동물장묘업, 동물판매업, 동물수입업, 동물전시업, 동물위탁관리업, 동물미용업 또는 동물운송업의 등록사항 변경신고를 하려는 자는 별지 제20호서식의 변경신고서(전자문서로 된 신고서를 포함한다)에 다음 각 호의 서류(전자문서를 포함한다. 이하 이 항에서 같다)를 첨부하여 시장·군수·구청장에게 제출해야 한다. 다만, 동물장묘업 영업장의 주소를 변경하는 경우에는 다음 각 호의 서류 외에 제37조제1항제3호·제4호 및 제6호의 서류 중 변경사항이 있는 서류를 첨부해야 한다. <개정 2012. 12. 26., 2017. 1. 25., 2018. 3. 22., 2021. 6. 17.>

1. 등록증

2. 영업시설의 변경 내역서(시설변경의 경우만 해당한다)

③ 제2항에 따른 변경신고서를 받은 시장·군수·구청장은 「전자정부법」 제36조제1항에 따른 행정정보의 공동이용을 통하여 다음 각 호의 서류를 확인해야 한다. 다만, 신고인이 주민등록표 초본 및 자동차등록증의 확인에 동의하지 않는 경우에는 해당 서류를 직접 제출하도록 해야 한다. <신설 2021. 6. 17.>

1. 주민등록표 초본(법인인 경우에는 법인 등기사항증명서)
2. 건축물대장 및 토지이용계획정보(자동차를 이용한 동물미용업 또는 동물운송업의 경우는 제외한다)
3. 자동차등록증(자동차를 이용한 동물미용업 또는 동물운송업의 경우에만 해당한다)

④ 제2항에 따른 변경신고에 관하여는 제37조제4항 및 제6항을 준용한다.
 <개정 2021. 6. 17.>

제39조(휴업 등의 신고)

① 법 제33조제2항에 따라 동물장묘업, 동물판매업, 동물수입업, 동물전시업, 동물위탁관리업, 동물미용업 또는 동물운송업의 휴업·재개업 또는 폐업신고를 하려는 자는 별지 제21호서식의 휴업(재개업·폐업) 신고서(전자문서로 된 신고서를 포함한다)에 등록증 원본(폐업 신고의 경우로 한정한다)을 첨부하여 관할 시장·군수·구청장에게 제출해야 한다. 다만, 휴업의 기간을 정하여 신고하는 경우 그 기간이 만료되어 재개업할 때에는 신고하지 않을 수 있다. <개정 2017. 7. 3., 2018. 3. 22., 2021. 6. 17.>

② 제1항에 따라 폐업신고를 하려는 자가 「부가가치세법」 제8조제7항에 따른 폐업신고를 같이 하려는 경우에는 제1항에 따른 폐업신고서에 「부가가치세법 시행규칙」 별지 제9호서식의 폐업신고서를 함께 제출하거나 「민원처리에 관한 법률 시행령」 제12조제10항에 따른 통합 폐업신고서를 제출하여야 한다. 이 경우 관할 시장·군수·구청장은 함께 제출받은 폐업신고서 또는 통합 폐업신고서를 지체없이 관할 세무서장에게 송부(정보통신망을 이용한 송부를 포함한다. 이하 이 조에서 같다)하여야 한다.
 <신설 2017. 7. 3., 2021. 6. 17.>

③ 관할 세무서장이 「부가가치세법 시행령」 제13조제5항에 따라 제1항에 따른 폐업신고를 받아 이를 관할 시장·군수·구청장에게 송부한 경우에는 제1항에 따른 폐업신고서가 제출된 것으로 본다. <신설 2017. 7. 3.>

★제40조(동물생산업의 허가)

① **동물생산업**을 하려는 자는 법 제34조제1항에 따라 별지 제22호서식의 동물생산업 허가신청서(전자문서로 된 신청서를 포함한다)에 다음 각 호의 서류를 첨부하여 **관할 시장·군수·구청장**에게 제출하여야 한다. <개정 2018. 3. 22.>

1. 영업장의 시설 내역 및 배치도
2. 인력 현황
3. 사업계획서
4. 폐업 시 동물의 처리계획서

② 제1항에 따른 신청서를 받은 시장·군수·구청장은 「전자정부법」 제36조제1항에 따른 행정정보의 공동이용을 통하여 다음 각 호의 서류를 확인해야 한다. 다만, 신청인이 주민등록표 초본의 확인에 동의하지 않는 경우에는 해당 서류를 직접 제출하도록 해야 한다. <개정 2018. 3. 22., 2021. 6. 17.>

1. 주민등록표 초본(법인인 경우에는 법인 등기사항증명서)
2. 건축물대장 및 토지이용계획정보

③ 시장·군수·구청장은 제1항에 따른 신청인이 법 제34조제4항제1호 또는 제5호에 해당되는지를 확인할 수 없는 경우에는 해당 신청인에게 제1항 또는 제2항의 서류 외에 신원확인에 필요한 자료를 제출하게 할 수 있다. <개정 2018. 3. 22., 2021. 6. 17.>

④ 시장·군수·구청장은 제1항에 따른 신청이 별표 9의 기준에 맞는 경우에는 신청인에게 별지 제23호서식의 허가증을 발급하고, 별지 제24호서식의 동물생산업 허가(변경신고) 관리대장을 작성·관리하여야 한다. <개정 2018. 3. 22.>

⑤ 제4항에 따라 허가를 받은 자가 허가증을 잃어버리거나 헐어 못 쓰게 되어 재발급을 받으려는 경우에는 별지 제19호서식의 허가증 재발급 신청서(전자문서로 된 신청서를 포함한다)를 시장·군수·구청장에게 제출하여야 한다. <개정 2018. 3. 22.>

⑥ 제4항의 동물생산업 허가(변경신고) 관리대장은 전자적 처리가 불가능한 특별한 사유가 없으면 전자적 방법으로 작성·관리하여야 한다. <개정 2018. 3. 22.>

[제목개정 2018. 3. 22.]

제41조(허가사항의 변경 등의 신고)

① 법 제34조제2항에서 "농림축산식품부령으로 정하는 사항"이란 다음 각 호의 사항을 말한다. <개정 2013. 3. 23., 2021. 6. 17.>

1. 영업자의 성명(영업자가 법인인 경우에는 그 대표자의 성명)
2. 영업장의 명칭 또는 상호
3. 영업시설
4. 영업장의 주소

② 법 제34조제2항에 따라 동물생산업의 허가사항 변경신고를 하려는 자는 별지 제20호서식의 변경신고서(전자문서로 된 신고서를 포함한다)에 다음 각 호의 서류를 첨부하여 시장·군수·구청장에게 제출해야 한다. 다만, 영업자가 영업장의 주소를 변경하는

경우에는 제40조제1항 각 호의 서류(전자문서로 된 서류를 포함한다) 중 변경사항이 있는 서류를 첨부해야 한다. <개정 2017. 1. 25., 2018. 3. 22., 2021. 6. 17.>

1. 허가증

2. 영업시설의 변경 내역서(시설 변경의 경우만 해당한다)

③ 법 제34조제2항에 따른 동물생산업의 휴업·재개업·폐업의 신고에 관하여는 제39조를 준용한다. 이 경우 "등록증"은 "허가증"으로 본다. <개정 2021. 6. 17.>

④ 제2항에 따른 변경신고에 관하여는 제40조제2항, 제4항 및 제6항을 준용한다. 이 경우 "신청서"는 "신고서"로, "신청인"은 "신고인"으로, "신청"은 "신고"로 본다. <개정 2021. 6. 17.>

[제목개정 2018. 3. 22.]

제42조(영업자의 지위승계 신고)

① 법 제35조에 따라 영업자의 지위승계 신고를 하려는 자는 별지 제25호서식의 영업자 지위승계 신고서(전자문서로 된 신고서를 포함한다)에 다음 각 호의 구분에 따른 서류를 첨부하여 등록 또는 허가를 한 시장·군수·구청장에게 제출해야 한다. <개정 2021. 6. 17.>

1. 양도·양수의 경우

　　가. 양도·양수 계약서 사본 등 양도·양수 사실을 확인할 수 있는 서류

　　나. 양도인의 인감증명서나 「본인서명사실 확인 등에 관한 법률」 제2조제3호에 따른 본인서명사실확인서 또는 같은 법 제7조제7항에 따른 전자본인서명확인서 발급증(양도인이 방문하여 본인확인을 하는 경우에는 제출하지 않을 수 있다)

2. 상속의 경우: 「가족관계의 등록 등에 관한 법률」 제15조제1항에 따른 가족관계증명서와 상속 사실을 확인할 수 있는 서류

3. 제1호와 제2호 외의 경우: 해당 사유별로 영업자의 지위를 승계하였음을 증명할 수 있는 서류

② 제1항에 따른 신고서를 받은 시장·군수·구청장은 영업양도의 경우 「전자정부법」 제36조제1항에 따른 행정정보의 공동이용을 통하여 양도·양수를 증명할 수 있는 법인 등기사항증명서(법인이 아닌 경우에는 대표자의 주민등록표 초본을 말한다), 토지 등 기사항증명서, 건물 등기사항증명서 또는 건축물대장을 확인해야 한다. 다만, 신고인이 주민등록표 초본의 확인에 동의하지 않는 경우에는 해당 서류를 직접 제출하도록 해야 한다. <개정 2021. 6. 17.>

③ 제1항에 따른 지위승계신고를 하려는 자가 「부가가치세법」 제8조제7항에 따른 폐업신고를 같이 하려는 때에는 제1항에 따른 지위승계 신고서를 제출할 때에 「부가가치세법

시행규칙」 별지 제9호서식의 폐업신고서를 함께 제출해야 한다. 이 경우 관할 시장·군수·구청장은 함께 제출받은 폐업신고서를 지체 없이 관할 세무서장에게 송부(정보통신망을 이용한 송부를 포함한다)해야 한다. <신설 2021. 6. 17.>

④ 시장·군수·구청장은 제1항에 따른 신고인이 법 제33조제4항제1호·제4호 및 법 제34조제4항제1호·제5호에 해당되는지를 확인할 수 없는 경우에는 해당 신고인에게 제1항 각 호의 서류 외에 신원확인에 필요한 자료를 제출하게 할 수 있다. <개정 2018. 3. 22., 2021. 6. 17.>

⑤ 제1항에 따라 영업자의 지위승계를 신고하는 자가 제38조제1항제2호 또는 제41조제1항제2호에 따른 영업장의 명칭 또는 상호를 변경하려는 경우에는 이를 함께 신고할 수 있다. <개정 2018. 3. 22., 2021. 6. 17.>

⑥ 시장·군수·구청장은 제1항의 신고를 받았을 때에는 신고인에게 별지 제16호서식의 등록증 또는 별지 제23호서식의 허가증을 재발급하여야 한다. <개정 2018. 3. 22., 2021. 6. 17.>

★제43조(영업자의 준수사항)

영업자(법인인 경우에는 그 대표자를 포함한다)와 그 종사자의 준수사항은 **별표 10**과 같다. <개정 2018. 3. 22.>

★제44조(동물판매업자 등의 교육)

① 법 제37조제1항 및 제2항에 따른 교육대상자별 교육시간은 다음 각 호의 구분에 따른다. <개정 2018. 3. 22.>

  1. **동물판매업, 동물수입업, 동물생산업, 동물전시업, 동물위탁관리업, 동물미용업 또는 동물운송업을 하려는 자:** 등록신청일 또는 허가신청일 이전 1년 이내 3시간

  2. **법 제38조에 따라 영업정지 처분을 받은 자: 처분을 받은 날부터 6개월 이내 3시간**

  3. 영업자(동물장묘업자는 제외한다): 매년 3시간

② 교육기관은 **다음 각 호의 내용을 포함하여 교육**을 실시하여야 한다. <개정 2019. 3. 21.>

  1. **이 법 및 동물보호정책에 관한 사항**

  2. **동물의 보호·복지에 관한 사항**

  3. **동물의 사육·관리 및 질병예방에 관한 사항**

  4. **영업자 준수사항에 관한 사항**

  5. **그 밖에 교육기관이 필요하다고 인정하는 사항**

③ 교육기관은 법 제32조제1항제2호부터 제8호까지의 규정에 해당하는 영업 중 두 가지

이상의 영업을 하는 자에 대해 법 제37조제2항에 따른 교육을 실시하려는 경우에는 제 2항 각 호의 교육내용 중 중복된 교육내용을 면제할 수 있다. <신설 2021. 6. 17.>

④ 교육기관의 지정, 교육의 방법, 교육결과의 통지 및 기록의 유지·관리·보관에 관하여는 제12조의4제2항·제4항 및 제5항을 준용한다. <신설 2019. 3. 21., 2021. 6. 17.>

⑤ 삭제 <2019. 3. 21.>

제45조(행정처분의 기준)

① 법 제38조에 따른 영업자에 대한 등록 또는 허가의 취소, 영업의 전부 또는 일부의 정지에 관한 행정처분기준은 별표 11과 같다. <개정 2018. 3. 22.>

② 시장·군수·구청장이 제1항에 따른 행정처분을 하였을 때에는 별지 제26호서식의 행정처분 및 청문 대장에 그 내용을 기록하고 유지·관리하여야 한다.

③ 제2항의 행정처분 및 청문 대장은 전자적 처리가 불가능한 특별한 사유가 없으면 전자적 방법으로 작성·관리하여야 한다.

제46조(시정명령)

법 제39조제1항제3호에서 "농림축산식품부령으로 정하는 시정명령"이란 다음 각 호의 어느 하나에 해당하는 명령을 말한다. <개정 2013. 3. 23.>

1. 동물에 대한 학대행위의 중지
2. 동물에 대한 위해 방지 조치의 이행
3. 공중위생 및 사람의 신체·생명·재산에 대한 위해 방지 조치의 이행
4. 질병에 걸리거나 부상당한 동물에 대한 신속한 치료

제47조(동물보호감시원의 증표)

법 제40조제3항에 따른 동물보호감시원의 증표는 별지 제27호서식과 같다.

제48조(등록 등의 수수료)

법 제42조에 따른 수수료는 별표 12와 같다. 이 경우 수수료는 정부수입인지, 해당 지방자치단체의 수입증지, 현금, 계좌이체, 신용카드, 직불카드 또는 정보통신망을 이용한 전자화폐·전자결제 등의 방법으로 내야 한다. <개정 2013. 12. 31.>

제49조(규제의 재검토)

① 농림축산식품부장관은 다음 각 호의 사항에 대하여 다음 각 호의 기준일을 기준으로 3년마다(매 3년이 되는 해의 기준일과 같은 날 전까지를 말한다) 그 타당성을 검토하

여 개선 등의 조치를 해야 한다. <개정 2017. 1. 2., 2018. 3. 22., 2020. 11. 24.>

1. 삭제 <2020. 11. 24.>

2. 제5조에 따른 동물운송자의 범위: 2017년 1월 1일

3. 제6조에 따른 동물의 도살방법: 2017년 1월 1일

4. 삭제 <2020. 11. 24.>

5. 제8조 및 별표 2에 따른 등록대상동물의 등록사항 및 방법 등: 2017년 1월 1일

6. 제9조에 따른 등록사항의 변경신고 대상 및 절차 등: 2017년 1월 1일

7. 제19조 및 별표 5에 따른 동물보호센터의 준수사항: 2017년 1월 1일

8. 제24조에 따른 윤리위원회의 공동 설치 등: 2017년 1월 1일

9. 제26조에 따른 윤리위원회 위원 자격: 2017년 1월 1일

10. 제25조 및 별지 제10호서식의 동물실험윤리위원회 운영 실적 통보서의 기재사항: 2017년 1월 1일

11. 제27조에 따른 윤리위원회의 구성 절차: 2017년 1월 1일

12. 제35조 및 별표 9에 따른 영업의 범위 및 시설기준: 2017년 1월 1일

13. 제38조에 따른 등록영업의 변경신고 대상 및 절차: 2017년 1월 1일

14. 제41조에 따른 허가사항의 변경신고 대상 및 변경 등의 신고 절차: 2017년 1월 1일

15. 제43조 및 별표 10에 따른 영업자의 준수: 2017년 1월 1일

② 농림축산식품부장관은 제7조에 따른 동물등록제 제외 지역의 기준에 대하여 2020년 1월 1일을 기준으로 5년마다(매 5년이 되는 해의 기준일과 같은 날 전까지를 말한다) 그 타당성을 검토하여 개선 등의 조치를 해야 한다. <신설 2020. 11. 24.>

[본조신설 2015. 1. 6.]

부칙 〈제516호, 2022. 1. 20.〉 **(국민 편의를 높이는 서식 정비를 위한 7개 법령의 일부개정에 관한 농림축산식품부령)**

이 규칙은 공포한 날부터 시행한다.

별표 / 서식

[별표 1] 동물의 적절한 사육 · 관리 방법 등(제3조 관련)

[별표 1의2] 반려동물에 대한 사육 · 관리 의무(제4조제5항 관련)

[별표 2] 동물등록번호의 부여방법 등(제8조제2항 관련)

[별표 3] 맹견에 대한 격리조치 등에 관한 기준(제12조의3 관련)

[별표 3의2] 보험금액(제12조의5 관련)

[별표 4] 동물보호센터의 시설기준(제15조제1항 관련)

[별표 5] 동물보호센터의 준수사항(제19조 관련)

[별표 5의2] 동물 해부실습 심의위원회의 심의 및 운영 기준(제23조의2제2호라목 관련)

[별표 6] 동물복지축산농장 인증기준(제30조 관련)

[별표 7] 동물복지축산농장 인증심사의 세부절차 및 방법(제32조제3항 관련)

[별표 8] 동물복지축산농장의 표시방법(제33조제2항 관련)

[별표 9] 반려동물 관련 영업별 시설 및 인력 기준(제35조 관련)

[별표 10] 영업자와 그 종사자의 준수사항(제43조 관련)

[별표 11] 행정처분기준(제45조 관련)

[별표 12] 등록 등 수수료(제48조 관련)

[별지 제1호서식] 동물등록(신청서, 변경신고서)

[별지 제2호서식] 동물등록증

[별지 제3호서식] 동물등록증 재발급 신청서

[별지 제4호서식] 동물보호센터 지정신청서

[별지 제5호서식] 동물보호센터 지정서

[별지 제6호서식] 동물보호 공고문

[별지 제7호서식] 보호동물 개체관리카드

[별지 제8호서식] 보호동물 관리대장

[별지 제9호서식] 비용징수통지서

[별지 제10호서식] 동물실험윤리위원회 운영 실적 통보서

[별지 제11호서식] 동물복지축산농장 인증 신청서

[별지 제12호서식] 동물복지축산농장 인증서

[별지 제13호서식] 동물복지축산농장 인증 관리대장

[별지 제14호서식] 동물복지축산농장 인증 승계신고서

[별지 제15호서식] 영업 등록 신청서

[별지 제16호서식] (동물장묘업, 동물판매업, 동물수입업, 동물전시업, 동물위탁관리업,
　동물미용업, 동물운송업) 등록증

[별지 제17호서식] 동물장묘업 등록(변경신고) 관리대장

[별지 제18호서식] (동물판매업, 동물수입업, 동물전시업, 동물위탁관리업, 동물미용업,
　동물운송업) 등록(변경신고) 관리대장

[별지 제19호서식] (동물장묘업, 동물판매업, 동물수입업, 동물생산업, 동물전시업, 동
　물위탁관리업, 동물미용업, 동물운송업) 등록증(허가증) 재발급 신청서

[별지 제20호서식] (동물장묘업, 동물판매업, 동물수입업, 동물생산업, 동물전시업, 동
　물위탁관리업, 동물미용업, 동물운송업) 등록(허가)사항 변경신고서

[별지 제21호서식] (휴업, 재개업, 폐업) 신고서

[별지 제22호서식] 동물생산업 허가신청서

[별지 제23호서식] 동물생산업 허가증

[별지 제24호서식] 동물생산업 허가(변경신고) 관리대장

[별지 제25호서식] 영업자 지위승계 신고서

[별지 제26호서식] 행정처분 및 청문대장

[별지 제27호서식] 동물보호감시원증

[별지 제28호서식] 동물복지축산농장 인증심사 결과보고서

[별지 제29호서식] 동물생산·판매·수입업 개체관리카드

[별지 제29호의2서식] 동물전시업·위탁관리업 개체관리카드

[별지 제30호서식] 영업자 실적 보고서

동물의 적절한 사육·관리 방법 등(제3조 관련)

1. 일반기준

가. 동물의 소유자등은 최대한 동물 **본래의 습성**에 가깝게 사육·관리하고, 동물의 **생명 과 안전**을 보호하며, 동물의 **복지를 증진해야 한다.**

나. 동물의 소유자등은 동물이 갈증·배고픔, 영양불량, 불편함, 통증·부상·질병, **두려움과 정상적으로 행동**할 수 없는 것으로 인하여 **고통을 받지 않도록 노력**해야 하며, 동물의 특성을 고려하여 **전염병 예방을 위한 예방접종을 정기적으로 실시해야 한다.**

다. 동물의 소유자등은 **동물의 사육환경**을 다음의 기준에 적합하도록 해야 한다.
1) 동물의 종류, 크기, 특성, 건강상태, 사육목적 등을 고려하여 **최대한 적절한 사육 환경을 제공할 것**
2) 동물의 **사육공간 및 사육시설**은 동물이 자연스러운 자세로 일어나거나 눕고 움 직이는 등의 일상적인 동작을 하는 데에 지장이 없는 크기일 것

2. 개별기준

가. 동물의 소유자등은 다음 각 호의 동물에 대해서는 동물 본래의 습성을 유지하기 위해 낮 시간 동안 축사 내부의 조명도를 다음의 기준에 맞게 유지해야 한다.
1) 돼지의 경우: 바닥의 평균조명도가 최소 40럭스(lux) 이상이 되도록 하되, 8시간 이상 연속된 명기(明期)를 제공할 것
2) 육계의 경우: 바닥의 평균조명도가 최소 20럭스(lux) 이상이 되도록 하되, 6시간 이상 연속된 암기(暗期)를 제공할 것

나. 소, 돼지, 산란계 또는 육계를 사육하는 축사 내 암모니아 농도는 25피피엠(ppm)을 넘 어서는 안 된다.

다. 깔짚을 이용하여 육계를 사육하는 경우에는 깔짚을 주기적으로 교체하여 건조하게 관리 해야 한다.

라. 개는 분기마다 1회 이상 **구충**(驅蟲)을 하되, 구충제의 효능 지속기간이 있는 경우에는 구충제의 효능 지속기간이 끝나기 전에 **주기적으로 구충을 해야 한다.**

마. 돼지의 송곳니 발치·절치 및 거세는 생후 7일 이내에 수행해야 한다.

[별표 1의2] 〈개정 2020. 8. 21.〉

반려동물에 대한 사육·관리 의무(제4조제5항 관련)

1. 동물을 사육하기 위한 시설 등 사육공간은 다음 각 목의 요건을 갖출 것
가. 사육공간의 위치는 차량, 구조물 등으로 인한 안전사고가 발생할 위험이 없는 곳에 마
련할 것
나. 사육공간의 바닥은 망 등 동물의 발이 빠질 수 있는 재질로 하지 않을 것
다. 사육공간은 동물이 **자연스러운 자세로 일어나거나 눕거나 움직이는 등의 일상적인
동작**을 하는 데에 지장이 없도록 제공하되, 다음의 요건을 갖출 것
　1) 가로 및 세로는 각각 사육하는 **동물의 몸길이**(동물의 코부터 꼬리까지의 길이를
말한다. 이하 같다)의 **2.5배 및 2배 이상일 것.** 이 경우 하나의 사육공간에서 사
육하는 동물이 **2마리 이상일 경우**에는 **마리당 해당 기준을 충족**하여야 한다.
　2) 높이는 동물이 뒷발로 일어섰을 때 머리가 닿지 않는 높이 이상일 것
라. 동물을 **실외**에서 사육하는 경우 사육공간 내에 더위, 추위, 눈, 비 및 직사광선 등을 피
할 수 있는 **휴식공간을 제공할 것**
마. 목줄을 사용하여 동물을 사육하는 경우 **목줄의 길이**는 다목에 따라 제공되는 **동물의
사육공간을 제한하지 않는 길이로 할 것**

2. 동물의 위생·건강관리를 위하여 다음 각 목의 사항을 준수할 것
가. 동물에게 질병(골절 등 상해를 포함한다. 이하 같다)이 발생한 경우 **신속하게 수의학
적 처치를 제공할 것**
**나. 2마리 이상의 동물을 함께 사육하는 경우에는 동물의 사체나 전염병이 발생한 동
물은 즉시 다른 동물과 격리할 것**
다. 목줄을 사용하여 동물을 사육하는 경우 **목줄에 묶이거나 목이 조이는 등으로 인해
상해를 입지 않도록 할 것**
라. 동물의 영양이 부족하지 않도록 사료 등 동물에게 **적합한 음식과 깨끗한 물을 공급할 것**
**마. 사료와 물을 주기 위한 설비 및 휴식공간은 분변, 오물 등을 수시로 제거하고 청결
하게 관리할 것**
바. 동물의 행동에 불편함이 없도록 털과 발톱을 적절하게 관리할 것

동물등록번호의 부여방법 등(제8조제2항 관련)

1. 동물등록번호의 부여방법

가. 검역본부장은 **동물보호관리시스템**을 통하여 등록대상동물의 동물등록번호를 부여한다.

나. 외국에서 등록된 등록대상동물은 해당 국가에서 부여된 등록번호를 사용하되, 호환되지 않는 번호체계인 경우 제2호나목의 규격에 맞는 번호를 부여한다.

다. 검역본부장은 무선식별장치 공급업체에 대하여 제4호에 따라 정한 범위 내에서 동물등록번호 영역을 할당·부여한다.

라. 동물등록번호 체계에 따라 **이미 등록된 동물등록번호는 재사용할 수 없으며,** 무선식별장치의 훼손 및 분실 등으로 무선식별장치를 **재주입하거나 재부착하는 경우에는 동물등록번호를 다시 부여받아야 한다.**

2. 무선식별장치 및 인식표의 규격

가. 무선식별장치의 등록번호 체계는 **동물개체식별 – 코드구조(KS C ISO 11784 : 2009)**에 따라 다음 각 호와 같이 구성된다.

1) 구성: **총 15자리(국가코드3 + 개체식별코드 12)**

2) 표시

코드종류	기관코드 (5–9비트)	국가코드 (17–26비트)	개체식별코드 (27–64비트)
KS C ISO 11784	1	410	12자리

　가) 기관코드(1자리): 농림축산식품부는 "1"로 등록하되, 리더기로 인식(표시)할 때에는 표시에서 제외

　나) 국가코드(3자리): 대한민국을 "410"으로 표시

　다) 개체식별코드(12자리): 검역본부장이 무선식별장치 공급업체별로 일괄 할당한 번호체계

나. 무선식별장치 및 인식표의 표준규격은 다음에 따라야 한다.

1) 「산업표준화법」 제5조에 따른 동물개체식별 – 코드구조(**KS C ISO 11784 : 2009**)와 동물개체식별 무선통신 – 기술적개념(**KS C ISO 11785 : 2007**)에 따를 것

2) 동물의 체내에 주입하는 무선식별장치의 경우에는 「의료기기법」 제39조에 따른 동물용 의료기기 개체인식장치 기준규격에 따를 것

3) 외장형 무선식별장치의 경우에는 등록동물 및 외부충격 등에 의하여 쉽게 훼손되지 않는 재질로 제작되어야 할 것

다. 삭제 <2020. 8. 21.>

3. 무선식별장치의 주입 또는 부착방법

가. 등록대상동물을 등록할 때 내장형의 무선식별장치를 주입하도록 하며, 주입위치는 **양쪽 어깨뼈 사이의 피하에 주입**한다.

나. 외장형 무선식별장치 및 등록인식표는 해당동물이 기르던 곳에서 벗어나는 경우 반드시 부착하고 있어야 한다.

4. 그 밖에 동물등록번호 체계, 무선식별장치 공급업체에 할당·부여할 수 있는 동물등록번호 영역 범위 및 운영규정 등에 관한 사항은 검역본부장이 정하는 바에 따른다.

[별표 3] 〈신설 2019. 3. 21.〉

맹견에 대한 격리조치 등에 관한 기준(제12조의3 관련)

1. 격리조치 기준
가. 시·도지사와 시장·군수·구청장은 **맹견이 사람에게 신체적 피해를 주는 경우 소유자등의 동의 없이** 다음 기준에 따라 **생포하여 격리**해야 한다.
   1) 격리조치를 할 때에는 그물 또는 포획틀을 사용하는 등 마취를 하지 않고 격리하는 방법을 우선적으로 사용할 것
   2) 1)에 따른 조치에도 불구하고 맹견이 흥분된 상태에서 계속하여 사람을 공격하거나 군중 속으로 도망치는 등 다른 사람이 상해를 입을 우려가 있을 때에는 **수의사가 처방한 약물을 투여한 바람총(Blow Gun) 등의 장비를 사용하여 맹견을 마취시켜 생포할 것.** 이 경우 장비를 사용할 때에는 엉덩이, 허벅지 등 근육이 많은 부위에 마취약을 발사해야 한다.
나. 시·도지사와 시장·군수·구청장은 경찰관서의 장, 소방관서의 장, 보건소장 등 관계 공무원, 동물보호센터의 장, 법 제40조 및 제41조에 따른 동물보호감시원 및 동물보호명예감시원에게 가목에 따른 생포 및 격리조치를 요청할 수 있다. 이 경우 해당 기관 및 센터의 장 등은 정당한 사유가 없으면 이에 협조해야 한다.

2. 보호조치 및 반환 기준
가. 시·도지사와 시장·군수·구청장은 제1호에 따라 **생포하여 격리한 맹견에 대하여 치료 및 보호에 필요한 조치(이하 "보호조치"라 한다)를 해야 한다.**
나. **보호조치 장소**는 동물보호센터 또는 시·도 조례나 시·군·구 조례로 정하는 장소로 한다.
다. 시·도지사와 시장·군수·구청장은 보호조치 중인 맹견에 대하여 등록 여부를 확인하고, 맹견의 소유자등이 확인된 경우에는 지체 없이 소유자등에게 **격리 및 보호조치 중인 사실을 통지해야 한다.**
라. 시·도지사와 시장·군수·구청장은 **보호조치**를 시작한 날부터 **10일 이내에 보호해제 여부를 결정하고 맹견을 소유자등에게 반환해야 한다.** 이 경우 부득이한 사유로 10일 이내에 보호해제 여부를 결정할 수 없을 때에는 그 기간이 끝나는 날의 다음 날부터 기산(起算)하여 **10일의 범위에서 보호해제 여부 결정 기간을 연장**할 수 있으며, 연장 사실과 그 사유를 맹견의 소유자등에게 지체 없이 통지해야 한다.

[별표 3의2] 〈신설 2021. 2. 10.〉

보험금액(제12조의5 관련)

1. 상해등급에 따른 보험금액

등급	보험금액	상해 내용
1급	1,500만원	1. 엉덩관절 골절 또는 골절성 탈구 2. 척추체 분쇄성 골절 3. 척추체 골절 또는 탈구로 인한 각종 신경증상으로 수술이 불가피한 상해 4. 외상성 두개강(頭蓋腔) 내 출혈로 개두수술(開頭手術)이 불가피한 상해 5. 두개골의 함몰골절로 신경학적 증상이 심한 상해 6. 심한 뇌 타박상으로 생명이 위독한 상해(48시간 이상 혼수상태가 지속되는 경우를 말한다) 7. 넓적다리뼈 중간부분의 분쇄성 골절 8. 정강이뼈 아래 3분의 1에 해당하는 분쇄성 골절 9. 3도 화상 등 연조직(soft tissue) 손상이 신체 표면의 9퍼센트 이상인 상해 10. 팔다리와 몸체에 연조직 손상이 심하여 유경(有莖)피부이식술 (pedicled skin graft: 피부·피하조직을 전면에 걸쳐 잘라내지 않고 일부를 남기고 이식하는 방법을 말한다)이 불가피한 상해 11. 그 밖에 1급에 해당한다고 인정되는 상해
2급	800만원	1. 위팔뼈 중간부분 분쇄성 골절 2. 척추체의 설상압박골절(wedge compression fracture: 전방굴곡에 의한 척추 앞부분의 손상으로 신경증상이 없는 안정성 골절을 말한다)이 있으나 각종 신경증상이 없는 상해 3. 두개골 골절로 신경학적 증상이 현저한 상해 4. 흉복부장기파열과 골반 골절이 동반된 상해 5. 무릎관절 탈구 6. 발목관절부 골절과 골절성 탈구가 동반된 상해 7. 자뼈(아래팔 뼈 중 안쪽에 있는 뼈를 말한다. 이하 같다) 중간부분 골절과 노뼈(아래팔 뼈 중 바깥쪽에 있는 뼈를 말한다. 이하 같다) 뼈머리 탈구가 동반된 상해 8. 천장골 간 관절 탈구 9. 그 밖에 2급에 해당한다고 인정되는 상해

한권으로 정리하는 동물보호법

3급	750만원	1. 위팔뼈 윗목부분 골절
		2. 위팔뼈 복사부분[踝部] 골절과 팔꿉관절 탈구가 동반된 상해
		3. 노뼈와 자뼈의 중간부분 골절이 동반된 상해
		4. 손목손배뼈[水根舟狀骨] 골절
		5. 노뼈 신경손상을 동반한 위팔뼈 중간부분 골절
		6. 넓적다리뼈 중간부분 골절
		7. 무릎뼈의 분쇄골절과 탈구로 인하여 무릎뼈 완전적출술이 적용되는 상해
		8. 정강이뼈 복사부분 골절이 관절 부분을 침범하는 상해
		9. 발목뼈·발허리뼈 간 관절 탈구와 골절이 동반된 상해
		10. 전후십자인대나 내외측 반월상 연골 파열과 정강이뼈 가시 골절 등이 복합된 슬내장(膝內障: 무릎관절을 구성하는 뼈, 반월판, 인대 등의 손상과 장애를 말한다)
		11. 복부내장파열로 수술이 불가피한 상해
		12. 뇌손상으로 뇌신경마비를 동반한 상해
		13. 중한 뇌 타박상으로 신경학적 증상이 심한 상해
		14. 그 밖에 3급에 해당한다고 인정되는 상해
4급	700만원	1. 넓적다리뼈 복사부분 골절
		2. 정강이뼈 중간부분 골절
		3. 목말뼈[距骨] 윗목부분 골절
		4. 슬개인대(무릎뼈와 정강이뼈를 연결하는 인대를 말한다) 파열
		5. 어깨 관절부의 회전 근개 파열
		6. 위팔뼈외측상과 전위골절
		7. 팔꿉관절부 골절과 탈구가 동반된 상해
		8. 3도 화상 등 연조직 손상이 신체 표면의 4.5퍼센트 이상인 상해
		9. 안구 파열로 적출술이 불가피한 상해
		10. 그 밖에 4급에 해당한다고 인정되는 상해
5급	500만원	1. 골반뼈의 중복골절(말가이그니씨 골절 등)
		2. 발목관절부의 내외과골절이 동반된 상해
		3. 무릎관절부의 내측 또는 외측부 인대 파열
		4. 발꿈치뼈[足終骨] 골절
		5. 위팔뼈 중간부분 골절
		6. 노뼈 먼쪽 부위[遠位部] 골절
		7. 자뼈 몸쪽 부위[近位部] 골절
		8. 다발성 늑골 골절로 혈흉 또는 기흉이 동반된 상해
		9. 발등부 근건 파열창
		10. 손바닥부 근건 파열창
		11. 아킬레스건 파열
		12. 2도 화상 등 연조직 손상이 신체 표면의 9퍼센트 이상인 상해
		13. 23개 이상의 치아에 보철이 필요한 상해

		14. 그 밖에 5급에 해당한다고 인정되는 상해
6급	400만원	1. 소아의 다리 긴뼈의 중간부분 골절
		2. 넓적다리뼈 대전자부절편 골절
		3. 넓적다리뼈 소전자부절편 골절
		4. 다발성 발허리뼈[中足骨] 골절
		5. 치골·좌골·긴뼈의 단일골절
		6. 단순 무릎뼈 골절
		7. 노뼈 중간부분 골절(원위부 골절은 제외한다)
		8. 자뼈 중간부분 골절(근위부 골절은 제외한다)
		9. 자뼈 팔꿈치머리 골절
		10. 다발성 손허리뼈 골절
		11. 두개골 골절로 신경학적 증상이 경미한 상해
		12. 외상성 지주막하 출혈
		13. 뇌 타박상으로 신경학적 증상이 심한 상해
		14. 19개 이상 22개 이하의 치아에 보철이 필요한 상해
		15. 그 밖에 6급에 해당한다고 인정되는 상해
7급	250만원	1. 소아의 팔 긴뼈 중간부분 골절
		2. 발목관절 안복사뼈[內踝骨] 또는 바깥복사뼈[外踝骨] 골절
		3. 위팔뼈 골절 윗복사부분 굴곡골절
		4. 엉덩관절 탈구
		5. 어깨관절 탈구
		6. 어깨봉우리·쇄골 간 관절 탈구
		7. 발목관절 탈구
		8. 2도 화상 등 연조직 손상이 신체 표면의 4.5퍼센트 이상인 상해
		9. 16개 이상 18개 이하의 치아에 보철이 필요한 상해
		10. 그 밖에 7급에 해당한다고 인정되는 상해
8급	180만원	1. 위팔뼈 윗복사부분 신전(伸展)골절
		2. 쇄골 골절
		3. 팔꿉관절 탈구
		4. 어깨뼈 골절
		5. 팔꿉관절 내 위팔뼈 작은 머리 골절
		6. 코뼈 중간부분 골절
		7. 발가락뼈의 골절과 탈구가 동반된 상해
		8. 다발성 늑골 골절
		9. 뇌 타박상으로 신경학적 증상이 경미한 상해
		10. 위턱뼈 골절 또는 아래턱뼈 골절
		11. 13개 이상 15개 이하의 치아에 보철이 필요한 상해
		12. 그 밖에 8급에 해당한다고 인정되는 상해
9급	140만원	1. 척추골의 극상돌기(棘狀突起) 또는 횡돌기(橫突起) 골절

한권으로 정리하는 동물보호법

		2. 노뼈 골두골 골절
		3. 손목관절 내 월상골 전방탈구 등 손목뼈 탈구
		4. 손가락뼈의 골절과 탈구가 동반된 상해
		5. 손허리뼈 골절
		6. 손목뼈 골절(손배뼈는 제외한다)
		7. 발목뼈 골절(목말뼈 및 발꿈치뼈는 제외한다)
		8. 발허리뼈 골절
		9. 발목관절부 염좌
		10. 늑골 골절
		11. 척추체 간 관절부 염좌와 인대, 근육 등 주위의 연조직 손상이 동반된 상해
		12. 손목관절 탈구
		13. 11개 이상 12개 이하의 치아에 보철이 필요한 상해
		14. 그 밖에 9급에 해당한다고 인정되는 상해
10급	120만원	1. 외상성 무릎관절 내 혈종
		2. 손허리뼈 지골 간 관절 탈구
		3. 손목뼈 · 손허리뼈 간 관절 탈구
		4. 손목관절부 염좌
		5. 모든 불완전골절(코뼈, 손가락뼈 및 발가락뼈 골절은 제외한다)
		6. 9개 이상 10개 이하의 치아에 보철이 필요한 상해
		7. 그 밖에 10급에 해당한다고 인정되는 상해
11급	100만원	1. 발가락뼈 관절 탈구 및 염좌
		2. 손가락 관절 탈구 및 염좌
		3. 코뼈 골절
		4. 손가락뼈 골절
		5. 발가락뼈 골절
		6. 뇌진탕
		7. 고막 파열
		8. 6개 이상 8개 이하의 치아에 보철이 필요한 상해
		9. 그 밖에 11급에 해당한다고 인정되는 상해
12급	60만원	1. 8일 이상 14일 이하의 입원이 필요한 상해
		2. 15일 이상 26일 이하의 통원이 필요한 상해
		3. 4개 이상 5개 이하의 치아에 보철이 필요한 상해
13급	40만원	1. 4일 이상 7일 이하의 입원이 필요한 상해
		2. 8일 이상 14일 이하의 통원이 필요한 상해
		3. 2개 이상 3개 이하의 치아에 보철이 필요한 상해
14급	20만원	1. 3일 이하의 입원이 필요한 상태
		2. 7일 이하의 통원이 필요한 상해
		3. 1개 이하의 치아에 보철이 필요한 상해

비고

1. 위 표에서 2급부터 11급까지의 부상·질병명 중 개방성 골절(뼈가 피부 밖으로 튀어나온 골절을 말한다)은 해당 등급보다 한 등급 높게 보상한다.
2. 위 표에서 2급부터 11급까지의 부상·질병명 중 단순성 선 모양 골절(線狀骨折)로 뼛조각의 위치 변화가 없는 골절의 경우에는 해당 등급보다 한 등급 낮게 보상한다.
3. 위 표에서 2급부터 11급까지의 부상·질병명 중 2가지 이상의 상해가 중복된 경우에는 가장 높은 등급에 해당하는 상해부터 하위 3등급(예: 2급이 주종일 때에는 5급까지의 사이) 사이의 상해가 중복된 경우에만 한 등급 높게 보상한다.
4. 일반 외상과 치아보철이 필요한 상해가 중복되었을 때에는 1급의 금액을 초과하지 않는 범위에서 각 상해등급에 해당하는 금액의 합산액을 보상한다.

2. 후유장애등급에 따른 보험금액

등급	보험금액	신체장애
1급	8,000만원	1. 두 눈이 실명된 사람 2. 말하는 기능과 음식물을 씹는 기능을 완전히 잃은 사람 3. 신경계통의 기능 또는 정신기능에 뚜렷한 장애가 남아 항상 보호를 받아야 하는 사람 4. 흉복부장기에 뚜렷한 장애가 남아 항상 보호를 받아야 하는 사람 5. 반신마비가 된 사람 6. 두 팔을 팔꿈치관절 이상의 부위에서 잃은 사람 7. 두 팔을 완전히 사용하지 못하게 된 사람 8. 두 다리를 무릎관절 이상의 부위에서 잃은 사람 9. 두 다리를 완전히 사용하지 못하게 된 사람
2급	7,200만원	1. 한쪽 눈이 실명되고 다른 눈의 시력이 0.02 이하로 된 사람 2. 두 눈의 시력이 각각 0.02 이하로 된 사람 3. 두 팔을 손목관절 이상의 부위에서 잃은 사람 4. 두 다리를 발목관절 이상의 부위에서 잃은 사람 5. 신경계통의 기능 또는 정신기능에 뚜렷한 장애가 남아 수시로 보호를 받아야 하는 사람 6. 흉복부장기의 기능에 뚜렷한 장애가 남아 수시로 보호를 받아야 하는 사람
3급	6,400만원	1. 한쪽 눈이 실명되고 다른 쪽 눈의 시력이 0.06 이하로 된 사람 2. 말하는 기능 또는 음식물을 씹는 기능을 완전히 잃은 사람 3. 신경계통의 기능 또는 정신기능에 뚜렷한 장애가 남아 일생 동안 노무에 종사할 수 없는 사람 4. 흉복부장기의 기능에 뚜렷한 장애가 남아 일생 동안 노무에 종사

		할 수 없는 사람
		5. 두 손의 손가락을 모두 잃은 사람
4급	5,600만원	1. 두 눈의 시력이 각각 0.06 이하로 된 사람
		2. 말하는 기능과 음식물을 씹는 기능에 뚜렷한 장애가 남은 사람
		3. 고막이 전부 결손되거나 그 외의 원인으로 두 귀의 청력을 완전히 잃은 사람
		4. 한쪽 팔을 팔꿈치관절 이상의 부위에서 잃은 사람
		5. 한쪽 다리를 무릎관절 이상의 부위에서 잃은 사람
		6. 두 손의 손가락을 모두 제대로 못 쓰게 된 사람
		7. 두 발을 발목발허리관절 이상에서 잃은 사람
5급	4,800만원	1. 한쪽 눈이 실명되고 다른 눈의 시력이 0.1 이하로 된 사람
		2. 한 팔을 손목관절 이상의 부위에서 잃은 사람
		3. 한 다리를 발목관절 이상의 부위에서 잃은 사람
		4. 한 팔을 완전히 사용하지 못하게 된 사람
		5. 한 다리를 완전히 사용하지 못하게 된 사람
		6. 두 발의 발가락을 모두 잃은 사람
		7. 흉복부장기의 기능에 뚜렷한 장애가 남아 특별히 손쉬운 노무 외에는 종사할 수 없는 사람
		8. 신경계통의 기능 또는 정신기능에 뚜렷한 장애가 남아 특별히 손쉬운 노무 외에는 종사할 수 없는 사람
6급	4,000만원	1. 두 눈의 시력이 각각 0.1 이하로 된 사람
		2. 말하는 기능 또는 음식물을 씹는 기능에 뚜렷한 장애가 남은 사람
		3. 고막이 대부분 결손되거나 그 외의 원인으로 두 귀의 청력이 모두 귀에 입을 대고 말하지 않으면 큰 말소리를 알아듣지 못하는 사람
		4. 한쪽 귀가 전혀 들리지 않게 되고, 다른 귀의 청력이 40센티미터 이상의 거리에서는 보통의 말소리를 알아듣지 못하게 된 사람
		5. 척추에 뚜렷한 기형이나 뚜렷한 운동장애가 남은 사람
		6. 한쪽 팔의 3대 관절 중 2개 관절을 못 쓰게 된 사람
		7. 한쪽 다리의 3대 관절 중 2개 관절을 못 쓰게 된 사람
		8. 한쪽 손의 5개 손가락을 잃거나 엄지손가락과 둘째손가락을 포함하여 4개의 손가락을 잃은 사람
7급	3,200만원	1. 한쪽 눈이 실명되고 다른 쪽 눈의 시력이 0.6 이하로 된 사람
		2. 두 귀의 청력이 모두 40센티미터 이상의 거리에서는 보통의 말소리를 알아듣지 못하게 된 사람
		3. 한쪽 귀가 전혀 들리지 않게 되고, 다른 귀의 청력이 1미터 이상의 거리에서는 보통의 말소리를 알아듣지 못하게 된 사람
		4. 신경계통의 기능 또는 정신기능에 뚜렷한 장애가 남아 손쉬운 노무 외에는 종사할 수 없는 사람
		5. 흉복부장기의 기능에 장애가 남아 손쉬운 노무 외에는 종사할 수 없는 사람
		6. 한쪽 손의 엄지손가락과 둘째손가락을 잃은 사람 또는 엄지손가락이나 둘째손가락을 포함하여 3개 이상의 손가락을 잃은 사람

		7. 한쪽 손의 5개 손가락을 잃거나 엄지손가락과 둘째손가락을 포함하여 4개의 손가락을 제대로 못 쓰게 된 사람 8. 한쪽 발을 발목발허리관절 이상의 부위에서 잃은 사람 9. 한쪽 팔에 가관절(假關節, 부러진 뼈가 완전히 아물지 못하여 그 부분이 마치 관절처럼 움직이는 상태)이 남아 뚜렷한 운동장애가 남은 사람 10. 한쪽 다리에 가관절이 남아 뚜렷한 운동장애가 남은 사람 11. 두 발의 발가락을 모두 못 쓰게 된 사람 12. 외모에 뚜렷한 흉터가 남은 사람 13. 양쪽의 고환 또는 난소를 잃은 사람
8급	2,400만원	1. 한쪽 눈의 시력이 0.02 이하로 된 사람 2. 척추에 운동장애가 남은 사람 3. 한쪽 손의 엄지손가락을 포함하여 2개의 손가락을 잃은 사람 4. 한쪽 손의 엄지손가락과 둘째손가락을 제대로 못 쓰게 된 사람 또는 한쪽 손의 엄지손가락이나 둘째손가락을 포함하여 3개 이상의 손가락을 제대로 못 쓰게 된 사람 5. 한쪽 다리가 다른 쪽 다리보다 5센티미터 이상 짧아진 사람 6. 한쪽 팔의 3대 관절 중 1개 관절을 제대로 못 쓰게 된 사람 7. 한쪽 다리의 3대 관절 중 1개 관절을 제대로 못 쓰게 된 사람 8. 한쪽 팔에 가관절이 남은 사람 9. 한쪽 다리에 가관절이 남은 사람 10. 한쪽 발의 발가락을 모두 잃은 사람 11. 비장 또는 한쪽의 신장을 잃은 사람
9급	1,800만원	1. 두 눈의 시력이 각각 0.6 이하로 된 사람 2. 한쪽 눈의 시력이 0.06 이하로 된 사람 3. 두 눈에 반맹증·시야협착 또는 시야결손이 남은 사람 4. 두 눈의 눈꺼풀에 뚜렷한 결손이 남은 사람 5. 코가 결손되어 그 기능에 뚜렷한 장애가 남은 사람 6. 말하는 기능과 음식물을 씹는 기능에 장애가 남은 사람 7. 두 귀의 청력이 모두 1미터 이상의 거리에서는 보통의 말소리를 알아듣지 못하게 된 사람 8. 한쪽 귀의 청력이 귀에 입을 대고 말하지 않으면 큰 말소리를 알아듣지 못하고 다른 귀의 청력이 1미터 이상의 거리에서는 보통의 말소리를 알아듣지 못하게 된 사람 9. 한쪽 귀의 청력을 완전히 잃은 사람 10. 한쪽 손의 엄지손가락을 잃은 사람 또는 둘째손가락을 포함하여 2개의 손가락을 잃은 사람 또는 엄지손가락과 둘째손가락 외의 3개의 손가락을 잃은 사람 11. 한쪽 손의 엄지손가락을 포함하여 2개 이상의 손가락을 제대로 못 쓰게 된 사람 12. 한쪽 발의 엄지발가락을 포함하여 2개 이상의 발가락을 잃은 사람 13. 한쪽 발의 발가락을 모두 제대로 못 쓰게 된 사람 14. 생식기에 뚜렷한 장애가 남은 사람

		15. 신경계통의 기능 또는 정신기능에 장애가 남아 종사할 수 있는 노무가 상당한 정도로 제한된 사람
		16. 흉복부장기의 기능에 장애가 남아 종사할 수 있는 노무가 상당한 정도로 제한된 사람
10급	1,500만원	1. 한쪽 눈의 시력이 0.1 이하로 된 사람
		2. 말하는 기능 또는 음식물을 씹는 기능에 장애가 남은 사람
		3. 14개 이상의 치아에 대하여 치아 보철을 한 사람
		4. 한쪽 귀의 청력이 귀에 입을 대고 말하지 않으면 큰 말소리를 알아듣지 못하는 사람
		5. 두 귀의 청력이 모두 1미터 이상의 거리에서는 보통의 말소리를 알아듣는 데에 지장이 있는 사람
		6. 한쪽 손의 둘째손가락을 잃은 사람 또는 엄지손가락과 둘째손가락 외의 2개 손가락을 잃은 사람
		7. 한쪽 손의 엄지손가락을 제대로 못 쓰게 된 사람 또는 둘째손가락을 포함하여 2개의 손가락을 제대로 못 쓰게 된 사람 또는 엄지손가락과 둘째손가락 외의 3개 손가락을 제대로 못 쓰게 된 사람
		8. 한쪽 다리가 다른 쪽 다리보다 3센티미터 이상 짧아진 사람
		9. 한쪽 발의 엄지발가락 또는 그 외의 4개 발가락을 잃은 사람
		10. 한쪽 팔의 3대 관절 중 1개 관절의 기능에 뚜렷한 장애가 남은 사람
		11. 한쪽 다리의 3대 관절 중 1개 관절의 기능에 뚜렷한 장애가 남은 사람
11급	1,200만원	1. 두 눈이 모두 근접 반사기능에 뚜렷한 장애가 남거나 뚜렷한 운동장애가 남은 사람
		2. 두 눈의 눈꺼풀에 뚜렷한 운동장애가 남은 사람
		3. 한쪽 눈의 눈꺼풀에 뚜렷한 결손이 남은 사람
		4. 한쪽 귀의 청력이 40센티미터 이상의 거리에서는 보통의 말소리를 알아듣지 못하게 된 사람
		5. 척추에 기형이 남은 사람
		6. 한 쪽 손의 가운데손가락 또는 넷째손가락을 잃은 사람
		7. 한쪽 손의 둘째손가락을 제대로 못 쓰게 된 사람 또는 엄지손가락과 둘째손가락 외의 2개의 손가락을 제대로 못 쓰게 된 사람
		8. 한쪽 발의 엄지발가락을 포함하여 2개 이상의 발가락을 제대로 못 쓰게 된 사람
		9. 흉복부장기의 기능에 장애가 남은 사람
		10. 10개 이상 13개 이하의 치아에 대하여 치아 보철을 한 사람
		11. 두 귀의 청력이 모두 1미터 이상의 거리에서는 작은 말소리를 알아듣지 못하게 된 사람
12급	1,000만원	1. 한쪽 눈의 근접반사기능에 뚜렷한 장애가 있거나 뚜렷한 운동장애가 남은 사람
		2. 한쪽 눈의 눈꺼풀에 뚜렷한 운동장애가 남은 사람
		3. 7개 이상 9개 이하의 치아에 대하여 치아보철을 한 사람
		4. 한쪽 귀의 귓바퀴의 대부분이 결손된 사람
		5. 쇄골·흉골·늑골·어깨뼈 또는 골반뼈에 뚜렷한 기형이 남은 사람

		6. 한쪽 팔의 3대 관절 중 1개 관절의 기능에 장애가 남은 사람 7. 한쪽 다리의 3대 관절 중 1개 관절의 기능에 장애가 남은 사람 8. 다리의 긴뼈에 기형이 남은 사람 9. 한쪽 손의 가운데손가락 또는 넷째손가락을 제대로 못 쓰게 된 사람 10. 한쪽 발의 둘째발가락을 잃은 사람 또는 둘째발가락을 포함하여 2개의 발가락을 잃은 사람 또는 가운데발가락 이하 3개의 발가락을 잃은 사람 11. 한쪽 발의 엄지발가락 또는 그 외의 4개 발가락을 제대로 못 쓰게 된 사람 12. 신체 일부에 뚜렷한 신경증상이 남은 사람 13. 외모에 흉터가 남은 사람
13급	800만원	1. 한쪽 눈의 시력이 0.6 이하로 된 사람 2. 한쪽 눈에 반맹증, 시야협착 또는 시야결손이 남은 사람 3. 두 눈의 눈꺼풀 일부나 속눈썹에 결손이 남은 사람 4. 5개 이상 6개 이하의 치아에 대하여 치아 보철을 한 사람 5. 한쪽 손의 새끼손가락을 잃은 사람 6. 한쪽 손의 엄지손가락 마디뼈의 일부를 잃은 사람 7. 한쪽 손의 둘째손가락 마디뼈의 일부를 잃은 사람 8. 한쪽 손의 둘째손가락의 끝관절을 굽히고 펼 수 없게 된 사람 9. 한쪽 다리가 다른 쪽 다리보다 1센티미터 이상 짧아진 사람 10. 한쪽 발의 가운데발가락 이하 1개 또는 2개의 발가락을 잃은 사람 11. 한쪽 발의 둘째발가락을 제대로 못 쓰게 된 사람 또는 둘째발가락을 포함하여 2개의 발가락을 제대로 못 쓰게 된 사람 또는 가운데발가락 이하 3개의 발가락을 제대로 못 쓰게 된 사람
14급	500만원	1. 한쪽 눈의 눈꺼풀 일부나 속눈썹에 결손이 남은 사람 2. 3개 이상 4개 이하의 치아에 대하여 치아 보철을 한 사람 3. 팔이 보이는 부분에 손바닥 크기의 흉터가 남은 사람 4. 다리가 보이는 부분에 손바닥 크기의 흉터가 남은 사람 5. 한쪽 손의 새끼손가락을 제대로 못 쓰게 된 사람 6. 한쪽 손의 엄지손가락과 둘째손가락 외의 손가락 마디뼈의 일부를 잃은 사람 7. 한쪽 손의 엄지손가락과 둘째손가락 외의 손가락 끝관절을 제대로 못 쓰게 된 사람 8. 한쪽 발의 가운데발가락 이하 1개 또는 2개의 발가락을 제대로 못 쓰게 된 사람 9. 신체 일부에 신경증상이 남은 사람 10. 한쪽 귀의 청력이 1미터 이상의 거리에서는 보통의 말소리를 알아듣지 못하게 된 사람

비고

1. 신체장애가 둘 이상 있을 경우에는 중한 신체장애에 해당하는 장애등급보다 한 등급 높게 보상한다.

2. 시력의 측정은 국제식 시력표로 하며, 굴절 이상이 있는 사람의 경우에는 원칙적으로 교정시력을 측정한다.

3. "손가락을 잃은 것"이란 엄지손가락은 손가락관절, 그 밖의 손가락은 제1관절 이상을 잃은 경우를 말한다.

4. "손가락을 제대로 못 쓰게 된 것"이란 손가락 말단의 2분의 1 이상을 잃거나 손허리손가락관절 또는 제1지관절(엄지손가락은 손가락관절을 말한다)에 뚜렷한 운동장애가 남은 경우를 말한다.

5. "발가락을 잃은 것"이란 발가락 전부를 잃은 경우를 말한다.

6. "발가락을 제대로 못 쓰게 된 것"이란 엄지발가락은 끝관절의 2분의 1 이상, 그 밖의 발가락은 끝관절 이상을 잃은 경우 또는 발허리발가락관절[中足趾關節] 또는 제1지관절(엄지발가락은 발가락관절을 말한다)에 뚜렷한 운동장애가 남은 경우를 말한다.

7. "흉터가 남은 것"이란 성형수술을 했어도 맨눈으로 알아볼 수 있는 흔적이 있는 상태를 말한다.

8. "항상 보호를 받아야 하는 것"이란 일상생활에서 기본적인 음식섭취, 배뇨 등을 다른 사람에게 의존해야 하는 것을 말한다.

9. "수시로 보호를 받아야 하는 것"이란 일상생활에서 기본적인 음식섭취, 배뇨 등은 가능하나 그 외의 일을 다른 사람에게 의존해야 하는 것을 말한다.

10. 항상보호 또는 수시보호의 기간은 의사가 판정하는 노동력 상실기간을 기준으로 하여 타당한 기간으로 한다.

[별표 4]

동물보호센터의 시설기준(제15조제1항 관련)

1. 일반기준

가. **진료실, 사육실, 격리실 및 사료보관실**을 각각 구분하여 설치하여야 하며, **동물 구조 및 운반용 차량**을 보유하여야 한다. 다만, 시·도지사 또는 위탁보호센터 운영자가 동물에 대한 진료를 동물병원에 위탁하는 경우에는 진료실을 설치하지 아니할 수 있다.

나. 동물의 탈출 및 도난방지, 방역 등을 위하여 방범시설 및 외부인의 출입을 통제할 수 있는 장치가 있어야 한다.

다. 시설의 청결유지와 위생관리에 필요한 급수시설 및 배수시설을 갖추어야 하며, 바닥은 청소와 소독이 용이한 재질이어야 한다. 다만, 운동장은 제외한다.

라. 보호동물을 인도적인 방법으로 처리하기 위하여 동물의 수용시설과 독립된 **별도의 처리공간**이 있어야 한다. 다만, 동물보호센터 내 독립된 진료실을 갖춘 경우 그 시설로 대체할 수 있다.

마. 동물 사체를 보관할 수 있는 **잠금장치가 있는 냉동시설**을 갖추어야 한다.

2. 개별기준

가. 진료실에는 진료대, 소독장비 등 동물의 진료에 필요한 기구·장비를 갖추어야 하며, 2차 감염을 막기 위해 진료대 및 진료기구를 위생적으로 관리하여야 한다.

나. **사육실**은 다음의 시설조건을 갖추어야 한다.

　1) 동물을 위생적으로 건강하게 관리하기 위하여 온도 및 습도 조절이 가능하여야 한다.

　2) 채광과 환기가 충분히 이루어질 수 있도록 하여야 한다.

　3) 사육실이 외부에 노출된 경우, 직사광선, 비바람 등을 피할 수 있는 시설을 갖추어야 한다.

다. **격리실**은 다음의 시설조건을 갖추어야 한다.

　1) 독립된 건물이거나, 다른 용도로 사용되는 시설과 분리되어야 한다.

　2) 외부환경에 노출되어서는 아니 되고, 온도 및 습도 조절이 가능하며, 채광과 환기가 충분히 이루어질 수 있어야 한다.

　3) 전염성 질병에 걸린 동물은 질병이 다른 동물에게 전염되지 않도록 별도로 구획되어야 하며, 출입구에 소독조를 설치하여야 한다.

4) 격리실에 보호중인 동물에 대해서는 외부에서 상태를 수시로 관찰할 수 있는 구조여야 한다. 다만, 해당 동물의 습성상 사정이 있는 경우는 제외한다.

라. **사료보관실**은 청결하게 유지하고, 해충이나 쥐 등이 침입할 수 없도록 하여야 하며, 상호 오염원이 될 수 있는 그 밖의 관리물품을 보관하는 경우 서로 분리하여 구별할 수 있어야 한다.

마. 진료실, 사육실 또는 격리실 내에서 개별 동물을 분리하여 수용할 수 있는 시설은 다음의 조건을 갖추어야 한다.

1) 크기는 동물이 자유롭게 움직일 수 있는 충분한 크기이어야 하며, **개와 고양이의 경우 권장하는 크기**는 아래와 같다.

가) 소형견(5kg 미만): 50 × 70 × 60(cm)

나) 중형견(5kg 이상 15kg 미만): 70 × 100 × 80(cm)

다) 대형견(15kg 이상): 100 × 150 × 100(cm)

라) 고양이: 50 × 70 × 60(cm)

2) 시설의 바닥이 철망 등으로 된 경우 **철망의 간격이 동물의 발이 빠지지 않는 규격**이어야 한다.

3) 시설의 재질은 청소, 소독 및 건조가 쉽게 되고 부식성이 없으며 동물에 의해 쉽게 부서지거나 동물에게 상해를 입히지 아니하는 것이어야 하며, 시설을 **2단 이상 쌓은 경우 충격에 의해 무너지지 않도록** 설치하여야 한다.

4) 배설물을 처리할 수 있는 장치를 갖추고, **매일 1회 이상 분변 등을 청소**하여 동물이 위생적으로 관리될 수 있어야 한다.

5) 동물을 개별적으로 확인할 수 있도록 **외부에 표지판**이 붙어 있어야 한다.

바. 동물구조 및 운송용 차량은 동물을 안전하게 운송할 수 있도록 개별 수용장치를 설치하여야 하며, 화물자동차인 경우 직사광선, 비바람 등을 피할 수 있는 장치가 설치되어야 한다.

[별표 5] 〈개정 2019. 8. 26.〉

동물보호센터의 준수사항(제19조 관련)

1. 일반사항

가. 동물보호센터에 입소되는 모든 동물은 안전하고, 위생적이며 불편함이 없도록 관리하여야 한다.

나. 동물은 종류별, 성별(어리거나 중성화되어있는 동물은 제외한다), 크기별로 질환이 있는 동물(상해를 입은 동물을 포함한다), 공격성이 있는 동물, 늙은 동물, 어린 동물(어미와 함께 있는 경우는 제외한다) 및 새끼를 배거나 젖을 먹이고 있는 동물은 분리하여 보호하여야 한다.

다. 축종, 품종, 나이, 체중에 맞는 사료 등 먹이를 적절히 공급하고 항상 깨끗한 물을 공급하며, 그 용기는 청결한 상태로 유지하여야 한다.

라. 소독약과 소독장비를 가지고 정기적으로 소독 및 청소를 실시하여야 한다.

마. 보호센터는 방문목적이 합당한 경우, 누구에게나 개방하여야 하며, 방문시 방문자 성명, 방문일시, 방문목적, 연락처 등을 기록하여야 한다. 다만, 보호 중인 동물의 적절한 관리를 위해 개방시간을 정하는 등의 제한을 둘 수 있다.

바. 보호 중인 동물은 진료 등 특별한 사정이 없는 한 보호시설 내에서 보호함을 원칙으로 한다.

2. 개별사항

가. 동물의 구조 및 포획은 구조자와 해당 동물 양측에게 안전한 방법으로 실시하며, 구조직후 동물의 상태를 확인하여 건강하지 아니한 개체는 추가로 응급조치 등의 조치를 취하여야 한다.

나. 보호동물 입소 시 개체별로 별지 제7호서식의 보호동물 개체관리카드를 작성하고, 처리결과 및 그 관련서류를 3년간 보관하여야 한다(전자적 방법을 포함한다).

다. 보호동물의 등록 여부를 확인하고, 보호동물이 등록된 동물인 경우에는 지체 없이 해당 동물의 소유자에게 보호 중인 사실을 통보해야 한다.

라. 보호동물의 반환 시 소유자임을 증명할 수 있는 사진, 기록 또는 해당 보호동물의 반응 등을 참고하여 반환해야 하고, 보호동물을 **다시 분실하지 않도록 교육을 실시**해야 하

며, 해당 보호동물이 **동물등록이 되어 있지 않은 경우에는 동물등록을 하도록 안내**해야 한다.

마. 보호동물의 분양 시 번식 등의 상업적인 목적으로 이용되는 것을 방지하기 위해 **중성화수술에 동의하는 자에게 우선 분양하고, 미성년자에게 분양하지 않아야 한다.** 또한 보호동물이 다시 유기되지 않도록 교육을 실시해야 하며, 해당 보호동물이 동물등록이 되어 있지 않은 경우에는 동물등록을 하도록 안내해야 한다.

바. **제22조에 해당하는 동물을 인도적으로 처리하는 경우 동물보호센터** 종사자 1명 **이상의 참관하에** 수의사가 **시행하도록 하며, 마취제 사용 후 심장에 직접 작용하는 약물 등을 사용하는 등 인도적인 방법을 사용하여 동물의 고통을 최소화하여야 한다.**

사. 동물보호센터 내에서 발생한 사체는 별도의 냉동장치에 보관 후, 「폐기물관리법」에 따르거나 법 제32조제1항제1호에 따른 동물장묘업의 등록을 한 자가 설치·운영하는 동물장묘시설을 통해 처리한다.

[별표 5의2] 〈신설 2021. 2. 10.〉

동물 해부실습 심의위원회의 심의 및 운영 기준(제23조의2제2호라목 관련)

1. 심의위원회는 동물 해부실습에 대한 다음 각 호의 사항을 심의한다.
가. 동물 해부실습을 대체할 수 있는 방법이 우선적으로 고려되었는지 여부
나. 동물 해부실습이 학생들에게 미칠 수 있는 정서적 충격을 고려하였는지 여부
다. 동물 해부실습을 원하지 않는 학생에 대한 별도의 지도방법이 마련되어 있는지 여부
라. 지도 교원이 동물 해부실습에 대한 과학적 지식과 경험을 갖추었는지 여부
마. 동물을 최소한으로만 사용하는지 여부
바. 동물의 고통이 수반될 것으로 예상되는 실습의 경우 실습 과정에서 동물의 고통을 덜어주기 위한 적절한 수의학적인 방법 또는 조치가 계획되어 있는지 여부

2. 심의위원회의 회의는 재적위원 과반수의 출석으로 개의하고, 출석위원 과반수의 찬성으로 의결한다.

3. 학교의 장은 심의위원회의 독립성을 보장하고, 심의위원회의 심의결과를 존중해야 하며, 심의위원회의 심의 및 운영에 필요한 인력·장비·장소 및 비용을 부담해야 한다.

4. 심의위원회는 제1호 각 목의 사항에 대한 심의를 할 때 필요하다고 인정하는 경우에는 법 제27조제2항제1호 또는 제2호에 해당하는 사람으로 하여금 심의위원회에 출석하여 발언하게 할 수 있다.

5. **동물 해부실습의 시행에 관해 심의위원회의 심의를 거친 경우에는** 해당 동물 해부실습과 지도 교원, 동물 해부실습 방식, 사용 동물의 종(種) 및 마릿수가 모두 같은 동물 해부실습에 대해서는 심의위원회의 **심의를 거친 때부터 2년간 심의를 거치지 않을 수 있다.** 다만, 심의위원회 개최일부터 1년이 경과한 이후에 학생, 학부모 등의 재심의 요청이 있거나 학교의 장이 **재심의가 필요하다고 인정하여 재심의를 요청하는 경우 심의위원회는 재심의를 해야 한다.**

6. 심의위원회의 원활한 운영을 위해 간사 1명을 두되, 간사는 심의위원회를 개최하는 경우 심의 일시, 장소, 참석자, 안건, 발언요지, 결정사항 등이 포함된 회의록을 서면 또는 전자적인 방법으로 작성해야 한다.

7. 동물 해부실습 지도 교원은 해부실습이 종료한 후 해당 해부실습의 결과보고서를 작성하여 심의위원회에 보고해야 한다.

8. 간사는 제6호 및 제7호에 따른 회의록 및 결과보고서를 작성일부터 3년간 보관해야 한다.

[별표 6] 〈개정 2021. 6. 17.〉

동물복지축산농장 인증기준(제30조 관련)

1. 이 표에서 사용하는 용어의 정의는 다음과 같다.

가. "관리자"란 동물을 사육하는 농업인 또는 농업인이 축산농장 관리를 직접 할 수 없는 경우 해당 농장의 관리를 책임지고 있는 사람을 말한다.

나. "자유방목"이란 축사 외 실외에 방목장을 갖추고 방목장에서 동물이 자유롭게 돌아다닐 수 있도록 하는 것을 말한다.

2. 일반 기준

가. 사육시설 및 환경

1) 「축산법」 제22조에 따라 축산업 허가를 받거나 가축사육업 등록을 한 농장이어야 하며, 축산업 허가를 받거나 가축사육업 등록을 한 농장 전체를 동물복지 인증기준에 따라 관리·운영하여야 한다.

2) 농장 내에서 동물복지 사육 방법과 일반(관행) 사육 방법을 병행해서는 안 된다.

3) 동물복지 자유방목 농장으로 표시하려는 자는 검역본부장이 정하여 고시하는 실외 방목장 기준을 갖추어야 한다.

나. 관리자의 의무

1) 관리자는 사육하고 있는 동물의 복지와 관련된 법과 규정 및 먹이 공급, 급수, 환기, 보온, 질병 등 관리방법에 대한 지식을 갖추어야 한다.

2) 관리자는 동물의 생리적 요구에 맞는 적절한 사양관리로 동물의 불필요한 고통과 스트레스를 최소화하면서 항상 인도적인 방식으로 동물을 취급하고 질병예방과 건강유지를 위해 노력하여야 한다.

3) 관리자는 검역본부장이 주관하거나 지정하여 고시한 교육전문기관에 위탁한 동물복지 규정과 사양 관리 방법 등에 대한 **정기교육(원격 교육도 포함한다)을 매년 4시간 이상** 받아야 하며, 해당 농장에 동물과 직접 접촉하는 고용인이 있을 경우 교육 내용을 전달하여야 한다.

4) 관리자는 검역본부장 또는 인증심사원이 심사를 위하여 필요한 정보를 요구하는 때에는 해당 정보를 제공하여야 한다.

다. 동물의 사육 및 관리

1) 다른 농장에서 동물을 들여오려는 경우 해당 동물은 동물복지축산농장으로 인증된 농장에서 사육된 동물이어야 한다. 다만, 동물의 특성, 사육기간, 사육방법 등을 고려하여 가축의 종류별로 검역본부장이 정하여 고시하는 경우에는 일반 농장에서 사육된 동물을 들여올 수 있다.

2) 농장 내 동물이 전체적으로 활기가 있고 털에 윤기가 나며, 걸음걸이가 활발하며, 사료와 물의 섭취 행동에 활력이 있어야 한다.

3) 가축의 질병을 예방하기 위해 적절한 조치를 취해야 하고, **질병이 발생한 경우에는 수의사의 처방에 따라 질병을 치료해야 한다.** 이 경우 질병 치료 과정에서 동물용의약품을 사용한 동물은 해당 동물용의약품의 휴약기간의 2배가 지난 후에 해당 축산물에 동물복지축산농장 표시를 할 수 있다.

4) 가축에 질병이 없는 경우에는 항생제, 합성항균제, 성장촉진제 및 호르몬제 등 동물용의약품을 투여(사료나 마시는 물에 첨가하는 행위를 포함한다)해서는 안 된다.

5) 동물용의약품, 동물용의약외품 및 농약 등을 사용하는 경우 각각의 용법, 용량, 주의사항을 준수하여야 하며, 구입 및 사용내역을 기록·관리하여야 한다.

6) 동물복지축산농장에서 생산된 축산물에서 검출되는 농약 및 동물용의약품은 「축산물 위생관리법」 제4조제2항에 따라 식품의약품안전처장이 고시한 잔류허용기준을 초과하지 않아야 한다.

3. 가축의 종류별 개별기준

가축의 종류별 인증 기준은 검역본부장이 정하여 고시한다.

[별표 7] 〈개정 2013.3.23〉

동물복지축산농장 인증심사의 세부절차 및 방법(제32조제3항 관련)

1. 검역본부장은 제32조에 따라 인증신청인이 제출한 서류의 적합성을 검토하고 '서류 부적합'으로 판정할 경우에는 신청일로부터 30일 이내에 그 사유를 구체적으로 밝혀 신청인에게 서류를 반려하여야 한다.
2. 검역본부장은 '서류 적합'으로 판정할 경우에는 신청일로부터 30일 이내에 신청인에게 인증심사일정을 알리고 그 계획에 따라 현장 인증심사를 하여야 한다.
3. 인증심사원은 인증신청인의 농장을 방문하여 동물의 관리방법, 사육 시설 및 환경, 동물의 상태 점검 등 동물복지 축산농장 평가기준에 따라 인증평가를 실시하고 별지 제28호 서식의 동물복지축산농장 인증심사 결과보고서를 작성하여야 한다.
4. 인증심사원은 인증심사를 완료한 때에는 인증평가 관련 자료 및 사진 등과 함께 인증심사결과보고서를 검역본부장에게 제출하여야 한다.
5. 검역본부장은 인증심사원으로부터 받은 인증심사결과보고서를 참고로 하여 제30조의 인증기준에 따라 적합 여부를 판정하여야 한다. 만일, 적합 여부를 판정하기 어려울 경우에는 자문위원회를 구성하여 자문할 수 있다.
6. 인증 부적합으로 판정할 경우에는 그 사유를 명시하여 신청인에게 서면으로 통지하여야 한다.
7. 인증심사원과 동물복지축산농장 인증 자문위원은 인증신청인과 관련된 자료와 심사내용에 대하여 비밀을 유지하여야 한다.

[별표 8] 〈개정 2020. 12. 1.〉

동물복지축산농장의 표시방법(제33조제2항 관련)

1. 제33조에 따라 동물복지축산농장임을 농장에 표시하려는 자는 아래의 형식에 맞추어 동물복지축산농장 표시간판을 설치할 수 있다.

비고
1. 간판의 크기: 가로 80㎝, 세로 60㎝
2. 글자 및 심벌의 크기
   가. 농장명: 세로 10㎝(청색)
   나. 인증번호 제　호: 세로 5㎝(청색)
   다. 동물복지축산농장 심벌 원: 반지름 15㎝(외부 원은 녹색, 내부 원은 노란색, 산 모양은 녹색, 울타리 및 농장도로는 검정색, 동물복지축산농장 글자는 흰색)
   라. 농림축산식품부 심벌 및 글자: 세로 10㎝
3. 바탕색: 흰색
4. 심벌의 받침 반 타원: 회색
5. 간판 및 글자의 크기는 조정이 가능하나, 간판의 내용 및 심벌의 형태와 색깔은 위 기준

에 따라야 한다. 다만, 별표 6 제2호가목3)에 따라 검역본부장이 정하여 고시하는 실외 방목장 기준을 준수하는 농장의 경우에는 **동물복지 자유방목 농장**이라는 표시를 추가적으로 할 수 있다.

2. 제33조에 따라 축산물의 포장·용기 등에 동물복지축산농장의 표시를 하려는 경우에는 다음 각 목의 표시방법에 따른다.
　가. 제3호가목의 동물복지축산농장 표시도형과 동물복지축산농장 인증을 받은 자의 성명 또는 농장명, 인증번호, 축종, 농장 소재지를 함께 표시하여야 하며, 별표 6 제2호가목3)에 따라 검역본부장이 정하여 고시하는 실외 방목장 기준을 준수하는 농장에서 유래한 축산물인 경우에는 동물복지 자유방목 농장이라는 표시를 추가적으로 할 수 있다.
　나. 별표 6 제2호가목3)에 따라 검역본부장이 정하여 고시하는 실외 방목장 기준을 준수하는 농장에서 유래한 축산물이 아닌 경우에는 동물복지 자유방목 농장으로 표시하거나 방목, 방사 등 소비자가 동물복지 자유방목 농장으로 오인·혼동 할 우려가 있는 표시를 해서는 아니 된다.

3. 동물복지축산농장 표시도형
　가. 표시도형

　나. 작도법
　동물복지축산농장의 작도법에 관하여는 「농림축산식품부 소관 친환경농어업 육성 및 유기식품 등의 관리·지원에 관한 법률 시행규칙」 별표 6을 준용한다.

4. 삭제 〈2014.4.8〉

반려동물 관련 영업별 시설 및 인력 기준(제35조 관련)

1. 공통 기준

가. 영업장은 독립된 건물이거나 다른 용도로 사용되는 시설과 같은 건물에 있을 경우에는 해당 시설과 분리(벽이나 층 등으로 나누어진 경우를 말한다. 이하 같다)되어야 한다. 다만, 다음의 경우에는 분리하지 않을 수 있다.

  1) 영업장(동물장묘업은 제외한다)과 「수의사법」에 따른 동물병원(이하 "동물병원"이라 한다)의 시설이 함께 있는 경우
  2) 영업장과 금붕어, 앵무새, 이구아나 및 거북이 등을 판매하는 시설이 함께 있는 경우
  3) 제2호라목1)바)에 따라 개 또는 고양이를 소규모로 생산하는 경우

나. 영업 시설은 동물의 습성 및 특징에 따라 **채광 및 환기**가 잘 되어야 하고, 동물을 위생적으로 건강하게 관리할 수 있도록 **온도와 습도 조절**이 가능해야 한다.

다. 청결 유지와 위생 관리에 필요한 **급수시설 및 배수시설**을 갖춰야 하고, 바닥은 **청소와 소독**을 쉽게 할 수 있고 **동물들이 다칠 우려가 없는 재질**이어야 한다.

라. 설치류나 해충 등의 출입을 막을 수 있는 설비를 해야 하고, 소독약과 소독장비를 갖추고 정기적으로 청소 및 소독을 실시해야 한다.

마. 영업장에는 「화재예방, 소방시설 설치·유지 및 안전관리에 관한 법률」 제9조제1항에 따라 소방시설을 소방청장이 정하여 고시하는 화재안전기준에 적합하게 설치 또는 유지·관리해야 한다.

바. 영업장에 「개인정보 보호법」 제2조제7호에 따른 영상정보처리기기(이하 "영상정보처리기기"라 한다)를 설치·운영하는 경우에는 「개인정보 보호법」 등 관련 법령을 준수해야 한다.

2. 개별 기준

가. 동물장묘업

  1) 동물 전용의 장례식장은 **장례 준비실과 분향실**을 갖춰야 한다.
  2) 동물화장시설, 동물건조장시설 및 동물수분해장시설
    가) 동물화장시설의 화장로는 동물의 사체 또는 유골을 완전히 연소할 수 있는 구조로 영업장 내에 설치하고, 영업장 내의 다른 시설과 분리되거나 별도로 구획

되어야 한다.

나) 동물건조장시설의 건조 · 멸균분쇄시설은 동물의 사체 또는 유골을 완전히 건조하거나 멸균분쇄할 수 있는 구조로 영업장 내에 설치하고, 영업장 내의 다른 시설과 분리되거나 별도로 구획되어야 한다.

다) 동물수분해장시설의 수분해시설은 동물의 사체 또는 유골을 완전히 수분해할 수 있는 구조로 영업장 내에 설치하고, 영업장 내의 다른 시설과 분리되거나 별도로 구획되어야 한다.

라) 동물화장시설, 동물건조장시설 및 동물수분해장시설에는 연소, 건조 · 멸균분쇄 및 수분해 과정에서 발생하는 소음, 매연, 분진, 폐수 또는 악취를 방지하는 데에 필요한 시설을 설치해야 한다.

마) 동물화장시설, 동물건조장시설 및 동물수분해장시설에는 각각 화장로, 건조 · 멸균분쇄시설 및 수분해시설의 작업내용을 확인할 수 있는 **영상정보처리기기**를 사각지대의 발생이 최소화될 수 있도록 설치 · 운영해야 한다.

3) **냉동시설 등 동물의 사체를 위생적으로 보관할 수 있는 설비**를 갖춰야 한다.

4) 동물 전용의 봉안시설은 유골을 안전하게 보관할 수 있어야 하고, 유골을 개별적으로 확인할 수 있도록 표지판이 붙어 있어야 한다.

5) 1)부터 4)까지에서 규정한 사항 외에 동물장묘업 시설기준에 관한 세부사항은 농림축산식품부장관이 정하여 고시한다.

6) 시장 · 군수 · 구청장은 필요한 경우 1)부터 5)까지에서 규정한 사항 외에 해당 지역의 특성을 고려하여 화장로의 개수 등 동물장묘업의 시설 기준을 정할 수 있다.

나. 동물판매업

1) **일반 동물판매업의 기준**

가) **사육실과 격리실을 분리하여 설치**해야 하며, 사육설비는 다음의 기준에 따라 동물들이 자유롭게 움직일 수 있는 충분한 크기여야 한다.

(1) **사육설비의 가로 및 세로**는 각각 사육하는 동물의 몸길이의 **2배 및 1.5배 이상일 것**

(2) **사육설비의 높이**는 사육하는 **동물이 뒷발로 일어섰을 때 머리가 닿지 않는 높이 이상일 것**

나) 사육설비는 직사광선, 비바람, 추위 및 더위를 피할 수 있도록 설치되어야 하고, **사육설비를** 2단 이상 쌓은 경우에는 충격으로 무너지지 않도록 설치**해야 한다.**

다) **사료와 물을 주기 위한 설비**와 **동물의 체온을 적정하게 유지할 수 있는 설비**를 갖춰야 한다.

라) 토끼, 페릿, 기니피그 및 햄스터만을 판매하는 경우에는 급수시설 및 배수시설을 갖추지 않더라도 **같은 건물에 있는 급수시설 또는 배수시설을 이용**하여 청결유지와 위생 관리가 가능한 경우에는 필요한 급수시설 및 배수시설을 갖춘 것으로 본다.

마) **개 또는 고양이의 경우** 50마리당 1명 이상**의 사육 · 관리 인력을 확보해야 한다.**

바) 격리실은 동물생산업의 격리실 기준을 적용한다.

사) 삭제 <2021. 6. 17>

2) 경매방식을 통한 거래를 알선 · 중개하는 동물판매업의 경매장 기준

　가) 접수실, 준비실, 경매실 및 격리실을 각각 구분(선이나 줄 등으로 나누어진 경우를 말한다. 이하 같다)하여 설치해야 한다.

　나) **3명 이상의 운영인력을 확보해야 한다.**

　다) 전염성 질병이 유입되는 것을 예방하기 위해 소독발판 등의 **소독장비**를 갖춰야 한다.

　라) 접수실에는 경매되는 동물의 건강상태를 검진할 수 있는 **검사장비**를 구비해야 한다.

　마) 준비실에는 경매되는 동물을 해당 동물의 출하자별로 분리하여 넣을 수 있는 설비를 준비해야 한다. 이 경우 해당 설비는 동물이 쉽게 부술 수 없어야 하고 동물에게 상해를 입히지 않는 것이어야 한다.

　바) **경매실에 경매되는 동물이 들어 있는 설비를 2단 이상 쌓은 경우 충격으로 무너지지 않도록 설치해야 한다.**

3) 「전자상거래 등에서의 소비자보호에 관한 법률」 제2조제1호에 따른 전자상거래(이하 "전자상거래"라 한다) 방식만으로 반려동물의 판매를 알선 또는 중개하는 동물판매업의 경우에는 제1호의 공통 기준과 1)의 일반 동물판매업의 기준을 갖추지 않을 수 있다.

다. 동물수입업

1) **사육실과 격리실**을 구분하여 설치해야 한다.

2) 사료와 물을 주기 위한 설비를 갖추고, 동물의 생태적 특성에 따라 **채광 및 환기가** 잘 되어야 한다.

3) **사육설비의 바닥은 지면과 닿아 있어야 하고,** 동물의 배설물 **청소와 소독**이 쉬운 재질이어야 한다.

4) 사육설비는 직사광선, 비바람, 추위 및 더위를 피할 수 있도록 설치되어야 한다.

5) **개 또는 고양이의 경우** 50마리당 1명 이상의 사육 · 관리 인력**을 확보해야 한다.**

6) 격리실은 라목4)의 격리실에 관한 기준에 적합하게 설치해야 한다.

라. 동물생산업
  1) 일반기준
    가) **사육실, 분만실 및 격리실**을 분리 또는 구획(칸막이나 커튼 등으로 나누어진 경우를 말한다. 이하 같다)하여 설치해야 하며, **동물을 직접 판매하는 경우에는 판매실을 별도로 설치**하여야 한다. 다만, 바)에 해당하는 경우는 제외한다.
    나) 사육실, 분만실 및 격리실에 **사료와 물**을 주기 위한 설비를 갖춰야 한다.
    다) 사육설비의 바닥은 동물의 배설물 **청소와 소독**이 쉬워야 하고, 사육설비의 재질은 **청소, 소독 및 건조가 쉽고 부식성이 없어야** 한다.
    라) 사육설비는 동물이 쉽게 부술 수 없어야 하고 동물에게 상해를 입히지 않는 것이어야 한다.
    마) **번식이 가능한** 12개월 이상**이 된 개 또는 고양이** 75마리당 1명 이상의 사육·관리 인력**을 확보해야 한다.**
    바) 「건축법」 제2조제2항제1호에 따른 **단독주택**(「**건축법 시행령**」 **별표 1 제1호 나목·다목의 다중주택·다가구주택은 제외한다**)에서 다음의 요건에 따라 **개 또는 고양이를 소규모로 생산하는 경우**에는 동물의 소음을 최소화하기 위한 소음방지설비 등을 갖춰야 한다.
      (1) **체중 5킬로그램 미만:** 20마리 이하
      (2) **체중 5킬로그램 이상 15킬로그램 미만:** 10마리 이하
      (3) **체중 15킬로그램 이상:** 5마리 이하
  2) **사육실**
    가) 사육실이 외부에 노출된 경우 직사광선, 비바람, 추위, 및 더위를 피할 수 있는 시설이 설치되어야 한다.
    나) **사육설비의 크기**는 다음의 기준에 적합해야 한다.
      (1) **사육설비의 가로 및 세로**는 각각 사육하는 동물의 몸길이의 2.5배 및 2배 **(동물의 몸길이 80센티미터를 초과하는 경우에는 각각 2배) 이상**일 것
      (2) **사육설비의 높이는 사육하는 동물이 뒷발로 일어섰을 때 머리가 닿지 않는 높이 이상일 것**
    다) **개의 경우에는 운동공간을 설치**하고, **고양이의 경우에는 배변시설, 선반 및 은신처를 설치**하는 등 동물의 특성에 맞는 생태적 환경을 조성해야 한다.
    라) **사육설비**는 사육하는 동물의 **배설물 청소와 소독이 쉬운 재질**이어야 한다.
    마) 사육설비는 위로 쌓지 않아야 한다. 다만, **2018년 3월 22일 전**에 동물생산업

의 신고를 하고 설치된 사육설비로서 다음의 요건을 갖춘 경우에는 설비기준을 갖춘 것으로 본다.

　(1) 2단까지만 쌓을 것
　(2) 충격으로 무너지지 않도록 설치될 것

바) 사육설비의 바닥은 망으로 하지 않아야 한다. 다만, **2018년 3월 22일 전**에 동물생산업의 신고를 하고 설치된 사육설비로서 다음의 요건을 갖춘 경우에는 설비기준을 갖춘 것으로 본다.

　(1) **사육동물의 발이 빠지지 않도록 사육설비 바닥의 망 사이 간격이 촘촘하게 되어 있을 것**
　(2) **사육설비 바닥 면적의 50퍼센트 이상에 평평한 판을 넣어 동물이 누워 쉴 수 있는 공간을 확보**할 것

3) 분만실

　가) 새끼를 가지거나 새끼에게 젖을 먹이는 동물을 안전하게 보호할 수 있도록 **별도로 구획되어야 한다.**

　나) 분만실의 바닥과 벽면은 물 청소와 소독이 쉬워야 하고, 부식되지 않는 재질이어야 한다.

　다) 분만실의 바닥에는 망을 사용하지 않아야 한다.

　라) 직사광선, 비바람, 추위 및 더위를 피할 수 있어야 하며, **동물의 체온을 적정하게 유지할 수 있는 설비**를 갖춰야 한다.

4) 격리실

　가) 전염성 질병이 다른 동물에게 전염되지 않도록 별도로 분리되어야 한다. 다만, 토끼, 페럿, 기니피그 및 햄스터의 경우 개별 사육시설의 바닥, 천장 및 모든 벽(환기구를 제외한다)이 유리, 플라스틱 또는 그 밖에 이에 준하는 재질로 만들어진 경우는 해당 개별 사육시설이 격리실에 해당하고 분리된 것으로 본다.

　나) 격리실의 바닥과 벽면은 물 청소와 소독이 쉬워야 하고, 부식되지 않는 재질이어야 한다.

　다) 격리실에 보호 중인 동물에 대해서 **외부에서 상태를 수시로 관찰할 수 있는 구조**를 갖춰야 한다. 다만, 동물의 생태적 특성을 고려하여 특별한 사정이 있는 경우는 제외한다.

마. 동물전시업

1) 전시실과 휴식실을 각각 구분하여 설치해야 한다.

2) 전염성 질병의 유입을 예방하기 위해 출입구에 손 소독제 등 **소독장비**를 갖춰야

한다.

3) 전시되는 동물이 영업장 밖으로 나가지 않도록 **출입구에 이중문과 잠금장치를 설치**해야 한다.

4) **개의 경우에는 운동공간**을 설치하고, **고양이의 경우에는 배변시설, 선반 및 은신처를 설치**하는 등 전시되는 동물의 생리적 특성을 고려한 시설을 갖춰야 한다.

5) **개 또는 고양이의 경우** 20마리당 1명 이상의 관리인력을 **확보해야 한다.**

바. 동물위탁관리업

1) **동물의 위탁관리실과 고객응대실은 분리, 구획 또는 구분**되어야 한다. 다만, 동물판매업, 동물전시업 또는 동물병원을 같이 하는 경우에는 고객응대실을 공동으로 이용할 수 있다.

2) 위탁관리하는 **동물을 위한 개별 휴식실**이 있어야 하며 **사료와 물을 주기 위한 설비**를 갖춰야 한다.

3) 위탁관리하는 동물이 영업장 밖으로 나가지 않도록 **출입구에 이중문과 잠금장치**를 설치해야 한다.

4) **동물병원을 같이 하는 경우** 동물의 **위탁관리실과 동물병원의 입원실은 분리 또는 구획**되어야 한다.

5) **위탁관리실에 동물의 상태를 확인할 수 있는** 영상정보처리기기를 사각지대의 발**생이 최소화될 수 있도록 설치해야 한다.**

6) **개 또는 고양이** 20마리당 1명 이상의 관리인력을 **확보해야 한다.**

사. 동물미용업

1) 고정된 장소에서 동물미용업을 하는 경우에는 다음의 시설기준을 갖춰야 한다.

가) 미용작업실, 동물대기실 및 고객응대실은 분리 또는 구획되어 있을 것. 다만, 동물판매업, 동물전시업, 동물위탁관리업 또는 동물병원을 같이 하는 경우에는 동물대기실과 고객응대실을 공동으로 이용할 수 있다.

나) 미용작업실에는 미용을 위한 미용작업대와 **충분한 작업 공간**을 확보하고, 미용작업대에는 동물이 **떨어지는 것을 방지하기 위한 고정장치**를 갖출 것

다) 미용작업실에는 **소독기 및 자외선살균기 등 미용기구를 소독하는 장비**를 갖출 것

라) 미용작업실에는 동물의 목욕에 필요한 **충분한 크기의 욕조, 급·배수시설, 냉·온수설비 및 건조기**를 갖출 것

마) 미용 중인 동물의 상태를 확인할 수 있는 영상정보처리기기를 사각지대의 발

생이 최소화될 수 있도록 설치할 것
2) **자동차를 이용하여 동물미용업을 하는 경우에는 다음의 시설기준을 갖춰야 한다.**
   가) 동물미용업에 이용하는 자동차는 다음의 어느 하나에 해당하는 자동차로 할 것. 이 경우 동물미용업에 이용하는 자동차는 동물미용업의 영업장으로 본다.
      (1) 「자동차관리법 시행규칙」 별표 1에 따른 승합자동차(특수형으로 한정한 다) 또는 특수자동차(특수용도형으로 한정한다)
      (2) 「자동차관리법」 제34조에 따라 **동물미용업 용도로 튜닝한 자동차**
   나) 영업장은 오·폐수가 외부로 유출되지 않는 구조로 되어 있어야 하고, 영업장에는 다음의 설비를 갖출 것
      (1) 물을 저장·공급할 수 있는 **급수탱크**와 배출밸브가 있는 **오수탱크**를 각각 **100리터 이상의 크기**로 설치하되, 각 탱크 표면에 용적을 표기할 것
      (2) 조명 및 환기장치를 설치할 것. 다만, 창문 또는 썬루프 등 자동차의 환기장치를 이용하여 환기가 가능한 경우에는 별도의 환기장치를 설치하지 않을 수 있다.
      (3) 전기를 이용하는 경우에는 전기개폐기를 설치할 것
      (4) 자동차 내부에 누전차단기와 「자동차 및 자동차부품의 성능과 기준에 관한 규칙」 제57조에 따라 소화설비를 갖출 것
      (5) **미용 중인 동물의 상태를 확인할 수 있는** 영상정보처리기기를 **사각지대의 발생이 최소화될 수 있도록 설치할 것**
      (6) 자동차에 부품·장치 또는 보호장구를 장착 또는 사용하려는 경우에는 「자동차관리법」 제29조제2항에 따라 안전운행에 필요한 성능과 기준에 적합하도록 할 것
   다) 미용작업실을 두되, 미용작업실에는 미용을 위한 **미용작업대와 충분한 작업 공간**을 확보할 것
   라) 미용작업대에는 **동물이 떨어지는 것을 방지하기 위한 고정장치**를 갖추되, 미용작업대의 권장 크기는 아래와 같다.
      (1) **소·중형견에 대한 미용작업대: 가로 75cm × 세로 45cm × 높이 50cm 이상**
      (2) **대형견에 대한 미용작업대: 가로 100cm × 세로 55cm 이상**
   마) 미용작업실에는 동물의 목욕에 필요한 **충분한 크기의 욕조, 급·배수시설, 냉·온수설비 및 건조기를 갖출 것**
   바) 미용작업실에는 **소독기 및 자외선살균기 등 미용기구를 소독하는 장비**를 갖출 것

아. 동물운송업

1) 동물을 운송하는 자동차는 다음의 어느 하나에 해당하는 자동차로 한다. 이 경우 동물운송업에 이용되는 자동차는 동물운송업의 영업장으로 본다.

　가) 「자동차관리법 시행규칙」 별표 1에 따른 승용자동차 및 승합자동차(일반형으로 한정한다)

　나) 「자동차관리법 시행규칙」 별표 1에 따른 화물자동차(경형 또는 소형 화물자동차로서, 밴형인 화물자동차로 한정한다)

2) 동물을 운송하는 자동차는 다음의 기준을 갖춰야 한다.

　가) 직사광선 및 비바람을 피할 수 있는 설비를 갖출 것

　나) 적정한 온도를 유지할 수 있는 냉·난방설비를 갖출 것

　다) 이동 중 갑작스러운 출발이나 제동 등으로 동물이 상해를 입지 않도록 예방할 수 있는 설비를 갖출 것

　라) 이동 중에 동물의 상태를 수시로 확인할 수 있는 구조일 것

　마) 운전자 및 동승자와 동물의 안전을 위해 차량 내부에 사람이 이용하는 공간과 동물이 위치하는 공간이 구획되도록 망, 격벽 또는 가림막을 설치할 것

　바) 동물의 움직임을 최소화하기 위해 개별 이동장(케이지) 또는 안전벨트를 설치하고, 이동장을 설치하는 경우에는 운송 중 이동장이 떨어지지 않도록 고정장치를 갖출 것

　사) 운송 중인 동물의 상태를 확인할 수 있는 영상정보처리기기를 사각지대의 발생이 최소화될 수 있도록 설치할 것

　아) 동물운송용 자동차임을 누구든지 쉽게 알 수 있도록 차량 외부의 옆면 또는 뒷면에 동물운송업을 표시하는 문구를 표시할 것

3) 동물을 운송하는 인력은 2년 이상의 운전경력을 갖춰야 한다.

[별표 10] 〈개정 2021. 10. 8.〉

영업자와 그 종사자의 준수사항(제43조 관련)

1. 공통 준수사항

가. 영업장 내부에는 다음의 구분에 따른 사항을 게시 또는 부착해야 한다. 다만, 전자상거래 방식만으로 영업을 하는 경우에는 영업자의 인터넷 홈페이지 등에 해당 내용을 게시해야 한다.

　1) 동물장묘업, 동물판매업, 동물수입업, 동물생산업, 동물전시업, 동물위탁관리업 및 동물미용업: **영업등록(허가)증 및 요금표**

　2) 동물운송업: **영업등록증, 자동차등록증, 운전자 성명 및 요금표**

나. 동물을 안전하고 위생적으로 사육·관리해야 한다.

다. 동물은 종류별, 성별(어리거나 중성화된 동물은 제외한다) 및 크기별로 분리하여 관리해야 하며, 질환이 있거나 상해를 입은 동물, 공격성이 있는 동물, 늙은 동물, 어린 **동물(어미와 함께 있는 경우는 제외한다) 및** 새끼를 배거나 젖을 먹이고 있는 **동물은 분리하여 관리**해야 한다.

라. 영업장에 새로 들어온 동물에 대해서는 체온의 적정 여부, 외부 기생충과 피부병의 존재 여부 및 배설물의 상태 등 **건강상태를 확인해야 한다.**

마. 영업장이나 동물운송차량에 머무는 시간이 4시간 이상인 **동물에 대해서는** 항상 깨끗한 물과 사료를 공급하고, **물과 사료를 주는** 용기를 청결하게 유지**해야 한다.**

바. 시정명령이나 시설개수명령 등을 받은 경우 그 명령에 따른 사후조치를 이행한 후 그 결과를 지체 없이 보고해야 한다.

사. 영업장에서 발생하는 동물 소음을 최소화하기 위해서 노력해야 한다.

아. 동물판매업자, 동물수입업자, 동물생산업자, 동물전시업자 및 동물위탁관리업자는 각각 판매, 수입, 생산, 전시 및 위탁관리하는 동물에 대해 별지 제29호서식 또는 별지 제29호의2서식의 **개체관리카드**를 작성하고 비치해야 하며, 우리 또는 개별사육시설에 개체별 정보(품종, 암수, 출생일, 예방접종 및 진료사항 등)를 표시하여야 한다. 다만, **기니피그와 햄스터의 경우 무리별로 개체관리카드를 작성**할 수 있다.

자. 동물판매업자, 동물수입업자 및 동물생산업자는 **입수하거나 판매한 동물에 대해서 그 내역을 기록**한 거래내역서와 개체관리카드를 **2년간 보관**해야 한다.

차. 동물장묘업자, 동물위탁관리업자, 동물미용업자 및 동물운송업자는 **영상정보처리기기로 촬영하거나 녹화·기록한 정보**를 촬영 또는 녹화·기록한 날부터 **30일간 보관**해

야 한다.

카. 동물생산업자 및 동물전시업자가 폐업하는 경우**에는 폐업 시 처리계획서**에 따라
동물을 기증하거나 분양하는 등 적절하게 처리하고**, 그 결과를 시장·군수·구청**
장에게 보고해야 한다.

타. 동물전시업자, 동물위탁관리업자, 동물미용업자 및 동물운송업자는 각각 전시, 위탁
관리, 미용 및 운송하는 **동물이 등록대상동물인 경우에는** 해당 동물의 소유자등에
게 등록대상동물의 등록사항 및 등록방법을 알려주어야 **한다.**

2. 개별 준수사항

가. 동물장묘업자

1) 동물의 소유자와 사전에 **합의한 방식대로 동물의 사체를 처리**해야 한다.

2) 동물의 사체를 처리한 경우에는 동물의 소유자등에게 다음의 서식에 따라 작성된
장례확인서를 발급해 주어야 한다. 다만, 동물장묘업자는 필요하면 서식에 기재사
항을 추가하거나 기재사항의 순서를 변경하는 등의 방법으로 서식을 수정해서 사용
할 수 있다.

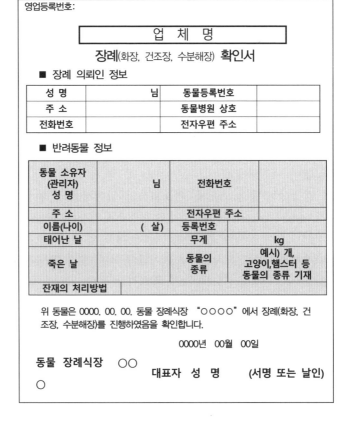

3) 동물화장시설, 동물건조장시설 또는 동물수분해장시설을 운영하는 경우 「대기환경 보전법」 등 관련 법령에 따른 기준에 적합하도록 운영해야 한다.

4) 「환경분야 시험·검사 등에 관한 법률」 제16조에 따른 측정대행업자에게 동물화장 시설에서 나오는 배기가스 등 **오염물질을 6개월마다 1회 이상 측정**을 받고, 그 결과를 지체 없이 시장·군수·구청장에게 제출해야 한다.

5) 동물화장시설, 동물건조장시설 또는 동물수분해장시설이 별표 9에 따른 기준에 적합하게 유지·관리되고 있는지 여부를 확인하기 위해 농림축산식품부장관이 정하여 고시하는 **정기검사를 동물화장시설 및 동물수분해장시설은 3년마다 1회 이상, 동물건조장시설은 6개월마다 1회 이상 실시**하고, 그 결과를 지체 없이 시장·군수·구청장에게 제출해야 한다.

6) 동물의 사체를 처리한 경우에는 등록대상동물의 소유자에게 등록 사항의 변경신고 절차를 알려주어야 한다.

7) 동물장묘업자는 신문, 방송, 인터넷 등을 통해 영업을 홍보하려는 때에는 영업등록 증을 함께 게시해야 한다.

8) 별지 제30호서식의 영업자 실적 보고서를 다음 연도 1월 말일까지 시장·군수·구 청장에게 제출해야 한다.

나. 동물판매업자

1) **동물을 실물로 보여주지 않고 판매해서는 안 된다.**

2) **다음의** 월령(月齡) **이상인 동물을 판매, 알선 또는 중개해야 한다.**

  가) 개·고양이: 2개월 이상

  나) 그 외의 동물: 젖을 뗀 후 스스로 사료 등 먹이를 먹을 수 있는 월령

3) 미성년자**에게는 동물을** 판매, 알선 또는 중개해서는 안 된다.

4) **동물 판매, 알선 또는 중개 시 해당 동물에 관한 다음의 사항을 구입자에게 반 드시 알려주어야 한다.**

  가) 동물의 습성, 특징 및 사육방법

  나) 등록대상동물을 판매하는 경우에는 **등록 및 변경신고 방법·기간 및 위반 시 과태료 부과에 관한 사항 등** 동물등록제도의 세부내용

5) 「소비자기본법 시행령」 제8조제3항에 따른 소비자분쟁해결기준에 따라 **다음의 내 용을 포함한 계약서와 해당 내용을 증명하는 서류를 판매할 때 제공**해야 하며, **계약서를 제공할 의무가 있음을** 영업장 내부**(전자상거래 방식으로 판매하는 경우 에는 인터넷 홈페이지 또는 휴대전화에서 사용되는 응용프로그램을 포함한다)의** 잘 보이는 곳에 게시해야 한다.

가) 동물판매업 등록번호, 업소명, 주소 및 전화번호

나) 동물의 출생일자 및 판매업자가 입수한 날

다) 동물을 생산(수입)한 동물생산(수입)업자 업소명 및 주소

라) 동물의 종류, 품종, 색상 및 판매 시의 특징

마) 예방접종, 약물투여 등 수의사의 치료기록 등

바) 판매 시의 건강상태와 그 증빙서류

사) 판매일 및 판매금액

아) 판매한 동물에게 질병 또는 사망 등 건강상의 문제가 생긴 경우의 처리방법

자) 등록된 동물인 경우 그 등록내역

6) 5)에 따른 계약서의 예시는 다음과 같고, 동물판매업자는 다음 계약서의 기재사항을 추가하거나 순서를 변경하는 등 수정해서 사용할 수 있다.

반려동물 매매 계약서(예시)

1. 계약내용

매매(분양)금액	금 원 정 (₩)	인도(분양)일	년 월 일

2. 반려동물 기본 정보

동물의 종류		품 종		성별	암 / 수
출생일		부		모	
입수일		생산자/수입자 정보	업소명 및 주소, 전화번호		
털색		동물등록번호 (등록대상 동물만 적습니다)			
특징					

3. 건강상태 및 진료 사항(예방접종기록 포함)

현재 상태	[ ]양호 [ ]이상 [ ]치료 필요		중성화 여부	[ ]예 [ ]아니오	
세부 기록	일자	질병명 또는 상태	처치내역	비고	

4. 분쟁해결기준

1) 구입 후 15일 이내 폐사한 경우	동종의 반려동물로 교환 또는 구입 금액 환급(다만, 소비자의 중대한 과실로 인하여 피해가 발생한 경우에는 배상을 요구할 수 없음)
2) 구입 후 15일 이내 질병이 발생한 경우	판매업소(사업자)가 제반비용을 부담하여 회복시켜 소비자에게 인도. 다만, 업소 책임하의 회복기간이 30일을 경과하거나, 판매업소 관리 중 폐사 시에는 동종의 반려동물로

		교환 또는 구입가 환급
3) 계약서를 교부하지 않은 경우		계약해제(다만, 구입 후 7일 이내)

5. 매수인(입양인) 주의사항

– 반려동물의 관리에 관한 사항으로 사업자가 반려동물별로 작성합니다.
– 다만, 소비자의 중대한 과실에 해당할 수 있어 분쟁해결기준에 따른 배상이 제한될 수 있는 주의사항은 일반적인 주의사항과 구분하여 적시합니다.

위와 같이 계약을 체결하고 계약서 2통을 작성, 서명날인 후 각각 1통씩 보관한다.

년   월   일

매도인 (분양인)	주소			서명 날인	(인)
	영업등록번호				
	연락처		성명		
매수인 (입양인)	주소			서명 날인	(인)
	연락처		성명		

7) 별표 9 제2호나목2)에 따른 기준을 갖추지 못한 곳에서 경매방식을 통한 동물의 거래를 알선·중개해서는 안 된다.

8) 온라인을 통해 홍보하는 경우에는 등록번호, 업소명, 주소 및 전화번호를 잘 보이는 곳에 표시해야 한다.

9) 동물판매업자 중 경매방식을 통한 거래를 알선·중개하는 동물판매업자는 다음 사항을 준수해야 한다.

　　가) 경매수수료를 경매참여자에게 미리 알려야 한다.

　　나) 경매일정을 시장·군수·구청장에게 경매일 10일 전까지 통보해야 하고, 통보한 일정을 변경하려는 경우에는 시장·군수·구청장에게 경매일 3일 전까지 통보해야 한다.

　　다) 수의사로 하여금 경매되는 동물에 대해 검진하도록 해야 한다.

　　라) 준비실에서는 경매되는 동물이 식별이 가능하도록 구분해야 한다.

　　마) 경매되는 동물의 출하자로부터 별지 제29호서식의 동물생산·판매·수입업 개체관리카드를 제출받아 기재내용을 확인해야 하며, 제출받은 개체관리카드에 기본정보, 판매일, 건강상태·진료사항, 구입기록 및 판매기록이 기재된 경우에만 경매를 개시해야 한다.

　　바) 경매방식을 통한 거래는 경매일에 경매 현장에서 이루어져야 한다.

　　사) 경매에 참여하는 자에게 경매되는 동물의 출하자와 동물의 건강상태에 관한 정

보를 제공해야 **한다.**

아) 경매 상황을 녹화하여 30일간 보관해야 한다.

10) 별지 제30호서식의 영업자 실적 보고서를 다음 연도 1월 말일까지 시장·군수·구청장에게 제출해야 한다.

다. 동물수입업자

1) 동물수입업자는 수입국과 수입일 등 검역과 **관련된 서류 등을 수입일로부터 2년 이상 보관**해야 한다.

2) 별지 제30호서식의 영업자 **실적 보고서를 다음 연도 1월 말일까지 시장·군수·구청장에게 제출**해야 한다.

3) 동물수입업자가 **동물을 직접 판매하는 경우에는 동물판매업자의 준수사항을 지켜야 한다.**

라. 동물생산업자

1) **사육하는 동물에게** 주 1회 이상 정기적으로 운동할 기회를 제공**해야 한다.**

2) 사육실 내 질병의 발생 및 확산에 주의하여야 하고, 백신 접종 등 질병에 대한 **예방적 조치를 취한 후 개체관리카드**에 이를 기입하여 관리해야 한다.

3) **사육·관리하는 동물에 대해서** 털 관리, 손·발톱 깎기 및 이빨 관리 **등을** 연 1회 이상 **실시하여 동물을 건강하고 위생적으로 관리해야 하며, 그 내역을** 기록**해야 한다.**

4) 월령이 12개월 미만인 개·고양이는 교배 및 출산시킬 수 없고, 출산 후 다음 출산 사이에 8개월 이상의 기간을 두어야 한다.

5) 개체관리카드에 출산 날짜, 출산동물 수, 암수 구분 등 출산에 관한 정보를 포함하여 작성·관리해야 한다.

6) **노화 등으로 번식능력이 없는 동물은 보호하거나 입양되도록 노력해야 하고,** 동물을 유기하거나 폐기를 목적으로 거래해서는 안 된다.

7) 질병이 있거나 상해를 입은 동물은 즉시 격리하여 치료**받도록 하고, 해당 동물이 회복될 수 없거나 다른 동물에게 질병을 옮기거나 위해를 끼칠 우려가 높다고 수의사가 진단한 경우에는 수의사가 인도적인 방법으로 처리**하도록 **해야 한다.** 이 경우, 안락사 처리내역, 사유 및 수의사의 성명 등을 개체관리카드에 기록**해야 한다.**

8) 별지 제30호서식의 영업자 실적 보고서를 다음 연도 1월 말일까지 **시장·군수·구청장에게 제출**하여야 한다.

9) **동물을 직접 판매하는 경우 동물판매업자의 준수사항을 지켜야 한다.**

마. 동물전시업자
1) 전시하는 개 또는 고양이는 월령이 6개월 이상이어야 하며, 등록대상 동물인 경우에는 동물등록을 해야 한다.
2) 전시된 동물에 대해서는 정기적인 예방접종과 구충을 실시하고, 매년 1회 검진을 해야 하며, 건강에 이상이 있는 것으로 의심되는 경우에는 격리한 후 수의사의 진료 및 적절한 치료를 해야 한다.
3) 전시하는 개 또는 고양이는 안전을 위해 체중 및 성향에 따라 구분·관리해야 한다.
4) 영업시간 중에도 동물이 자유롭게 휴식을 취할 수 있도록 해야 한다.
5) 전시하는 동물은 하루 10시간 이내로 전시해야 하며, 10시간이 넘게 전시하는 경우에는 별도로 휴식시간을 제공해야 한다.
6) 동물의 휴식 시에는 몸을 숨기거나 운동이 가능한 휴식공간을 제공해야 한다.
7) 깨끗한 물과 사료를 충분히 제공해야 하며, 사료나 간식 등을 과도하게 섭취하지 않도록 적절히 관리해야 한다.
8) 전시하는 동물의 배설물은 영업장과 동물의 위생관리, 청결유지를 위해서 즉시 처리해야 한다.
9) 전시하는 동물을 생산이나 판매의 목적으로 이용해서는 안 된다.

바. 동물위탁관리업자
1) 위탁관리하고 있는 동물에게 정기적으로 운동할 기회를 제공해야 한다.
2) 사료나 간식 등을 과도하게 섭취하지 않도록 적절히 관리해야 한다.
3) 동물에게 건강상 위해요인이 발생하지 아니하도록 영업관련 시설 및 설비를 위생적이고 안전하게 관리해야 한다.
4) 위탁관리하고 있는 동물에게 건강 문제가 발생하거나 이상 행동을 하는 경우 즉시 소유주에게 알려야 하며 병원 진료 등 적절한 조치를 취해야 한다.
5) 위탁관리하고 있는 동물은 안전을 위해 체중 및 성향에 따라 구분·관리해야 한다.
6) 영업자는 위탁관리하는 동물에 대한 다음의 내용이 담긴 계약서를 제공해야 한다.
  가) 등록번호, 업소명 및 주소, 전화번호
  나) 위탁관리하는 동물의 종류, 품종, 나이, 색상 및 그 외 특이사항
  다) 제공하는 서비스의 종류, 기간 및 비용
  라) 위탁관리하는 동물에게 건강 문제가 발생했을 때 처리방법
  마) 위탁관리하는 동물을 위탁관리 기간이 종료된 이후에도 일정기간 찾아가지 않는 경우의 처리 방법 및 절차

7) 동물을 위탁관리하는 동안에는 관리자가 상주하거나 관리자가 해당 동물의 상태를 수시로 확인할 수 있어야 한다.

사. 동물미용업자

1) 동물에게 건강 문제가 발생하지 않도록 시설 및 설비를 위생적이고 안전하게 관리해야 한다.
2) 소독한 미용기구와 소독하지 않은 미용기구를 구분하여 보관해야 한다.
3) 미용기구의 소독방법은 「공중위생관리법 시행규칙」 별표 3(참조 1)에 따른 이용기구 및 미용기구의 소독기준 및 방법에 따른다.
4) 미용을 위하여 마취용 약품을 사용하는 경우 「수의사법」 등 관련 법령의 기준에 따른다.

참조 1

「공중위생관리법 시행규칙」 [별표 3] 〈개정 2010.3.19〉

이용기구 및 미용기구의 소독기준 및 방법(제5조관련)

Ⅰ. 일반기준

1. **자외선소독** : 1㎠당 85㎼ 이상의 자외선을 **20분 이상** 쬐어준다.
2. **건열멸균소독** : 섭씨 100℃ 이상의 건조한 열에 **20분 이상** 쐬어준다.
3. **증기소독** : 섭씨 100℃ 이상의 습한 열에 **20분 이상** 쐬어준다
4. **열탕소독** : 섭씨 100℃ 이상의 물속에 **10분 이상** 끓여준다.
5. **석탄산수소독** : 석탄산수(석탄산 3%, 물 97%의 수용액을 말한다)에 **10분 이상** 담가둔다.
6. **크레졸소독** : 크레졸수(크레졸 3%, 물 97%의 수용액을 말한다)에 **10분 이상** 담가둔다.
7. **에탄올소독** : 에탄올수용액(에탄올이 70%인 수용액을 말한다. 이하 이 호에서 같다)에 10분 이상 담가두거나 **에탄올수용액을 머금은 면 또는 거즈로 기구의 표면을 닦아준다.**

Ⅱ. 개별기준
이용기구 및 미용기구의 종류·재질 및 용도에 따른 구체적인 소독기준 및 방법은 보건복지부장관이 정하여 고시(참조 2)한다.

참조 2

이용·미용기구별 소독기준 및 방법

[시행 2021. 1. 5.] [보건복지부고시 제2021-2호, 2021. 1. 5., 타법개정.]

1. 공통기준

가. 소독을 한 기구와 소독을 하지 아니한 기구로 **분리하여 보관**한다.

나. 소독 전에는 브러쉬나 솔을 이용하여 표면에 붙어있는 머리카락 등의 이물질을 제거한 후, 소독액이 묻어있는 천이나 거즈를 이용하여 표면을 닦아낸다.

다. 사용 중 혈액이나 체액이 묻은 기구는 소독하기 전, **흐르는 물에 씻어 혈액 및 체액을 제거한 후** 소독액이 묻어있는 일회용 천이나 거즈를 이용하여 표면을 닦아 물기를 제거한다.

라. 기타 사항

(1) 각 손님에게 세탁된 타올이나 도포류를 제공하여야 하며, 한번 사용한 타올이나 도포류는 **사용 즉시 구별이 되는 용기에 세탁 전까지 보관**하여야 한다.

(2) 사용한 타올이나 도포류는 세제로 세탁한 후 건열멸균소독·증기소독·열탕소독 중 한 방법을 진행한 후 건조하거나, 0.1% 차아염소산나트륨용액(유효염소농도 1000 ppm)에 10분간 담가둔 후 세탁하여 건조하기를 권장한다.

(3) 혈액이 묻은 타올, 도포류는 폐기한다.

(4) 스팀타올은 사용전 80℃이상의 온도에서 보관하고, 사용시 적정하게 식힌 후 사용하고 사용 후에는 타올 및 도포류와 동일한 방법으로 소독한다.

2. 기구별 소독기준

　　가. 기구사용 후

기구명	위험도	소독 방법
• 가위 • 바리캉, 클리퍼 • 푸셔 • 빗	피부감염 및 혈액으로 인한 바이러스 전파 우려	① 표면에 붙은 이물질과 머리카락 등을 제거한다. ② 위생티슈 또는 소독액이 묻은 천이나 거즈로 날을 중심으로 표면을 닦는다. ③ 마른 천이나 거즈를 사용하여 물기를 제거한다.
• 토우세퍼레이터 • 라텍스 • 퍼프 • 해면	감염매체의 전달이나 자체 감염 우려	① 천을 이용하여 표면의 이물질을 닦아낸다. ② 세척 후 소독액에 10분이상 담근 후 흐르는 물에 헹구고 물기를 제거한다. ③ 자외선 소독 후 별도의 용기에 보관한다.
• 브러쉬 　(화장, 분장용)	감염매체의 전달이나 자체 감염 우려	① 표면의 이물질을 제거한다. ② 세척제를 사용하여 세척한다. ③ 자외선 소독 후 별도의 용기에 보관한다.

> ※ 기구명은 현재 일반적으로 이·미용업소에서 주로 사용·지칭하는 용어를 사용
> 나. 영업종료 후
> (1) 이물질 등을 제거하고 일반기준에 의해 소독작업 후, 별도의 용기에 보관하여 위생적
>   으로 관리하여야 한다.
>
> 3. 재검토기한 : 보건복지부장관은 이 고시에 대하여「훈령·예규 등의 발령 및 관리에
>   관한 규정」에 따라 2021년 1월 1일을 기준으로 매3년이 되는 시점(매 3년째의 12
>   월 31일까지를 말한다)마다 그 타당성을 검토하여 개선 등의 조치를 하여야 한다.

아. 동물운송업자
  1) 법 제9조에 따른 동물운송에 관한 기준을 준수해야 한다.
  2) 동물의 질병 예방 등을 위해 동물을 운송하기 전과 후에 동물을 운송하는 차량
     에 대한 소독을 실시해야 한다.
  3) 동물의 종류, 품종, 성별, 마릿수, 운송일 및 소독일자를 기록하여 비치해야 한다.
  4) 2시간 이상 이동 시 동물에게 적절한 휴식시간을 제공해야 한다.
  5) 2마리 이상을 운송하는 경우에는 개체별로 분리해야 한다.
  6) 동물의 운송 운임은 동물의 종류, 크기 및 이동 거리 등을 고려하여 산정해야
     하고, 소유주 등 사람의 동승 여부에 따라 운임이 달라져서는 안 된다.

행정처분기준(제45조 관련)

1. 일반기준

가. 법 위반행위에 대한 행정처분은 다른 법률에 별도의 처분기준이 있는 경우 외에는 이 기준에 따르며 영업정지처분기간 **1개월은 30일**로 본다.

나. 위반행위가 둘 이상인 경우로서 그에 해당하는 각각의 처분기준이 다른 경우에는 그 중 무거운 처분기준에 따르며, 둘 이상의 처분기준이 같은 영업정지인 경우에는 **무거운 처분기준의 2분의 1까지** 늘릴 수 있다. 이 경우 각 처분기준을 합산한 기간을 초과할 수 없다.

다. 하나의 위반행위에 대한 처분기준이 **둘 이상인 경우에는 그 중 무거운 처분기준에 따라 처분한다.**

라. 위반행위의 횟수에 따른 행정처분기준은 **최근 2년간** 같은 위반 행위로 행정처분을 받은 경우에 적용한다. 이 경우 행정처분 기준의 적용은 같은 위반행위에 대하여 최초로 행정처분을 한 날과 다시 같은 유형의 위반행위를 적발한 날을 기준으로 한다.

마. 처분권자는 위반행위의 동기·내용·횟수 및 위반의 정도 등 다음에 해당하는 사유를 고려하여 그 처분을 가중하거나 감경할 수 있다. 이 경우 그 처분이 영업정지인 경우에는 그 처분기준의 2분의 1의 범위에서 가중하거나 감경할 수 있고, 등록취소인 경우에는 6개월 이상의 영업정지 처분으로 감경할(법 제38조제1항제1호에 해당하는 경우는 제외한다) 수 있다.

    1) **가중사유**

        가) 위반행위가 사소한 부주의나 오류가 아닌 고의나 중대한 과실에 의한 것으로 인정되는 경우

        나) 위반의 내용·정도가 중대하여 소비자에게 미치는 피해가 크다고 인정되는 경우

    2) **감경사유**

        가) 위반행위가 고의나 중대한 과실이 아닌 사소한 부주의나 오류로 인한 것으로 인정되는 경우

        나) 위반의 내용·정도가 경미하여 소비자에게 미치는 피해가 적다고 인정되는 경우

        다) 위반 행위자가 처음 해당 위반행위를 한 경우로서 5년 이상 해당 영업을 모범적으로 해온 사실이 인정되는 경우

        라) 위반 행위자가 해당 위반행위로 인하여 검사로부터 기소유예 처분을 받거나 법

원으로부터 선고유예의 판결을 받은 경우

마) 그 밖에 해당 영업에 대한 정부정책상 필요하다고 인정되는 경우

2. 개별기준

위반사항	근거 법조문	행정처분기준		
		1차 위반	2차 위반	3차 이상 위반
가. 거짓이나 그 밖의 부정한 방법으로 등록을 하거나 허가를 받은 것이 판명된 경우	법 제38조 제1항제1호	등록(허가) 취소		
나. 법 제8조제1항부터 제3항까지의 규정을 위반하여 동물에 대한 학대행위 등의 행위를 한 경우	법 제38조 제1항제2호	영업정지 1개월	영업정지 3개월	영업정지 6개월
다. 등록 또는 허가를 받은 날부터 1년이 지나도 영업을 시작하지 않은 경우	법 제38조 제1항제3호	등록(허가) 취소		
라. 법 제32조제1항 각 호 외의 부분에 따른 기준에 미치지 못하게 된 경우	법 제38조 제1항제4호			
1) 동물판매업자(경매방식을 통한 거래를 알선·중개하는 동물판매업자로 한정한다) 및 동물생산업자의 경우		영업정지 15일	영업정지 1개월	영업정지 3개월
2) 1) 외의 영업자의 경우		영업정지 7일	영업정지 15일	영업정지 1개월
마. 법 제33조제2항 및 제34조제2항에 따라 변경신고를 하지 않은 경우	법 제38조 제1항제5호	영업정지 7일	영업정지 15일	영업정지 1개월
바. 법 제36조에 따른 준수사항을 지키지 않은 경우	법 제38조 제1항제6호			
1) 동물판매업자(경매방식을 통한 거래를 알선·중개하는 동물판매업자로 한정한다) 및 동물생산업자의 경우		영업정지 15일	영업정지 1개월	영업정지 3개월
2) 1) 외의 영업자의 경우		영업정지 7일	영업정지 15일	영업정지 1개월

한권으로 정리하는 동물보호법

[별표 12] 〈개정 2018. 3. 22.〉

등록 등 수수료(제48조 관련)

1. 등록대상동물의 등록
가. 신규
1) 내장형 무선식별장치를 삽입하는 경우: **1만원**(무선식별장치는 소유자가 직접 구매하거나 지참하여야 한다)
2) 외장형 무선식별장치 또는 등록인식표를 부착하는 경우: **3천원**(무선식별장치 또는 등록인식표는 소유자가 직접 구매하거나 지참하여야 한다)
나. 변경신고
소유자가 변경된 경우, 소유자의 주소, 전화번호가 변경된 경우, 등록대상동물을 잃어버리거나 죽은 경우 또는 등록대상동물 분실신고 후 다시 찾은 경우 시장·군수·구청장에게 서면을 통해 신고하는 경우: **무료**

2. 동물복지축산농장 인증
가. 신청비: 1건당 10만원
나. 인증심사원의 출장비
1) 「공무원여비규정」에 따른 5급공무원 상당의 지급기준을 적용하고, 인증신청인이 부담한다.
2) 출장기간은 인증심사에 소요되는 기간 및 목적지까지 왕복에 소요되는 기간을 적용하고, 출장인원은 실제 심사에 필요한 인원을 적용한다.

3. 영업의 등록·허가·신고 또는 변경신고
가. 영업등록 또는 영업허가: 1만원
나. 영업자 지위승계 신고: 1만원
다. 등록사항 또는 허가사항의 변경신고: 1만원
라. 등록증 또는 허가증의 재교부: 5천원

■ 동물보호법 시행규칙 [별지 제1호서식] 〈개정 2022. 1. 20.〉

동물등록 [ ] 신청서   [ ] 변경신고서

※ 아래의 신청서(신고서) 작성 유의사항을 참고하여 작성하시고 바탕색이 어두운 난은 신청인(신고인)이 적지
않으며, [   ]에는 해당되는 곳에 √ 표시를 합니다.
※ 동물등록번호란과 변경사항란은 변경신고 시 해당 사항이 있는 경우에만 적습니다.   (앞쪽)

접수번호		접수일시	처리일	처리기간	10일

신청인 (신고인)	성명(법인명)		주민등록번호 (외국인등록번호, 법인등록번호)		전화번호	
	주소(법인인 경우에는 주된 사무소의 소재지) ※ 현재 거주지가 주소와 다를 경우 현재 거주지 주소를 함께 기재합니다.					

동물관리자 (신청인이 법인인 경우)	성명	직위	전화번호	관리장소(주소)

동물	동물등록번호								
	이름	품종	털색깔	성별	중성화	출생일	취득일		특이사항
				암 수	여 부				

변경사항	구분	변경 전	변경 후
	소유자		
	주소		
	전화번호		
	무선식별장치 및 등록인식표의 분실 또는 훼손으로 인한 동물등록번호		
	기타 [ ] 등록대상동물의 분실 [ ] 등록대상동물의 사망 [ ] 등록대상동물의 분실 후 회수 [ ] 기타		

한권으로 정리하는 동물보호법

변경사유 발생일	
등록대상동물 분실 또는 사망 장소	
등록대상동물 분실 또는 사망 사유	

「동물보호법」 제12조제1항·제2항 및 같은 법 시행규칙 제8조제1항 및 제9조제2항에 따라 위와 같이 동물등록(변경)을 신청(신고)합니다.

년   월   일

신청인(신고인)   (서명 또는 인)

(시장·군수·구청장) 귀하

210mm×297mm[백상지(80g/㎡) 또는 중질지(80g/㎡)]

(뒤쪽)

첨부서류	1. 동물등록증(변경신고 시) 2. 등록동물이 죽었을 경우에는 그 사실을 증명할 수 있는 자료 또는 그 경위서	수수료	
		신규, 무선식별장치 및 등록인식표의 분실 또는 훼손	변경
		1. 무선식별장치 체내삽입: 1만원 2. 무선식별장치 체외부착: 3천원 3. 등록인식표의 부착: 3천원	무료
담당공무원 확인사항	1. 개인인 경우: 주민등록표 초본 또는 외국인등록사실증명 2. 법인인 경우: 법인 등기사항증명서		

행정정보 공동이용 동의서

본인은 이 건 업무처리와 관련하여 「전자정부법」 제36조제1항에 따른 행정정보의 공동이용을 통하여 담당 공무원이 위 담당공무원 확인사항을 확인하는 것에 동의합니다.

* 동의하지 않는 경우 해당 서류를 제출하여야 합니다.

신청인(신고인)   (서명 또는 인)

[동의]

1. 동물등록 업무처리를 목적으로 위 신청인(신고인)의 정보와 신청(신고)내용을 등록 유효기간 동안 수집·이용하는 것에 동의합니다.
신청인(신고인)   (서명 또는 인)

2. 유기·유실동물의 반환 등의 목적으로 등록대상동물의 소유자의 정보와 등록내용을 활용할 수 있도록 해당 지방자치단체 등에 제공함에 동의합니다.
신청인(신고인)   (서명 또는 인)

1. 등록대상동물의 소유자는 등록대상동물을 잃어버린 경우에는 잃어버린 날부터 10일 이내에, 다음 각 목의 사항이 변경된 경우에는 변경된 날부터 30일 이내에 변경신고를 하여야 합니다.

   가. 소유자(법인인 경우에는 법인 명칭이 변경된 경우를 포함합니다)

   나. 소유자의 주소 및 전화번호(법인인 경우에는 주된 사무소의 소재지 및 전화번호를 말합니다)

   다. 등록대상동물이 죽은 경우

   라. 등록대상동물 분실 신고 후, 그 동물을 다시 찾은 경우

   마. 무선식별장치 또는 등록인식표를 잃어버리거나 헐어 못 쓰게 되는 경우

2. 잃어버린 동물에 대한 정보는 동물보호관리시스템(www.animal.go.kr)에 공고됩니다.

3. 소유자의 주소가 변경된 경우, 전입신고 시 변경신고가 있는 것으로 봅니다.

4. 소유자의 주소나 전화번호가 변경된 경우, 등록대상동물이 죽은 경우 또는 등록대상동물 분실 신고 후 그 동물을 다시 찾은 경우에는 동물보호관리시스템(www.animal.go.kr)을 통해 변경 신고를 할 수 있습니다.

처리절차

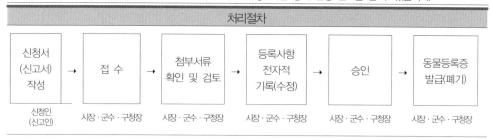

신청서 (신고서) 작성	→	접 수	→	첨부서류 확인 및 검토	→	등록사항 전자적 기록(수정)	→	승인	→	동물등록증 발급(폐기)
신청인 (신고인)		시장·군수·구청장		시장·군수·구청장		시장·군수·구청장		시장·군수·구청장		시장·군수·구청장

■ 동물보호법 시행규칙 [별지 제2호서식] 〈개정 2021. 6. 17.〉

(앞쪽)

동물등록증

동물등록번호:

소유자 정보

  성명(법인명):

  주소   :

  전화번호   :

동물의 정보

  이름: 성별: 중성화: O/X

  동물의종류: 품종: 털색깔:

  출생일: 취득일: 특이사항:

「동물보호법」 제12조제1항 및 같은 법 시행규칙 제8조제2항,

제9조제3항에 따라 위와 같이 등록되었음을 증명합니다.

년   월   일

시장 · 군수 · 구청장 직인

100mm×60mm[백상지(150g/㎡)]

(뒤쪽)

변경내용		일자/ 확인 서명 또는 날인
(변경항목)	(변경내용)	(일자)/ (확인 서명 또는 날인)

* 이 등록증을 습득하신 분은 가까운 우체통에 넣어주십시오.
관할 시장 · 군수 · 구청장의 주소 및 전화번호:

비고 : 동물등록증의 재질과 규격은 지방자치단체의 여건을 고려하여 변경이 가능

합니다.

■ 동물보호법 시행규칙 [별지 제3호서식] 〈개정 2017. 7. 3.〉

동물등록증 재발급 신청서

※ 바탕색이 어두운 난은 신청인이 적지 않으며, [ ]에는 해당되는 곳에 √ 표시를 합니다.

접수번호		접수일	처리일		처리기간	3일

소유자	성명		주민등록번호		전화번호	
	주민등록주소			현거주지주소		

동물	동물등록번호									
	이름	품종	털색깔	성별		중성화		생년월(일)	취득일	특이사항
				암	수	여	부			

신청사유	[ ] 동물등록증 분실	신청사유 발생일	
	[ ] 동물등록증 훼손	동물등록증 분실장소	
	[ ] 그 밖의 사유:		

「동물보호법」 제12조제1항·제2항과 같은 법 시행규칙 제8조제3항에 따라 위와 같이 동물등록증의 재발급을 신청합니다.

년   월   일

신청인

(서명 또는 인)

(시장·군수·구청장) 귀하

첨부서류	없음	수수료
담당 공무원 확인사항 (동의하지 않는 경우 해당 제출 서류)	동물 소유자의 주민등록표 초본	무료

행정정보 공동이용 동의서

본인은 이 건 업무처리와 관련하여 「전자정부법」 제36조제1항에 따른 행정정보의 공동이용을 통하여 담당 공무원이 주민등록표 초본을 확인하는 것에 동의합니다.

신청인

(서명 또는 인)

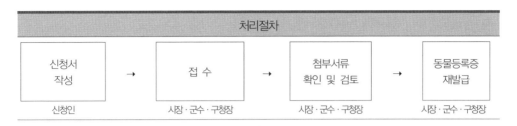

처리절차						
신청서 작성	→	접 수	→	첨부서류 확인 및 검토	→	동물등록증 재발급
신청인		시장·군수·구청장		시장·군수·구청장		시장·군수·구청장

210㎜×297㎜[백상지(80g/㎡) 또는 중질지(80g/㎡)]

1
—
동물보호법   시행규칙

■ 동물보호법 시행규칙 [별지 제4호서식] 〈개정 2018. 3. 22.〉

동물보호센터 지정신청서

※ 아래의 신청서 작성 유의사항을 참고하시어 작성하시고 바탕색이 어두운 난은 신청인이 적지 않습니다.

접수번호	접수일시	처리일	처리기간 40일

신청인	기관명	
	성명(대표자)	주민등록번호
	소재지	

구조 · 보호 대상 동물	

「동물보호법」 제15조제5항 및 같은 법 시행규칙 제15조제2항에 따라 동물보호센터의 지정을 신청합니다.

년   월   일

신청인
(서명 또는 인)

(시 · 도지사 · 시장 · 군수 · 구청장) 귀하

첨부서류	1. 「동물보호법 시행규칙」 별표 4의 기준을 충족하는 증명하는 자료 2. 동물의 구조 · 보호조치에 필요한 건물 및 시설의 명세서 1부 3. 동물의 구조 · 보호조치에 종사하는 인력현황 1부 4. 동물의 구조 · 보호실적(실적이 있는 경우만 제출합니다) 1부 5. 사업계획서 1부	수수료 없음

유의사항

1. 「동물보호법 시행규칙」 제15조제2항에 따라 시 · 도지사(시장 · 군수 · 구청장)이 공고하는 기간 내에 제출하여야 합니다.
2. 검토 시 「동물보호법 시행규칙」 제15조제1항에 따른 동물보호센터 시설기준의 충족 여부를 확인합니다.

처리절차

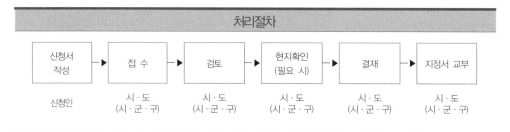

210mm×297mm[백상지(80g/㎡) 또는 중질지(80g/㎡)]

지정번호 제   호

동물보호센터 지정서

기관명

성명(대표자)	생년월일
소재지	전화번호

구조 · 보호대상 동물

유효기간

지정조건

「동물보호법」 제15조제4항 및 같은 법 시행규칙 제15조제3항에 따라 동물보호센터로 지정합니다.

년   월   일

시 · 도지사

시장 · 군수 · 구청장   직인

210mm×297mm[백상지(150g/㎡)]

■ 동물보호법 시행규칙 [별지 제6호서식] 〈개정 2016.1.21.〉

공고 번호 제   호

동물보호 공고문

「동물보호법」 제17조, 같은 법 시행령 제7조 및 같은 법 시행규칙 제20조에 따라 구조된 동물의 보호상황을 아래와 같이 공고합니다.

1. 동물의 정보

축종		보호동물사진 (5X6Cm)
품종		
털색		
성별	암 / 수 / 미상	
중성화 여부	예 / 아니오 / 미상	
특징		

2. 구조 정보

구조일	
구조사유	
구조장소	
공고기간	

3. 동물보호센터 안내

관할보호센터명		대표자	
주소			
전화번호			

4. 기타

위 동물을 잃어버린 소유자는 보호센터로 문의하시어 동물을 찾아가시기 바랍니다. 다만, 「동물보호법」 제19조 및 같은 법 시행규칙 제21조에 따라 소유자에게 보호비용이 청구될 수 있습니다. 또한 「동물보호법」 제17조에 따른 공고가 있는 날부터 10일이 경과하여도 소유자등을 알 수 없는 경우에는 「유실물법」 제12조 및 「민법」 제253조의 규정에도 불구하고 해당 시 · 도지사 또는 시장 · 군수 · 구청장이 그 동물의 소유권을 취득하게 됩니다.

년   월   일

(시 · 도지사, 시장 · 군수 · 구청장)   직인

210mm×297mm[백상지(150g/㎡)]

■ 동물보호법 시행규칙 [별지 제7호서식] 〈개정 2016.1.21.〉

보호동물 개체관리카드

1. 관리번호						
2. 구조정보	신고일		구조일			
	신고자		주소(전화번호)			
	구조자		구조장소			
	기타					
3. 동물정보	축종		품종		성별	암 / 수 / 미상
	나이		중성화	O / X / 미상	체중	
	특징					

1
시행규칙
동물보호법

4. 보호동물 사진

보호동물 사진1(3X4Cm)	보호동물 사진2(3X4Cm)	보호동물 사진3(3X4Cm)

5. 건강상태 및 진료 사항

일자	담당자	내용

6. 처리결과

처리일	처리결과	내용				비고
년 월 일	[ ] 반환 [ ] 분양 [ ]기증	이름		생년월일		
		주소		연락처		
		동물등록 번호				
	[ ]폐사 [ ]안락사	사유		확인자		
	[ ]방사	방사장소		확인자		
	[ ]기타					

7. 기타

210㎜×297㎜[백상지(150g/㎡)]

■ 동물보호법 시행규칙 [별지 제8호서식] 〈개정 2016.1.21.〉

보호동물 관리대장

연번	신고내역			구조내역			개체정보						보호내역			처리결과		비고
	신고일 신고자	주소	전화번호	구조일	장소 구조자	축종 품종	나이	성별	체중	특징		건강상태	치료 및 치료	기타	처리일	방법 내용	
1																	
2																	
3																	
4																	
5																	
6																	
7																	
8																	
9																	
10																	

364mm × 257mm[백상지(80g/㎡)]

비용징수통지서 (O차)

비용 납부자	성명		전화번호	
	생년월일			
	주소			

납부사유	

납부액	원	납부장소	
납부기한	년 월 일까지	산출내역	별 첨

「동물보호법」 제19조제2항 및 같은 법 시행규칙 제21조에 따라 동물의 보호비용을 징수하려고 하오니 위의 금액을 납부기한까지 납부하여 주시기 바랍니다.

년   월   일

시 · 도지사
시장 · 군수 · 구청장

직인

안내	1. 「유실물법」 제12조·「민법」 제253조에도 불구하고 「동물보호법」 제17조에 따라 공고한 날부터 10일이 지나도 동물의 소유자등을 알 수 없는 경우, 동물의 소유권을 포기한 경우, 동물의 소유자가 보호비용의 납부기한이 종료된 날부터 10일이 지나도 보호비용을 납부하지 않는 경우 또는 동물의 소유자를 확인한 날부터 10일이 지나도 정당한 사유 없이 동물의 소유자와 연락이 되지 않거나 소유자가 반환받을 의사를 표시하는 않는 경우에는 동물의 소유권이 시·도(시·군·구)로 귀속됩니다.
	2. 「동물보호법」 제20조제2호에 따라 동물의 소유권을 포기한 경우에는 비용의 전부가 면제될 수 있습니다.
	3. 보호비용을 납부기한까지 내지 않은 경우에는 보호비용에 납부기한 다음 날부터 납부일까지 「소송촉진 등에 관한 특례법」 제3조제1항에 따른 이율의 이자가 가산됩니다.
	4. 이 통지서에 이의가 있는 경우에는 통지서를 받은 날부터 90일 이내에 「행정심판법」에 따른 행정심판을 청구하거나 「행정소송법」에 따른 행정소송을 제기할 수 있습니다.

210mm×297mm[백상지(80g/㎡)]

동물실험윤리위원회 운영 실적(년) 통보서

(앞쪽)

동물실험 시행기관	명칭	
	주소	
	전화번호	
동물실험 윤리위원회	등록번호	
	명칭	
	주소	
	전화번호	
	전자우편(E-mail)	

「동물보호법」 제26조제4항, 같은 법 시행령 제12조제6항 및 같은 법 시행규칙 제25조에 따라 동물실험윤리위원회의 운영 실적을 아래와 같이 통지합니다.

년   월   일

동물실험시행기관장

(서명 또는 인)

(농림축산검역본부장) 귀하

1. 위원 현황 (총   명)

성 명	전문분야	소속

2. 위원회 개최 횟수 (회)

3. 위원회의 동물실험 실태 확인 및 평가에 관한 사항

　가. 동물실험시행기관에 대한 위원회의 확인 및 평가(필요조치 요구 내용을 포함)

　나. 동물실험시행기관의 운영자 또는 종사자에 대한 교육 훈련 등에 대한 위원회의 확인 및 평가

　다. 실험동물의 생산·도입·관리·실험 및 이용과 실험이 끝난 후 해당 동물의 처리에 관한 위원회의 확인 및 평가

4. 위원회의 동물실험계획의 심의 및 승인

심사 건수	승인 건수	변경 승인 건수	미승인 건수

210㎜×594㎜[백상지(80g/㎡)]

5. 고통의 정도에 따른 동물 사용량 (단위: 마리)

동물 종	정도	등급 A	등급 B	등급 C	등급 D	등급 E	합계 (C+D+E)	종별 총계 (B+C+D+E)
설치류	마우스							
	랫드							
	기니피그							
	햄스터류							
	기타 설치류							
토 끼								
원숭이류	원숭이류 (영장류)							
	원숭이류 (비영장류)							
포유류	개							
	고양이							
	미니피그							
	돼지							
	소							
	염소							
	기타 포유동물							
조류	조류(닭)							
	기타 조류							
파 충 류								
양 서 류								
어 류								
기타 척추동물								
기 타								
총 계								

등급 A: 생물개체를 이용하지 아니하거나 세균, 원충 및 무척추동물을 사용한 실험, 교육, 연구, 수술 또는 시험

등급 B: 실험, 교육, 연구, 수술 또는 시험을 목적으로 사육, 적응 또는 유지되는 척추동물

등급 C: 척추동물을 대상으로 고통이나 억압이 없고, 고통을 줄여주는 약물을 사용하지 아니하는 실험, 교육, 연구, 수술 또는 시험

등급 D: 척추동물을 대상으로 고통이나 억압을 동반하는 실험, 교육, 연구, 수술 또는 시험으로서, 적절한 마취제나 진통제 등이 사용된 경우

등급 E: 척추동물을 대상으로 고통이나 억압을 동반하는 실험, 교육, 연구, 수술 또는 시험으로서, 마취제나 진통제 등이 사용되지 아니한 경우

유의사항

① 항목 1. 의 전문분야의 경우, 수의사, 동물보호전문가, 기타 전문가(세부영역)로 구분하여 기재합니다.

② 항목 3. 의 경우, 가에서 다까지의 내용이 적힌 서류를 첨부하시기 바랍니다.

③ 위원회의 동물실험계획 심의 및 승인내용이 기재된 서류를 첨부하시기 바랍니다.(승인 또는 변경 승인 시 소수 의견과 미승인 사유를 포함한다)

■ 동물보호법 시행규칙[별지 제11호서식] 〈개정 2016.1.21.〉

동물복지축산농장 인증 신청서

※ 아래의 신청서 작성 유의사항을 참고하시어 작성하시고 바탕색이 어두운 난은 신청인이 적지 않습니다.

접수번호		접수일	처리일	처리기간 3개월
신청인	①법인명(조직명, 농장명)		②조직원(고용인) 수	
	③대표자 성명		사업자등록번호(생년월일)	
	④주소		전화번호	

신청내용	인증의 구분	⑤축종		
		⑥자유방목 기준 충족 여부: 여/부		
	⑦농장소재지		사육시설 : 동 m²	
			사육규모 :	

「동물보호법」 제29조제2항 및 같은 법 시행규칙 제31조에 따라 동물복지축산농장의 인증을 위와 같이 신청합니다.

년 월 일

신청인 (서명 또는 인)

농림축산검역본부장 귀하

첨부서류	1. 「축산법」에 따른 축산업 허가증 또는 가축사육업 등록증 사본 1부 2. 농림축산검역본부장이 정하여 고시하는 서식의 축종별 축산농장 운영현황서 1부	수수료 제48조에서 정하는 수수료

[동의]

1. 동물복지 축산농장 인증 업무처리를 목적으로 위 신청인 정보와 신청내용을 인증 유효기간 동안 수집 · 이용함에 동의합니다.

신청인 (서명 또는 인)

2. 「동물보호법」 제29조제6항에 따른 교육 · 홍보와 동물복지 축산농장 표시 축산물의 유통활성화를 목적으로 동물복지 축산농장의 인증을 받은 자의 정보와 인증내용을 동물보호관리시스템에 공개하고, 지방자치단체, 축산단체, 민간단체 등에 제공함에 동의합니다.

신청인 (서명 또는 인)

1. 작성내용이 많을 경우 별지를 작성하여 붙여도 됩니다.

2. 문자는 흑색을 사용하여 한글로 정확히 적어야 합니다. (필요한 경우에는 괄호 안에 원어를 함께 쓸 수 있습니다.)

3. 신청인이 개인인 경우에는 ①농장명 ②동물과 직접 접촉하는 고용인 수 및 ③란에 신청인(농장주) 성명을 적습니다.

4. 신청인의 ④주소란에는 법인 또는 신청인의 주소를 시 · 도, 시 · 군 · 구, 읍(면), 리(동) 번지까지 적어야 합니다.

5. ⑤축종에는 한우 · 육우 · 젖소 · 돼지 · 육계 · 산란계 · 오리로 구분하여 적고, ⑥동물복지 자유방목 축산농장으로 표시하려면 "여"에 표시합니다.

6. ⑦란에는 농장 지번까지 적어야 하며, 소재지가 여러 곳인 경우에는 별지를 첨부하여 적습니다.

7. 법인(조직)이 신청인인 경우에는 축종별 축산농장 운영현황서는 생산자별로 작성하여야 합니다.

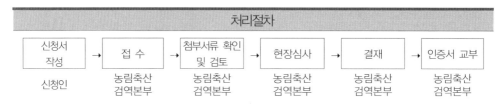

210mm×297mm[백상지(80g/㎡) 또는 중질지(80g/㎡)]

■ 동물보호법 시행규칙 [별지 제12호서식] <개정 2016.1.21.>

인증 번호 제   호

동물복지축산농장 인증서

농장명 (대표자명)		사업자등록번호 (생년월일)	
주소			
인증구분	축종		
	자유방목 기준 충족 여부: 여 / 부		
농장소재지			
사육시설	동 ㎡		
사육규모	. . . . . .		

「동물보호법」 제29조제1항 및 같은 법 시행규칙 제32조제1항에 따라 위와 같이 동물복지축산

농장임을 인증합니다.

년   월   일

(농림축산검역본부장)   직인

210㎜×297㎜[백상지(150g/㎡)]

■ 동물보호법 시행규칙 [별지 제13호서식] 〈개정 2016.1.21.〉

동물복지축산농장 인증 관리대장

연번	인증 연월일	인증번호	축종	농장명	대표자	주소	전화번호	비고
1								
2								
3								
4								
5								
6								
7								
8								
9								
10								

364mm×257mm[백상지(80g/㎡)]

한권으로 정리하는 동물보호법

■ 동물보호법 시행규칙[별지 제14호서식] 〈개정 2016.1.21.〉

동물복지축산농장 인증 승계신고서

※ 아래의 신고서 작성 유의사항을 참고하시어 작성하시고 바탕색이 어두운 난은 신고인이 적지 않으며, [ ]에는 해당되는 곳에 √ 표시를 합니다.

접수번호		접수일	처리일	처리기간	30일

승계를 하는 사람	법인(조직, 농장)명		조직원(고용인) 수	
	대표자 성명		사업자등록번호(생년월일)	
	주소		전화번호	

승계를 받는 사람	①법인(조직, 농장)명		②조직원(고용인) 수	
	③대표자 성명		사업자등록번호(생년월일)	
	④주소		전화번호	

승계내용	⑤인증번호			
	인증의 구분	⑥축종		
		⑦자유방목 기준 충족 여부: 여/부		
	⑧농장소재지		사육시설 : 동 m²	
			사육규모 :	

⑨승계 사유	[ ] 양수	[ ] 상속	[ ] 기타( )

「동물보호법」 제31조제2항 및 같은 법 시행규칙 제34조제1항에 따라 위와 같이 동물복지축산농장 인증을 받은 자의 지위승계 사실을 신고합니다.

년   월   일

신고인   (서명 또는 인)

농림축산검역본부장 귀하

구비서류	1. 승계사항이 적힌 「축산법」에 따른 축산업 허가증 또는 가축사육업 등록증 사본 1부 2. 승계받은 농장의 동물복지축산농장 인증서 1부 3. 농림축산검역본부장이 정하여 고시하는 서식의 축종별 축산농장 운영현황서 1부

[동의]

1. 동물복지 축산농장 인증 업무처리를 목적으로 위 신고인 정보와 신고내용을 인증 유효기간 동안 수집·이용함에 동의합니다.

신고인   (서명 또는 인)

2. 「동물보호법」 제29조제6항에 따른 교육 · 홍보와 동물복지 축산농장 표시 축산물의 유통활성화를 목적으로 동물복지 축산농장의 인증을 받은 자의 정보와 인증내용을 동물보호관리시스템에 공개하고, 지방자치단체, 축산단체, 민간단체 등에 제공함에 동의합니다.

신고인 　　　　　　　(서명 또는 인)

유의사항

1. 작성내용이 많을 경우 별지를 작성하여 붙여도 됩니다.
2. 문자는 흑색을 사용하여 한글로 정확히 적어야 합니다. (필요한 경우에는 괄호 안에 원어를 함께 쓸 수 있습니다.)
3. 신고인이 개인인 경우에는 ①농장명 ②동물과 직접 접촉하는 고용인 수 및 ③란에 신고인(농장주) 성명을 적습니다.
4. 신고인의 ④주소란에는 법인 또는 신청인의 주소를 시 · 도, 시 · 군 · 구, 읍(면), 리(동) 번지까지 적어야 합니다.
5. ⑥축종에는 한우 · 육우 · 젖소 · 돼지 · 육계 · 산란계 · 오리로 구분하여 적고, ⑦동물복지 자유방목 축산농장으로 표시하려면 "여"에 표시합니다.
6. ⑧란에는 농장 지번까지 적어야 하며, 소재지가 여러 곳인 경우에는 별지를 첨부하여 적습니다.
7. 법인(조직)이 신고인인 경우에는 축종별 축산농장 운영현황서는 생산자별로 작성하여야 합니다.

처리절차

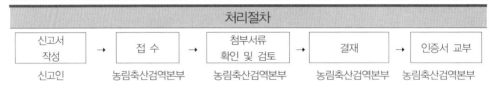

신고서 작성	→	접 수	→	첨부서류 확인 및 검토	→	결재	→	인증서 교부
신고인		농림축산검역본부		농림축산검역본부		농림축산검역본부		농림축산검역본부

210mm×297mm[백상지(80g/㎡) 또는 중질지(80g/㎡)]

영업 등록 신청서

※ 바탕색이 어두운 난은 신청인이 적지 않습니다. (앞쪽)

접수번호		접수일시	발급일	처리기간	15일

신청인	대표자의 성명(법인명)		주민등록번호(법인등록번호)		
	주소				
			(전화번호:)		

<table>
<tr><td rowspan="2">영업장</td><td>영업장의 명칭(상호)</td><td colspan="2"></td></tr>
<tr><td>주소</td><td colspan="2">(전화번호:)</td></tr>
<tr><td></td><td>신청업종</td>
<td>
[ ]동물장묘업
– 장례식장: 설치 / 미설치
– 동물화장시설: 설치 / 미설치
– 동물건조장시설: 설치 / 미설치
– 동물수분해장시설: 설치 / 미설치
– 봉안시설: 설치 / 미설치
</td>
<td>
[ ]동물판매업(일반, 알선·중개, 경매 알선·중개)
[ ]동물수입업
[ ]동물전시업
[ ]동물위탁관리업
[ ]동물미용업(일반, 자동차 이용)
[ ]동물운송업
*다수 영업의 등록 신청 시 각각의 영업등록 신청서 작성 필요
</td>
</tr>
</table>

「동물보호법」 제33조제1항 및 같은 법 시행규칙 제37조제1항에 따라 위와 같이 영업의 등록을 신청합니다.

년 월 일

신청인 (서명 또는 인)

(시장 · 군수 · 구청장) 귀하

210mm×297mm[백상지(80g/㎡) 또는 중질지(80g/㎡)]

첨부서류	1. 인력 현황에 관한 서류 2. 영업장의 시설 내역 및 배치도 3. 사업계획서 4. 별표 9의 시설기준을 갖추었음을 증명하는 서류가 있는 경우에는 그 서류 5. 동물사체에 대한 처리 후 잔재에 대한 처리계획서(동물화장시설 또는 동물건 　조장시설을 설치하는 경우에만 해당합니다) 6. 폐업 시 동물의 처리계획서(동물전시업의 경우에만 해당합니다)	수수료 1만원
담당공무원 확인사항	1. 등록신청인의 주민등록표 초본(법인인 경우에는 법인 등기사항증명서) 2. 건축물대장 및 토지이용계획확인서	

행정정보 공동이용 동의서

본인은 이 건 업무처리와 관련하여 「전자정부법」 제36조제1항에 따른 행정정보의 공동이용을 통하여 담당 공무원이 주민등록표 초본을 확인하는 것에 동의합니다.

* 동의하지 않는 경우 해당 서류를 제출하여야 합니다.

신청인 (서명 또는 인)

유의사항

1. 신청인의 업종에 따라 신청업종란의 동물장묘업, 동물판매업, 동물수입업, 동물전시업, 동물위탁관리업, 동물미용업, 동물운송업 중 해당되는 업종의 "[ ]"란에 √ 표시를 합니다. 해당 업종을 동시에 신청하려면 해당되는 업종 모두에 √ 표시를 합니다.

2. 동물장묘업을 신청하려는 자는 장례식장, 동물화장시설, 동물건조장시설, 봉안시설 중 설치·운영하려는 시설 모두에 대하여 설치 여부를 표시합니다.

처리절차

신청서 작성 → 접 수 → 첨부서류 확인 및 검토 → 현장조사 및 시설조사 → 결재 → 등록증 발급

신청인　시장·군수·구청장　시장·군수·구청장　시장·군수·구청장　시장·군수·구청장　시장·군수·구청장

등록번호 제   호

[　]동물장묘업 [　]동물판매업 [　]동물수입업	[　]동물전시업 [　]동물위탁관리업 [　]동물미용업 [　]동물운송업

등록증

영업장의 명칭 (상호)	
주소	
대표자	
주소	
영업의 종류	※ 동물장묘업의 경우에는 시설(장례식장, 동물화장시설, 동물건조장시설, 동물수분해장시설, 봉안시설) 설치 여부를 함께 표시
등록조건	

「동물보호법」 제33조제1항 및 같은 법 시행규칙 제37조제4항에 따라 위와 같이

[　]동물장묘업   [　]동물전시업
[　]동물판매업(일반, 알선 · 중개, 경매 알선 · 중개)   [　]동물위탁관리업
[　]동물수입업   [　]동물미용업(일반, 자동차 이용)
                      [　]동물운송업

으로 등록하였음을 증명합니다.

년　　　월　　　일

시장 · 군수 · 구청장   직인

210㎜×297㎜[백상지(150g/㎡)]

■ 동물보호법 시행규칙 [별지 제17호서식] 〈개정 2021. 6. 17.〉

동물장묘업 등록(변경신고) 관리대장

1. 영업등록사항

영업장의 명칭 (상호)				
등록번호		등록일자	년 월 일	
영업의 종류	동물장묘업	시설의 종류	장례식장/동물화장시설/동물건조장시설/ 동물수분해장시설/봉안시설	
주 소			(전화번호:)	
대표자	성명			
	생년월일			
	주소		(전화번호:)	

2. 영업등록의 변경사항

연 월 일	변경내용	작성자 (직급 · 성명)	연 월 일	변경내용	작성자 (직급 · 성명)

3. 영업장 현황

시설	면적		장례식장	m²	동 물 화 장 시 설 / 동물건조장시설/ 동물수분해장시설	m²	봉안시설	m²
	화장로/ 건조 · 멸균분쇄 시설/수분해시설	규격 (수량)						
	종업원 수				명			

4. 행정처분사항

처분 연월일	문서번호	위반사항	처분의 내용 및 기간	작성자 (직급 · 성명)

5. 비고

210mm×594mm[백상지(80g/㎡)]

■ 동물보호법 시행규칙 [별지 제18호서식] 〈개정 2018. 3. 22.〉

[ ]동물판매업 [ ]동물위탁관리업
[ ]동물수입업 [ ]동물미용업   등록(변경신고) 관리대장
[ ]동물전시업 [ ]동물운송업

1. 영업등록사항

영업장의 명칭(상호)				
등록번호		등록일자		년 월 일
영업의 종류		영업의 내용		
소재지		(전화 :)		
대표자	성명			
	주민등록번호			
	주소	(전화 :)		

2. 영업등록의 변경사항

연 월 일	변경내용	기재자 (직급 · 성명)	연 월 일	변경내용	기재자 (직급 · 성명)

3. 영업장 현황

시설면적	사육실/경매실	m²	전시실/위탁관리실/접수실/운송차량번호	m²
	격리실	m²	준비실/대기실/휴식실	m²
	건물소유구분	[ ]자가 [ ]임대	취급 동물의 종류	
종업원수			명	

4. 기타 행정조치사항

연 월 일	구분	조치내용	기재자 (직급 · 성명)	연 월 일	구분	조치내용	기재자 (직급 · 성명)

5. 행정처분사항

처 분 연 월 일	문서번호	위반사항	처분의 내용 및 기간	기재자 (직급 · 성명)

6. 비고

210mm×594mm[백상지(80g/㎡)]

■ 동물보호법 시행규칙 [별지 제19호서식] 〈개정 2021. 6. 17.〉

[　]동물장묘업　　　[　]동물전시업
[　]동물판매업　　　[　]동물위탁관리업　　**등록증(허가증) 재발급 신청서**
[　]동물수입업　　　[　]동물미용업
[　]동물생산업　　　[　]동물운송업

※ 바탕색이 어두운 난은 신청인이 적지 않으며, [　]에는 해당되는 곳에 √ 표시를 합니다.

접수번호		접수일시	발급일	처리기간	즉시

신청인	성명(법인명)		주민등록번호(법인등록번호)	대표자 성명	
	주소				
			(전화번호:　　　　　　　)		

영업장	명칭 (상호)	
	주소	(전화번호:　　　　　　　)
	신청업종	[　] 동물장묘업　 [　] 동물판매업(일반, 알선·중개, 경매 알선·중개) [　] 동물수입업　 [　] 동물생산업　 [　] 동물전시업　 [　] 동물위탁관리업 [　] 동물미용업(일반, 자동차 이용)　 [　] 동물운송업

재발급 사유	
등록증 (허가증) 분실사유	※ 등록증(허가증)을 분실한 경우에만 작성합니다.

「동물보호법」 제33조 및 같은 법 시행규칙 제37조제5항에 따라 위와 같이 [　] 동물장묘업　 [　] 동물판매업 [　] 동물수입업 [　] 동물전시업 [　] 동물위탁관리업 [　] 동물미용업 [　] 동물운송업 등록증 또는 「동물보호법」 제34조 및 같은 법 시행규칙 제40조제5항에 따라 [　] 동물생산업 허가증의 재발급을 신청합니다.

년　　　　　월　　　　　일
(서명 또는 인)

신청인

(시장 · 군수 · 구청장) 귀하

첨부서류	등록증 또는 허가증	수수료 5천원

처리절차				
신청서 작성 신청인	→ 접 수 시장·군수·구청장	→ 서류 검토 시장·군수·구청장	→ 결재 시장·군수·구청장	→ 등록증(허가증) 재발급 시장·군수·구청장

210mm×297mm[백상지(80g/㎡) 또는 중질지(80g/㎡)]

■ 동물보호법 시행규칙 [별지 제20호서식] 〈개정 2021. 6. 17.〉

[ ]동물장묘업	[ ]동물전시업	
[ ]동물판매업	[ ]동물위탁관리업	등록(허가)사항 변경신고서
[ ]동물수입업	[ ]동물미용업	
[ ]동물생산업	[ ]동물운송업	

※ 해당되는 곳에 √ 표시를 하고, 바탕색이 어두운 난은 신고인이 적지 않습니다.   (앞쪽)

접수 번호		접수일시		처리일		처리기간	7일
신고인 성명(법인명)			주민등록번호 (법인등록번호)				
영업의 종류			등록(허가)번호				

	구분	변경 전	변경 후
변경 사항	영업자의 성명 (법인인 경우에는 대표자의 성명)		
	영업장의 명칭 (상호)		
	영업시설		
	영업장의 주소		
	변경사유		
등록증(허가증) 분실사유		※ 등록증(허가증)을 분실한 경우에만 작성합니다.	

「동물보호법」 제33조제2항 및 같은 법 시행규칙 제38조제2항에 따라 [ ]동물장묘업 [ ]동물판매업
[ ]동물수입업 [ ]동물전시업 [ ]동물위탁관리업 [ ]동물미용업 [ ]동물운송업의 등록사항 또는 「동물보호법」
제34조제2항·같은 법 시행규칙 제41조제2항에 따라 [ ]동물생산업의 허가사항 중 변경사항을 위와 같
이 신고합니다.

년   월   일

(서명 또는 인)

신고인

시장 · 군수 · 구청장   귀하

210mm×297mm[백상지(80g/㎡) 또는 중질지(80g/㎡)]

첨부서류	영업자의 성명, 영업장의 명칭 또는 상호를 변경할 때	등록증 또는 허가증	수수료 영업 변경 신고 건별로 1만원
	영업시설을 변경할 때	1. 등록증 또는 허가증 2. 영업시설의 변경 내역서	
	영업장의 주소를 변경할 때	공통 서류 1. 등록증 또는 허가증 2. 영업시설의 변경 내역서(시설변경의 경우에만 첨부합니다) 동물장묘업 변경신고 시 추가 서류 3. 사업계획서(변경이 있는 경우에만 첨부합니다) 4. 「동물보호법 시행규칙」 별표 9의 시설기준을 갖추었음을 증명하는 서류가 있는 경우에는 그 서류(변경이 있는 경우에만 첨부합니다) 5. 동물사체에 대한 처리 후 잔재에 대한 처리계획서(동물화장시설, 동물건조장시설 또는 동물수분해장시설을 설치하는 경우에만 해당하며, 변경이 있는 경우에만 첨부합니다) 동물생산업 변경신고 시 추가 서류 3. 영업장의 시설 내역 및 배치도(변경이 있는 경우에만 첨부합니다) 4. 인력 현황(변경이 있는 경우에만 첨부합니다) 5. 사업계획서(변경이 있는 경우에만 첨부합니다) 6. 폐업 시 동물의 처리계획서(변경이 있는 경우에만 첨부합니다)	
담당 공무원 확인사항	1. 주민등록표 초본(법인인 경우에는 법인 등기사항증명서) 2. 건축물대장 및 토지이용계획정보(자동차를 이용한 동물미용업 또는 동물운송업의 경우에는 제외합니다) 3. 자동차등록증(자동차를 이용한 동물미용업 또는 동물운송업의 경우에만 해당합니다)		

행정정보 공동이용 등 동의서

1. 본인은 이 건 업무처리와 관련하여 「전자정부법」 제36조제1항에 따른 행정정보의 공동이용을 통하여 담당 공무원이 주민등록표 초본을 확인하는 것에 동의합니다.
   * 동의하지 않는 경우 해당 서류를 제출해야 합니다.
2. 「동물보호법」 제29조제6항에 따른 교육·홍보와 반려동물 관련 영업정보의 효율적인 관리를 목적으로 영업등록 또는 허가 내용(영업장의 명칭, 영업의 종류, 영업장의 주소)을 「동물보호법 시행령」 제7조제1항에 따른 동물보호관리시스템에 게시하는 것에 동의합니다.

신고인   (서명 또는 인)

처리절차

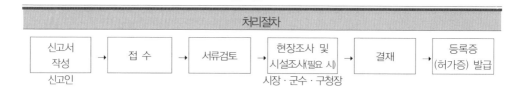

| 신고서 작성
신고인 | → | 접 수 | → | 서류검토 | → | 현장조사 및 시설조사(필요 시)
시장·군수·구청장 | → | 결재 | → | 등록증 (허가증) 발급 |

[　]휴업 [　]재개업 [　]폐업 신고서

※ 바탕색이 어두운 난은 신고인이 적지 않으며, [　]에는 해당되는 곳에 √ 표시를 합니다.　　　　　　　(앞쪽)

접수번호	접수일시	발급일	처리기간	즉시

신고인	성명(법인명)		주민등록번호(법인등록번호)	
	주소			
			(전화번호:　　　　　　　)	

영업장	명칭(상호)	
	주소	
		(전화번호:　　　　　　　)
	신고업종	[　]동물장묘업 [　]동물판매업(일반, 알선·중개, 경매 알선·중개)
		[　]동물수입업 [　]동물생산업 [　]동물전시업 [　]동물위탁관리업
		[　]동물미용업(일반, 자동차 이용) [　]동물운송업

재개업(폐업)일	년　　　　월　　　　일
휴업기간	년　　　월　　　일부터　　　　년　　　월　　　일까지
사유	
사육·관리 중인 동물의 처리방안	
보관중인 사체의 처리방안	
등록증(허가증) 분실사유	

「동물보호법」 제33조제2항 및 같은 법 시행규칙 제39조 또는 「동물보호법」 제34조제2항 및 같은 법 시
행규칙 제41조제3항에 따라 위와 같이 영업의 [　]휴업 [　]재개업 [　]폐업을 신고합니다.

년　　　　월　　　　일

신고인　　　　　　　　　　(서명 또는 인)

시장 · 군수 · 구청장　　귀하

10mm×297mm[백상지(80g/㎡) 또는 중질지(80g/㎡)]

첨부서류	등록증 또는 허가증 원본(폐업의 경우에만 해당하며, 등록증 또는 허가증을 분실한 경우에는 분실사유를 작성하고 등록증 또는 허가증을 첨부하지 않아도 됩니다)	수수료 없음

작성방법

1. 사육·관리 중인 동물의 처리방안 란은 동물판매업, 동물생산업, 동물전시업을 휴업하거나 폐업하는 경우에만 적습니다.
2. 보관 중인 사체의 처리방안 란은 동물장묘업을 휴업하거나 폐업하는 경우에만 적습니다.
3. 휴업의 기간을 정하여 신고한 경우 그 기간이 만료되어 재개업을 할 때에는 재개업 신고를 하지 않아도 됩니다.

처리절차

신고서 작성	→	접 수	→	서류 검토	→	결재
신고인				시장·군수·구청장		

동물생산업 허가신청서

※ 바탕색이 어두운 난은 신청인이 적지 않습니다.   (앞쪽)

접수번호		접수일시		발급일	처리기간	15일
신청인	성명(법인명)			주민등록번호(법인등록번호)		
	주소					
				(전화번호:)		
영업장	명칭(상호)					
	주소					
				(전화번호:)		
생산동물의 종류	개( ), 고양이( ), 기타( )			인력현황(종사자 수)		명
품종별 사육마리 수	종 : 두(암 ,수) * 사육 품종별로 모두 작성			소규모 생산업 여부 ( )		
				*「동물보호법 시행규칙」 별표 9 제2호 라목1)바)에서 정하는 기준에 해당하는 경우에 √ 표시합니다.		
맹견 사육 여부	예( ), 아니오( )	(참고) 맹견의 범위(「동물보호법 시행규칙」 제1조의3) 1. 도사견과 그 잡종의 개, 2. 아메리칸 핏불테리어와 그 잡종의 개, 3. 아메리칸 스태퍼드셔 테리어와 그 잡종의 개, 4. 스태퍼드셔 불테리어와 그 잡종의 개, 5. 로트와일러와 그 잡종의 개				

「동물보호법」 제34조제1항 및 같은 법 시행규칙 제40조제1항에 따라 위와 같이 동물생산업의 허가를 신청합니다.

년   월   일

신청인   (서명 또는 인)

시장 · 군수 · 구청장   귀하

210mm×297mm[백상지(80g/㎡) 또는 중질지(80g/㎡)]

첨부서류	1. 영업장의 시설 내역 및 배치도 2. 인력 현황 3. 사업계획서 4. 폐업 시 동물의 처리계획서	수수료 1만원
담당 공무원 확인사항	1. 주민등록표 초본(법인인 경우에는 법인 등기사항증명서) 2. 건축물대장 및 토지이용계획정보	

행정정보 공동이용 등 동의서

1. 본인은 이 건 업무처리와 관련하여 「전자정부법」 제36조제1항에 따른 행정정보의 공동이용을 통하여 담당 공무원이 주민등록표 초본을 확인하는 것에 동의합니다. *동의하지 않는 경우 해당 서류를 제출해야 합니다.

2. 「동물보호법」 제29조제6항에 따른 교육·홍보와 반려동물 관련 영업정보의 효율적인 관리를 목적으로 영업허가 내용(영업장의 명칭, 영업장의 주소)을 「동물보호법 시행령」 제7조제1항에 따른 동물보호관리시스템에 게시하는 것에 동의합니다.

신청인 (서명 또는 인)

처리절차

허가신청서 작성	→	접 수	→	첨부서류 확인 및 검토	→	현장조사 및 시설조사	→	결재	→	허가증 발급
신청인					시장·군수·구청장					

허가번호 제   호

동물생산업 허가증

법인명 (상호명)	
주소	(전화번호:)

대표자	성명	법인등록번호:
	주소	
		(전화번호:)

생산동물 의 종류	개( ), 고양이( ), 기타( )
소규모 생산업 여부	

「동물보호법」 제34조제1항 및 같은 법 시행규칙 제40조제4항에 따라 위와 같이 동물생산업의
영업을 허가합니다.

년   월   일

시장 · 군수 · 구청장   [직인]

210㎜×297㎜[백상지(150g/㎡)]

■ 동물보호법 시행규칙 [별지 제24호서식] 〈개정 2018. 3. 22.〉

동물생산업 허가(변경신고) 관리대장

1. 영업허가사항

영업장의 명칭 (상호)						
신고번호			허가일자		년 월 일	
영업의 종류	동물생산업		영업의 내용			
소재지				(전화 :)		
대표자	성명					
	주민등록번호					
	주소		(전화 :)			

2. 영업허가의 변경사항

연 월 일	변경내용	기재자 (직급 · 성명)	연 월 일	변경내용	기재자 (직급 · 성명)

3. 영업장 현황

시설면적	사육실	m^2	분만실		m^2
	격리실	m^2	판매실		m^2
	건물소유구분	[ ]자가 [ ]임대	취급 동물의 종류		
종업원수		명			

4. 기타 행정조치사항

연 월 일	구분	조치내용	기재자 (직급 · 성명)	연 월 일	구분	조치내용	기재자 (직급 · 성명)

5. 행정처분사항

처 분 연 월 일	문서번호	위반사항	처분의 내용 및 기간	기재자 (직급 · 성명)

6. 비고

210mm×594mm[백상지(80g/㎡)]

한권으로 정리하는 동물보호법

영업자 지위승계 신고서

※ 바탕색이 어두운 난은 신고인이 적지 않으며, [ ]에는 해당되는 곳에 √ 표시를 합니다.   (앞쪽)

접수번호		접수일	처리일	처리기간	3일
승계를 하는 사람	성명 (법인명)		주민등록번호 (법인등록번호)		
	주소		전화번호		
승계를 받는 사람	성명 (법인명)		주민등록번호 (법인등록번호)		
	주소		전화번호		
영업장	명칭 (상호)	변경 전		변경 후	
	영업의 종류	[ ]동물장묘업 [ ]동물판매업 [ ]동물수입업 [ ]동물생산업 [ ]동물전시업 [ ]동물위탁관리업 [ ]동물미용업 [ ]동물운송업			
	등록(허가) 번호				
	주소				
승계사유	[ ] 양도·양수 [ ] 상속 [ ] 기타( )				

「동물보호법」 제35조제3항 및 같은 법 시행규칙 제42조제1항에 따라 위와 같이 영업자 지위승계를 신고합니다.

년   월   일

신고인   (서명 또는 인)

시장 · 군수 · 구청장   귀하

210mm×297mm[백상지(80g/㎡) 또는 중질지(80g/㎡)]

구분	영업양도·양수의 경우	상속의 경우	그 외의 경우	수수료
첨부서류	1. 양도·양수의 경우 가. 양도·양수를 증명하는 서류: 양도·양수 계약서 사본 등 양도·양수 사실을 확인할 수 있는 서류 나. 양도인의 인감증명서나 「본인서명사실 확인 등에 관한 법률」 제2조제3호에 따른 본인서명사실확인서 또는 같은 법 제7조제7항에 따른 전자본인서명확인서 발급증(양도인이 방문하여 본인확인을 하는 경우에는 제출하지 않을 수 있습니다)	가족관계증명서, 상속 사실을 확인할 수 있는 서류	해당 사유별로 영업자의 지위를 승계하였음을 증명할 수 있는 서류	1만원
담당 공무원 확인사항	1. 법인 등기사항증명서(법인이 아닌 경우에는 대표자의 주민등록표 초본을 제출합니다) 2. 토지 등기사항증명서, 건물 등기사항증명서 또는 건축물대장	없음	없음	

행정정보 공동이용 등 동의서

1. 본인은 이 건 업무처리와 관련하여 「전자정부법」 제36조제1항에 따른 행정정보의 공동이용을 통하여 담당 공무원이 주민등록표 초본을 확인하는 것에 동의합니다. * 동의하지 않는 경우 해당 서류를 제출해야 합니다.
2. 「동물보호법」 제29조제6항에 따른 교육·홍보와 반려동물 관련 영업정보의 효율적인 관리를 목적으로 영업등록 또는 허가 내용(영업장의 명칭, 영업의 종류, 주소)을 「동물보호법 시행령」 제7조제1항에 따른 동물보호관리시스템에 게시하는 것에 동의합니다.

신고인 (서명 또는 인)

행정처분내용 고지 및 가중처분 대상업소 확인서

1. 양도인은 최근 1년 이내에 다음과 같이 「동물보호법」 제38조 및 같은 법 시행규칙 제45조에 따라 행정처분을 받았다는 사실(최근 1년 이내에 행정처분을 받은 사실이 없는 경우에는 없다는 사실)을 양수인에게 알려주었습니다.

〈최근 1년 이내에 양도인이 받은 행정처분〉

처분받은 날짜	행정처분 내용	행정처분 사유

※ 최근 1년 이내에 행정처분을 받은 사실이 없는 경우에는 위 표의 왼쪽 란에 "없음"이라고 적습니다.

※ 양도 · 양수신고 담당 공무원은 위 행정처분의 내용을 행정처분대장과 대조하여 일치하는지를 확인해야 하며, 일치하지 않는 경우에는 양도인 및 양수인에게 그 사실을 알려 주고 위 란을 보완하도록 해야 합니다.

2. 양수인은 위 행정처분에서 지정된 기간 내에 처분내용대로 이행하지 않거나, 행정처분을 받은 위반사항이 다시 적발된 경우에는 「동물보호법」 제38조제2항, 같은 법 시행규칙 제45조 및 별표 11에 따라 양도인이 받은 행정처분의 효과가 양수인에게 승계되어 가중처분된다는 사실을 알고 있음을 확인합니다.

년   월   일

양도인 성 명: (서명 또는 인)
　　　　주 소:
양수인 성 명: (서명 또는 인)
　　　　주 소:

1
ㅡ
동 시
물 행
보 규
호 칙
법

유의사항

1. 영업자 지위승계의 신고를 하지 않는 경우에는 100만원 이하의 과태료를 부과받게 됩니다.
2. 영업자의 지위를 승계한 자는 승계한 날부터 30일 이내에 신고해야 합니다.
3. 양도인의 소재불명 등으로 인하여 해당 서류를 첨부할 수 없는 경우로서 허가관청 또는 시장 · 군수 · 구청장이 다른 방법으로 양도 · 양수사실을 확인할 수 있는 경우에는 해당 서류를 첨부하지 않을 수도 있으니 참고하시기 바랍니다.
4. 영업장의 영업의 종류란에는 동물장묘업, 동물판매업, 동물수입업, 동물생산업, 동물전시업, 동물위탁관리업, 동물미용업, 동물운송업 중 해당되는 업종의 [ ]란에 √ 표시를 합니다. 해당 업종을 동시에 신청하려면 해당되는 업종 모두에 √ 표시를 합니다.

처리절차

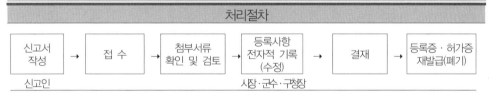

신고서 작성 → 접 수 → 첨부서류 확인 및 검토 → 등록사항 전자적 기록 (수정) → 결재 → 등록증 · 허가증 재발급(폐기)

신고인   시장 · 군수 · 구청장

행정처분 및 청문대장

연번	문서번호 (발송일)	영업장의 명칭(상호)	소 재 지	대표자 (영업자)	위반사항	청문의 장소	처분기준	처분내용 및 기간
1								
2								
3								
4								
5								
6								
7								
8								
9								
10								

364mm×257mm[백상지(80g/㎡)]

■ 동물보호법 시행규칙 [별지 제27호서식] 〈개정 2016.1.21.〉

(앞 쪽)

제   호

동물보호감시원증

사   진

3cm × 4cm

(모자를 벗은 상반신으로 뒤 그림 없이 6개월 이내에 촬영한 것)

성   명
기   관   명

60mm×90mm[백상지(150g/㎡)]

(색상: 연노란색)

(뒤 쪽)

동물보호감시원증

소속/직급:

성   명:

생년월일:

위 사람은 「동물보호법」 제40조제1항에 따른 동물보호감시원(공무원)임을 증명합니다.

년   월   일

기 관 장 명 의   직인

1. 이 증은 다른 사람에게 대여하거나 양도할 수 없습니다.
2. 동물 보호를 목적으로 출입·검사하거나 직무를 수행할 때에는 이 증명을 제시하여야 합니다.
3. 이 증을 습득한 경우에는 가까운 우체통에 넣어 주십시오.

■ 동물보호법 시행규칙 [별지 제28호서식] 〈개정 2016.1.21.〉

동물복지축산농장 인증심사 결과보고서

1. 신청내용

신청인	법인(조직, 농장) 명		조직원(고용인) 수	
	대표자성명		사업자등록번호 (생년월일)	
	주소		(전화번호 :)	
신청 내용	인증의 구분	축종 :		
		자유방목 기준 충족 여부: 여/부		
	농장 소재지			
	사육시설	동	m²	
	사육규모			

2. 심사결과

항목	평가	
	점수	부적합 항목 수
①일반기준		
②동물의 관리 방법		
③사육시설 및 환경		
④동물의 상태		
⑤실외 방목장 시설 (추가사항)		
합계		

3. 심사의견

붙임: 동물복지축산농장 인증심사자료 각 1부

동물복지축산농장 인증심사결과를 위와 같이 보고합니다.

년   월   일

인증심사원 소속	직급	성명	(서명 또는 인)
	직급	성명	(서명 또는 인)

210mm×594mm[백상지(80g/㎡)]

한권으로 정리하는 동물보호법

동물생산·판매·수입업 개체관리카드

※ 햄스터, 기니피그는 무리별로 개체관리카드를 작성할 수 있음

*)기본정보	영업장의 명칭(상호)(대표자)				영업등록(허가)번호		
	주소			(전화번호)			
	동물의 종류		품종		성별	암 / 수	
	개체관리번호		출생일		특징(털색 등)		

생산업자 기록사항	판매동물 개체정보	*)판매일			*)판매처	영업자의 명칭(상호)	
						등록(허가)번호	
						연락처	
		*)건강상태·진료사항	날짜		질병 또는 건강상태, 처리내역 등		

어미동물정보	개체관리번호		품종		출생년도	
	번식기록	출산횟수				
		출산일		출산마릿수 마리(암 ,수)		
	건강정보	날짜		질병명(유전병력 포함), 처치내역 등		

판매업자·수입업자 기록사항		*)구입기록	영업장의 명칭(상호)		*)판매기록	판매일	
			등록(허가)번호			구입자	
			수입국가	※수입업만 해당		연락처	
			연락처		판매 시 동물등록 여부	○ / ×	
	거래기록	수의사 진료사항					
		동물등록번호 (등록대상 동물만 해당)					
		*)경매정보	경매업체		영업등록번호		
			경매일		낙찰자(업체명)		
			수의사	(서명 또는 인)	수의사 확인사항		
	특이사항						

210㎜×297㎜[백상지(150g/㎡)]

*)은 필수 기재사항으로 반드시 기재하여야 함

■ 동물보호법 시행규칙 [별지 제29호의2서식] 〈신설 2021. 6. 17.〉

동물전시업 · 위탁관리업 개체관리카드

※ 햄스터, 기니피그는 무리별로 개체관리카드를 작성할 수 있음

<table>
<tr><td rowspan="6">기
본
정
보</td><td>영업장의
명칭(상호)
(대표자)</td><td></td><td></td><td>영업등록
번호</td><td colspan="2"></td></tr>
<tr><td>주소</td><td colspan="5">(전화번호)</td></tr>
<tr><td>동물의
종류</td><td></td><td>품종</td><td>성별</td><td>암</td><td>/ 수</td></tr>
<tr><td>개체관리
번호(전시
업만 해당)</td><td></td><td>출생일</td><td colspan="2">특징(털색 등)</td><td></td></tr>
<tr><td rowspan="2">건강상태</td><td rowspan="2"></td><td rowspan="2"></td><td colspan="2">동물등록
여 부</td><td>○ / ×</td></tr>
<tr><td colspan="2">동물등록
번호
(등록대상
동물만 해당함)</td><td></td></tr>
<tr><td rowspan="3">위
탁
기
록
사
항</td><td>위탁자
(연락처)</td><td colspan="2"></td><td>위탁
내용</td><td colspan="2">□ 사육 □ 훈련 □ 보호</td></tr>
<tr><td>위탁기간</td><td colspan="2">~</td><td>특이
사항</td><td colspan="2"></td></tr>
<tr><td>기타</td><td colspan="5"></td></tr>
</table>

210㎜×297㎜[백상지(150g/㎡)]

■ 동물보호법 시행규칙 [별지 제30호서식] 〈개정 2021. 6. 17.〉

영업자 실적 보고서

(앞쪽)

1. 영업등록(허가)사항

영업장의 명칭 (상호)								
등록(허가)번호			등록(허가)일자			년	월	일
영업의 종류			영업의 내용					
주소		(전화 :)			종사자 수			명
대표자	성명							
	주민등록번호							
	주소			(전화 :)				

2. 영업장 현황

	면적	장례식장	m²	동물화장시설 동물건조장시설 동물수분해장시설	m²	봉안시설	m²
동물장묘업	화장로/ 건조·멸균 분쇄시설/ 수분해시설	규격 (수량)					
동물판매업 (알선·중개)	사육실		m²	격리실			m²
	건물소유구분	[ ]자가 [ ]임대		취급 동물의 종류			
동물판매업 (경매 알선·중개)	접수실		m²	준비실			m²
	경매실		m²	격리실			m²
	건물소유구분	[ ]자가 [ ]임대		취급 동물의 종류			
동물수입업	사육실		m²	판매실			m²
	격리실		m²	–			m²
	건물소유구분	[ ]자가 [ ]임대		취급 동물의 종류			
동물생산업	사육실		m²	분만실			m²
	격리실		m²	판매실			m²
	건물소유구분	[ ]자가 [ ]임대		취급 동물의 종류			

3. 영업실적(동물장묘업 · 동물판매업 · 동물수입업 · 동물생산업)

구분	동물장묘업 처리 두수			동물판매업 (경매장 포함)			동물수입업				동물생산업				
											생산두수 보유현황				
	개	고양이	기타	축종	품종	판매두수	축종	품종	수입두수	수입국	축종	품종	두수	생산두수	월판매두수
1월															
2월															
3월															
4월															
5월															
6월															
7월															
8월															
9월															
10월															
11월															
12월															
합계															

4. 비고

210mm×594mm[백상지(80g/㎡)]

2.1

동물보호법

-행정규칙-

동물보호법

-행정규칙-

2.1 행정규칙

▶ 고양이 중성화사업 실시 요령[시행 2022. 1. 1.]

　[고시 제2021-88호, 2021. 11. 30., 일부개정]

▶ 동물도축세부규정[시행 2019. 5. 22.]

　[고시 제2019-28호, 2019. 5. 22., 일부개정]
　　[별표 1] 축종별 기절방법(제8조제3항 관련)

▶ 동물등록번호 체계 관리 및 운영규정[시행 2021. 2. 12.]

　[고시 제2021-5호, 2021. 1. 27., 일부개정]

▶ 동물보호·동물복지 또는 동물실험에 관련된 교육의 내용 및 교육과정의 운영요령
[시행 2017. 8. 18.]

　[고시 제2017-33호, 2017. 8. 18., 일부개정]

▶ 동물복지축산농장 교육기관 지정 및 교육 실시 요령[시행 2021. 6. 22.]

　[고시 제2021-38호, 2021. 6. 22., 제정]

▶ 동물복지축산농장 인증기준 및 인증 등에 관한 세부실시요령[시행 2018. 7. 3.]

　[고시 제2018-20호, 2018. 7. 3., 일부개정]

▶ 동물장묘업의 시설설치 및 검사기준[시행 2016. 1. 21.]

[고시 제2016-5호, 2016. 1. 21., 제정]
　　[별표 1] 동물화장시설의 설치검사 방법 및 기준
　　[별표 2] 동물화장시설의 정기검사 방법 및 기준
　　[별표 3] 동물화장시설의 자가검사 방법 및 기준
　　[별표 4] 동물건조장시설의 설치검사 방법 및 기준
　　[별표 5] 동물건조장시설의 정기검사 방법 및 기준

▶ 맹견 소유자 정기교육 교육기관 지정[시행 2019. 5. 22.]

[고시 제2019-20호, 2019. 5. 22., 제정]

▶ 지방자치단체장이 주관(주최)하는 민속 소싸움 경기[시행 2013. 5. 27.]

[고시 제2013-57호, 2013. 5. 27., 일부개정]

▶ 동물보호명예감시원 운영규정[시행 2021. 8. 26.]

[고시 제2021-61호, 2021. 8. 26., 일부개정]
　　[별지 1] 동물보호명예감시원(추천서, 신청서)
　　[별지 2] 동물보호명예감시원 위촉대장
　　[별지 3] 동물보호명예감시원증
　　[별지 4] 동물보호명예감시원 업무수행실적 대장
　　[별지 5] 동물보호명예감시원 업무수행실적
　　[별지 6] 명예감시원 활동수당 지급(신청)내역
　　[별지 7] 동물보호명예감시원 활동 보고서

▶ 동물보호센터 운영 지침[시행 2022. 1. 1.]

[고시 제2021-89호, 2021. 12. 8., 일부개정]
　　[별표 1] 사료 급여 기준(제13조 관련)
　　[별지 1] 동물보호센터(예산서, 결산서)
　　[별지 2] 봉사활동 확인서
　　[별지 3] 자원봉사자 관리대장
　　[별지 4] 반환 확인서
　　[별지 5] 입양 설문지

　　　　[별지 6] 입양 신청서
　　　　[별지 7] 분양 확인서

▶ 동물운송 세부규정[시행 2018. 10. 11.]

　　[고시 제2018-29호, 2018. 10. 11., 일부개정]
　　　　[별표 1] 동물별 운송소요면적 기준(제9조 관련)
　　　　[서식 1] 동물운송일지

▶ 동물판매업자 등의 교육 세부실시요령[시행 2021. 12. 30.]

　　[고시 제2021-100호, 2021. 12. 30., 일부개정]

2.2 연습문제

고양이 중성화사업 실시 요령

[시행 2022. 1. 1.] [농림축산식품부고시 제2021-88호, 2021. 11. 30., 일부개정.]

제1조(목적)
이 규정은 「동물보호법 시행규칙」제13조제1항 및 제2항에 따라 **길고양이 중성화 사업의 세부적인 처리 방법**에 관하여 필요한 사항을 규정하여 **길고양이의 생태적 특성을 고려한 보호** 및 **사람과의 조화로운 공존**에 이바지 함을 목적으로 한다.

제2조(적용대상)
이 규정은 「동물보호법 시행규칙」(이하 "규칙"이라 한다) 제13조제1항에서 규정한 바와 같이 도심지나 주택가에서 자연적으로 번식하여 자생적으로 살아가는 고양이(이하 "길고양이"라 한다)에 대해 특별시장·광역시장·특별자치시장·도지사 및 특별자치도지사(이하 "시·도지사"라 한다) 또는 시장·군수·구청장(자치구의 구청장을 말한다. 이하 같다)이 시행하거나 위탁한 **중성화사업을 대상**으로 한다.

제3조(정의)
이 규정에서 **"중성화(中性化)사업"**이란 **길고양이 개체 수 조절을 위해 거세·불임 시술 등을 통해 생식능력을 제거하여 방사하는 사업**을 말한다.

제4조(사업의 시행)
① 시·도지사와 시장·군수·구청장은 길고양이의 개체 수 조절을 위해 「수의사법」제17조에 따라 개설된 **동물병원**, 같은 법 제23조 및 제25조에 따른 **대한수의사회 또는 그 지부** 등을 사업시행자로 지정하여 길고양이 중성화사업을 하게 할 수 있다.
② 시·도지사와 시장·군수·구청장은 **포획·방사 사업의 경우에는 동물보호단체, 민간사업자 등에게 대행**하게 할 수 있다.

제5조(포획 및 관리)
① 제2조에 따른 개체를 포획할 때에는 발판식 통 덫 등 **길고양이와 사람에게 안전한 포획 틀을 사용**해야 한다.
② 포획 틀에는 용도, 담당자, 연락처 등을 기재한 **안내판을 설치**해야 한다.
③ 포획 후에는 차광 천, 비닐 등으로 포획 틀을 **완전히 덮어 대상 길고양이를 보호**해야

한다.

④ 포획에 사용된 포획 틀은 반드시 **세척·소독**해야 하고, 안전에 위해가 될 정도로 **낡거나 녹슬지 않도록 관리해야 한다.**

⑤ 다음 각 호에 해당하는 개체가 포획된 경우 즉시 방사해야 한다.

    1. **몸무게 2kg 미만이거나 수태(受胎) 또는 포유(哺乳)가 확인된 개체**

    2. **기존에 중성화되어 귀 끝이 절개된 개체**

⑥ 장마철·혹서기·혹한기 등의 시기에는 다음 각 호의 사항을 고려하여 포획·관리해야 한다.

    1. **장마철**에는 포획 시 길고양이가 **비에 맞지 않도록 조치할 것**

    2. **혹서기**에는 다음 각 목의 사항을 고려하여 포획할 것

        가. 포획 틀이 직사광선에 노출되지 않도록 **그늘에 설치할 것**

        나. **이른 아침이나 일몰 후에 포획할 것**

        다. 포획 틀 바닥에 신문지 등을 깔고 지표면 온도가 높은 곳을 피하여 포획 틀을 설치할 것

    3. **혹한기**에는 다음 각 목의 사항을 고려하여 포획할 것

        가. **눈 또는 얼음이 얼어 있는 곳을 피하여 포획 틀을 설치할 것**

        나. **냉기나 습기가 올라오지 않도록 포획 틀 바닥에 신문지 등 보온재를 깔고 포획 틀을 설치할 것**

        다. **포획 틀 안에서 방치되지 않도록 포획 후 신속하게 길고양이를 이동시킬 것**

⑦ 제4조에 따라 중성화사업을 시행하는 자는 포획한 개체에 대하여 「동물보호법 시행령」 제7조제1항에 따른 동물보호관리시스템(이하 "동물보호관리시스템"이라 한다)의 길고양이 중성화사업 개체관리카드(이하 "개체관리카드"라 한다)에 사업시행 전 과정을 작성·관리해야 한다.

제6조(중성화 수술)

① 중성화 수술은 **수의사가 해야 한다.**

② 중성화 수술은 **포획을 기준으로 만 24시간 이내에 실시한다.** 다만 건강상태 등으로 인해 24시간 이내에 수술이 어려운 경우에는 개체관리카드에 사유를 기록해야 한다.

③ **수의사는 마취·수술 전에 길고양이의 건강상태 및 수태 또는 포유 여부를 확인해야 하며, 수태 또는 포유가 확인된 경우 즉시 방사해야 한다.** 다만, 마취 또는 수술 중 수태 또는 포유가 확인 경우 다음 각 호에 따라 조치해야 한다.

    1. **마취 또는 수술 중 수태가 확인된 경우 수술 후 충분한 회복기간을 거쳐 방사할 것**

    2. **마취 중 포유가 확인된 경우 수술을 하지 않고 마취가 깨어나는 즉시 방사할 것**

④ 중성화 수술을 시행하는 수의사는 수술 중 감염을 최소화할 수 있는 환경에서 **멸균된**

수술기구를 이용하여 수술해야 한다.

⑤ 수의사는 수술 시 해당 부위를 철저히 제모하는 등 **오염되지 않도록** 유의해야 하며, 필요에 따라 적절한 **항생제를 사용**할 수 있다.

⑥ 중성화 수술에 사용하는 **봉합사(縫合絲)는 흡수성 재질**이어야 하며, 방사 후에도 절개 부위가 벌어지지 않고 봉합사가 노출되지 않도록 봉합해야 한다. 봉합 후 수의사의 판단에 따라 생체 접착제를 사용할 수 있다. 단, 수컷의 경우 절개 부위를 봉합하지 않고 2기 유합되도록 할 수 있다.

⑦ **수의사는 수술 시 기생충 구충과 광견병 예방접종 등 간단한 처치를 할 수 있다.**

⑧ 수의사는 중성화 수술 후 중성화된 개체임을 알 수 있도록 길고양이의 **좌측 귀 끝부분의 약 1센티미터**를 제거해야 한다. 이 경우 지혈 여부를 확인하여 필요한 조치를 취해야 한다.

⑨ 수의사는 수술 후 길고양이가 마취에서 회복되기 전에 진통제를 투여하는 등 **수술과 관련된 통증을 적절하게 관리**해야 한다.

⑩ 수술 후 마취가 깨는 것을 확인할 수 있도록 안전한 장소에서 보호한 후 **회복 공간으로 이동**시켜야 하며, **방사 전까지 출혈·식욕 결핍 등 이상 징후가 있는지 확인**해야 한다.

⑪ **겨울철**에 중성화 수술을 시행하는 경우에는 **암컷 복부 수술 부위의 제모 면적을 최소화**하고 회복기간 중 **체온을 유지할 수 있도록 관리**해야 한다.

제7조(방사)

① 중성화 수술 후 이상 징후가 없다면 **수술한 때로부터 수컷은 24시간 이후, 암컷은 72시간 이후에 포획한 장소에 방사**해야 하며, 장마철·혹서기·혹한기 등의 시기에는 다음 각 호의 사항을 고려하여 방사해야 한다.

1. **장마철**에는 비를 피할 수 있는 환경에서 방사가 이루어지도록 할 것
2. **혹서기**에는 아침 또는 저녁 등 하루 중 **기온이 낮은 시간대**에 방사할 것
3. **혹한기**에는 방사 지역의 일기예보를 확인하여 **방사일로부터 기온이 0℃ 이하로 3일 이상 지속될 경우 방사를 자제**할 것

② 제1항의 규정에도 불구하고 수의사가 수술한 길고양이의 상태, 방사 시 날씨 여건을 고려하여 길고양이의 안전을 위한 보호(돌봄)기간이 필요한 경우 **방사 시기를 늦출 수 있으며,** 이 경우에는 개체관리카드에 사유를 기록해야 한다.

③ 방사를 할 때는 **원칙적으로 포획한 장소에 방사해야 한다.** 다만, **학대가 예상되거나 포획한 곳에 방사가 어려운 경우에는 시·군·구(자치구를 말한다)와 방사 장소를 협의한 후 진행**해야 하고, 이 경우 개체관리카드에 사유를 기록해야 한다.

제8조(재검토기한)

농림축산식품부장관은 이 고시에 대하여 「훈령·예규 등의 발령 및 관리에 관한 규정」에 따라 2022년 1월 1일을 기준으로 매 3년이 되는 시점(매 3년째의 12월 31일까지를 말한다)마다 그 타당성을 검토하여 개선 등의 조치를 해야 한다.

부칙 〈제2021-88호, 2021. 11. 30.〉

이 고시는 2022년 1월 1일부터 시행한다.

한권으로 정리하는 동물보호법

[행정규칙 2]

동물도축세부규정

[시행 2019. 5. 22.] [농림축산검역본부고시 제2019-28호, 2019. 5. 22., 일부개정.]

제1조(목적)
이 고시는 「동물보호법」제10조제1항 및 같은 법 시행규칙 제6조제2항의 규정에 따라 동물을 도축하는 경우에 관한 세부사항을 규정함을 목적으로 한다.

제2조(용어의 정의)
이 고시에서 사용하는 용어의 정의는 다음과 같다.
1. "하차"라 함은 동물의 도축과 관련하여 차량의 적재공간으로부터 일정장소로 동물을 옮기는 과정을 말한다.
2. "계류"라 함은 도축 전 도축장 내 및 인근에서 동물을 대기시키는 것을 말한다.
3. "보정"이라 함은 동물을 기절시키기 전에 동물의 이동을 제한하거나 고정하여 움직이지 못 하도록 하는 것을 말한다.
4. "기절"이라 함은 물리적, 전기적, 화학적, 혹은 기타 방식으로 동물의 의식을 상실케 하는 것을 말한다.

제3조(적용범위)
이 고시에 적용되는 동물의 범위는 「동물보호법 시행령」 제2조제1호의 '포유류' 중 **소, 돼지**와 제2호의 '조류' 중 **닭과 오리**에 한한다.

제4조(인력 및 책무)
도축업에 종사하는 자는 해당업무와 관련된 **「동물보호법」을 비롯한 관련법규의 내용을 숙지하여야 하며, 도축되는 동물의 특성을 이해하여 도축과정 중에 동물이 겪을 수 있는 고통을 최소화**하도록 한다.

제5조(하차 시설 등)
① 동물의 하차와 관련된 장비 및 시설은 다음의 사항을 고려하여 설계, 유지 및 관리되어야 한다.
  1. 하차 시 동물의 추락이나 미끄러짐을 방지할 수 있어야 한다.
  2. 하차대에서 동물이 추락한 경우, 동물이 계류시설로 걸어서 이동할 수 있는 경사로가 구비되어야 한다.
  3. 하차대는 최대한 지면과 수평이 되도록 설치·운용되어야 하며, 하차각도는 축종별

로 소는 26도, 돼지는 20도를 초과하여서는 안 된다.

4. 닭과 오리를 하차시킬 경우에는 낙하높이를 최소화할 수 있는 방안을 고려하여야 한다.

② 동물의 인도적 취급을 위하여 동물을 취급하는 자는 다음의 사항을 준수하여야 한다.

1. **동물의 이동을 위하여 큰 소리를 내거나 폭력 및 전기몰이도구를 사용하여서는 안 된다.**

2. **하차 시 동물이 정상적인 걸음걸이 속도로 계류시설로 이동하도록 하면서, 동물의 부상이나 상해 여부 등을 확인하여야 한다.**

③ 검사관 또는 수의사의 판단 하에 회복될 수 없는 심각한 부상을 입은 동물은 우선적으로 도축되어야 한다.

제6조(계류 시설 등)

도축될 동물의 계류와 관련된 장비 및 시설은 다음의 사항을 고려하여 설계, 유지 및 관리되어야 한다.

1. 계류장은 마리 당 적정 사육밀도(소 마리당 4.99㎡, 돼지 0.83㎡ 이상)에 따라 적절한 수의 동물을 수용할 수 있어야 하며, **동물이 자유롭게 서거나 누워서 휴식을 취할 수 있어야 한다.**

2. **함께 운송된 동물**은 공간이 허용하는 범위 내의 **동일구획 내에서 휴식을 취할 수 있도록 하여야 한다.**

3. 계류사의 **급수기는 동물이 용이하게 사용할 수 있도록 설치·운용**되어야 하며, 동절기에도 항시 사용가능하여야 한다.

4. **계류사에는 온열 스트레스 관리, 오염물질 제거를 위한 분무·샤워장비가 설치·운용되어야 한다.**

5. **동물이 안정을 취할 수 있도록 계류장 내부는 적절한 밝기의 조명시설을 설치하여야 하며, 유해가스의 배출을 위하여 적절한 환기가 이루어져야 한다.**

6. **아프거나 부상을 입은 동물을 격리시키고 필요한 경우 인도적으로 기절할 수 있는 격리용 우리를 설치하여야 한다.** 격리용 우리는 하역장소와 가깝고 기절작업을 하는 구역으로 쉽게 이동할 수 있는 위치에 설치하여야 한다.

7. **공격적 성향이 있는 동물은 다른 동물들과 분리하여 따로 계류하도록 한다.**

8. **직사광선과 악천후로부터 피할 수 있도록 설계되어야 한다.**

9. **동물은 적정시간을 계류시키되, 12시간을 초과해서는 안 된다.**

제7조(동물 보정 시 준수사항)

동물의 보정과 관련된 장비 및 시설은 다음의 사항을 고려하여 설계, 유지 및 관리되어야 한다.

1. 의식이 있는 동물에게 고통을 유발시킬 수 있는 보정방법을 사용하여서는 안 된다.

2. **의식 있는 상태의 동물의 발이나 다리를 매달아 들어 올리거나 물리적 상해를 유발하는 보정은 수행되어서는 안 된다.** 단 닭·오리의 경우에는 의식이 있는 상태에서 다리를 매달아 보정할 수 있다.

3. **쇄클(Shackle)**을 이용하여 닭·오리를 이동시킬 경우, 쇄클 작업실 내부 및 전기수조까지의 이동로에 낮은 조도의 조명을 사용하거나 푸른색의 조명을 사용하여야 한다. 의식이 있는 상태에서 쇄클에 매달려 이동하는 시간은 가급적 최소화 하도록 한다.

4. 조류의 경우, 쇄클에 걸려서 기절하기까지의 이동시간을 최소화 하여야 하며, 이동시간은 1분을 초과해서는 안 된다.

제8조(동물 기절 시 준수사항)

① 동물을 기절시키기 전에, 사용될 기절방법에 따른 적합한 보정법으로 동물을 보정하여야 한다.

② 기절 시 사용되는 모든 기구 및 시설은 적절하게 조립·운용되어야 하며 주 1회 이상 정기점검을 실시하고 문제 발생 시에는 적절한 조치를 취해야 한다.

③ 기절은 가축의 특성에 적합한 방법으로 최대한 신속하게 이루어져야 하며, 축종별 기절방법은 별표 1과 같다.

④ 최초의 시도로 동물이 완전하게 기절하지 않았거나 의식을 회복한 경우에는 즉시 동일 방법으로 재시도하거나 보조방법을 실시하여 동물이 신속하게 기절상태에 이르도록 하여야 한다.

제9조(방혈 시 준수사항)

① **방혈은 반드시 완전하게 기절한 상태의 동물에 한하여 실시**되어야 한다.

② 기절방법에 따른 방혈 시작 시간은 다음과 같다.

1. **비관통형 타격법 및 전기법을 이용하여 기절시킨 경우에는 20초 이내**

2. **가스법을 이용하여 기절시킨 경우에는 챔버를 나온 후로부터 60초** 이내에 방혈이 개시되어야 한다.

③ 방혈은 최소한 한쪽 경동맥의 절단을 통하여 이루어져야 하며, **방혈 중에 동물이 죽음에 이르도록 한다.**

④ 방혈 시 사용되는 기구 및 시설은 적절하게 조립·운용되어야 하며 정기점검이 이루어져야 한다.

⑤ 방혈시작 후 30초 이내에는 탕박 · 박피 등 이후의 과정을 진행하여서는 안 된다.

제10조(재검토기한)

농림축산검역본부장은 이 고시에 대하여 2019년 7월 1일을 기준으로 매 3년이 되는 시점 (매 3년째의 6월 30일까지를 말한다)마다 그 타당성을 검토하여 개선 등의 조치를 하여야 한다.

부칙 〈제2019-28호, 2019. 5. 22.〉

이 고시는 발령한 날부터 시행한다.

[별표 1] **축종별 기절방법(제8조제3항 관련)**

[별표 1]

축종별 기절방법(제8조제3항 관련)

1. 소
가. 타격법
1) 눈의 바깥쪽 부위와 반대방향의 뿔 사이의 교차점을 수직방향으로 타격하여야 한다.

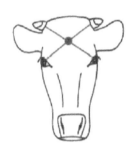 

2. 돼지
가. 타격법
1) 눈 바로 위의 중앙부위를 척수방향으로 타격하여야 한다.

나. 전살법
1) 어떤 전압에서도 최소 1.25A 이상의 전류로 뇌 부위를 2~4초간 통전시켜야 한다.

다. CO2 가스법

1) 챔버 내에서 돼지가 서로 겹치지 않도록 적정공간을 확보한다.

2) 80~90% 농도에서 3분간 노출시키는 것을 권장한다.

3. 닭

가. 전살법(전기수조)

1) 전기수조에 입수하기 전에 누전으로 인한 감전이 발생해서는 안 된다.

2) 60Hz 싸인파 교류전류 이용 시 전압에 관계없이 최소 100mA의 전류로 4초 이상 통전시켜야 한다.

3) 날개 죽지 앞부분까지 충분히 입수되어야 한다.

4. 오리

가. 전살법(전기수조)

1) 전기수조에 입수하기 전에 누전으로 인한 감전 등이 발생하여서는 안 된다.

2) 60Hz 싸인파 교류전류 이용 시 전압에 관계없이 최소 130mA의 전류로 4초 이상 통전시켜야 한다.

[행정규칙 3]

동물등록번호 체계 관리 및 운영규정

[시행 2021. 2. 12.] [농림축산검역본부고시 제2021-5호, 2021. 1. 27., 일부개정.]

제1조(목적)

이 규정은 「동물보호법 시행규칙」제8조제2항 및 [별표 2]에 따라 동물등록번호 체계 관리 및 운영 등에 필요한 사항을 규정함을 목적으로 한다.

제2조(정의)

이 규정에서 사용하는 용어의 정의는 다음과 같다.

1. "동물등록번호"란 등록대상동물의 소유자가 등록을 신청하는 경우 개체식별을 위하여 동물등록번호 체계에 따라 부여되는 고유번호를 말한다.

2. "무선전자개체식별장치(Radio-Frequency Identification, 이하 "무선식별장치"라 한다)"란 동물의 개체식별을 목적으로 동물체내에 주입(내장형)하거나 동물의 인식표 등에 부착(외장형)하는 무선전자표식장치를 말한다.

3. "동물등록번호 체계"란 동물등록에 사용되는 무선식별장치(내장형 및 외장형)에 부여된 동물등록번호의 구조를 말한다.

4. "동물보호관리시스템"이란 등록동물 등에 필요한 관련정보를 통합하여 관리하는 전산시스템을 말하며, 이의 인터넷주소는 www.animal.go.kr이다.

제3조(동물등록번호 영역할당 등)

① 동물등록번호의 영역을 할당받고자 하는 무선식별장치 공급업체는 다음 각 호의 서류 사본을 첨부하여 동물보호관리시스템을 통해 농림축산검역본부장에게 동물등록번호 영역할당을 신청하여야 한다.

  1. 내장형 : 동물용의료기기제조(수입)업허가증 사본
  2. 외장형 : 공급제품의 제조(수입)을 확인할 수 있는 서류 사본

② 제1항 및 제3항에 따라 무선식별장치 공급업체가 동물등록번호의 영역할당을 신청한 경우 농림축산검역본부장은 1회 10만개 범위 내에서 동물보호관리시스템을 통해 동물등록번호의 영역을 할당하여 주어야 한다. 다만, 무선식별장치 공급업체 중 2009년 8월 26일 이전에 농림축산식품부장관으로부터 번호를 일괄 할당받아 무선식별장치를 생산하고 있는 업체는 이 규정에 따라 동물등록번호 영역을 할당받은 것으로 본다

③ 무선식별장치 공급업체는 할당받은 동물등록번호 영역의 80% 이상 소진한 경우 추가

할당 신청을 할 수 있다.

④ 농림축산검역본부장으로부터 동물등록번호를 할당받은 무선식별장치 공급업체는 「동물보호법」 제12조에 의한 동물등록 이외의 목적으로 동물등록번호를 사용하여서는 안된다.

제4조(동물등록번호 체계에 따른 등록)

① 동물등록번호 체계에 따라 **이미 등록된 동물등록번호는 다시 사용할 수 없으며, 무선식별장치의 훼손 및 분실 등으로 무선식별장치를 재주입하거나 재부착하는 경우에는 동물등록번호를 다시 부여받아야 한다.**

② 동물등록기관 등은 이미 무선식별장치가 삽입되어 있는 **등록대상동물(외국에서 등록된 동물 포함)에 대하여 동 무선식별장치의 번호 체계가 「동물보호법 시행규칙」 [별표 2]에 맞는 경우에는 삽입되어 있는 장치의 번호를 사용할 수 있다.** 다만, 외국에서 등록된 번호인 경우에는 소유자 등에게 그 사실을 증명할 수 있는 상대국 검역증 사본 등을 제출받아 확인하여야 한다.

③ 삭제

제5조(동물등록번호 관리 등)

① 무선식별장치 공급업체는 무선식별장치 등록번호에 중복 등 오류가 발생하지 않도록 관리하여야 한다.

② 시장·군수·구청장(자치구의 구청장을 말한다)은 동물등록 대행기관에게 동물등록 업무를 위임하기 전에 각 호의 내용을 숙지하도록 연 1회 이상 교육을 실시하여야 한다.
  1. 동물등록 방법
  2. 무선식별장치의 번호 관리 방법
  3. 동물등록 시 발생하는 개인 정보의 이용제한
  4. 그 밖에 이 고시에서 규정하고 있는 사항

제6조(재검토기한)

농림축산검역본부장은 「훈령·예규 등의 발령 및 관리에 관한 규정」에 따라 이 고시에 대하여 2021년 7월 1일 기준으로 매 3년이 되는 시점(매 3년째의 6월 30일까지를 말한다)마다 그 타당성을 검토하여 개선 등의 조치를 하여야 한다.

부칙 〈제2021-5호, 2021. 1. 27.〉

이 고시는 2021년 2월 12일부터 시행한다.

[행정규칙 4]

동물보호·동물복지 또는 동물실험에 관련된 교육의 내용 및 교육과정의 운영요령

[시행 2017. 8. 18.] [농림축산검역본부고시 제2017-33호, 2017. 8. 18., 일부개정.]

제1조(목적)
이 고시는 「동물보호법 시행규칙」 제26조제4항에 따른 동물보호·동물복지 또는 동물실험에 관련된 교육의 내용 및 교육과정의 운영에 관하여 필요한 사항에 대하여 규정함을 목적으로 한다.

제2조(교육대상자)
이 고시에 따른 교육대상자는 「동물보호법 시행규칙」 제26조제1항제3호, 제2항제2호 및 제4호, 제3항제3호에 따라 교육을 이수하고자 하는 자로 한다.

제3조(교육기관)
이 고시에 따른 교육을 실시하는 기관은 「동물보호법 시행규칙」 제26조제2항제2호 및 제4호의 규정에 의거하여 「동물보호법 시행령」 제5조 각 호에 따른 법인·단체, 「고등교육법」 제2조에 따른 학교 및 농림축산검역본부(이하 "검역본부"라 한다)로 한다.

제4조(교육내용 및 교육시간)
제3조의 규정에 따른 교육기관은 다음 각 호의 내용을 중심으로 제2조의 규정에 의한 교육대상자에게 **4시간 이상 교육을 실시**하여야 한다. 이 경우 인터넷전용망을 이용한 사이버교육(이후 "사이버교육"이라 한다)을 실시할 수 있다.
  1. 동물보호정책 및 동물실험 윤리 제도
  2. 동물보호·동물복지 이론 및 국제동향
  3. 실험동물의 윤리적 취급 및 과학적 이용
  4. 동물실험윤리위원회의 기능과 역할(동물실험계획 심의요령 포함)

제5조(교육교재)
교육기관은 제4조의 교육내용이 포함된 교육교재를 편찬하여 교육자료로 활용하여야 한다. 다만, 사이버교육을 실시하는 경우에는 교육교재를 파일 형태로 교육대상자에게 제공할 수 있다.

제6조(교육강사)

교육강사(사이버교육의 경우에는 교육과정 집필진. 이하 같다)는 학계 및 관련 민간단체의 전문가, 관계공무원 등 동물보호·동물복지, 동물실험 및 실험동물 분야의 전문가로 구성하여야 한다.

제7조(교육비용)

교육기관의 장은 교육실시에 따른 소요비용을 교육을 받는 자로부터 받을 수 있다.

제8조(교육계획의 승인)

① 교육을 실시하고자 하는 교육기관의 장은 다음 각 호의 사항이 포함된 교육계획을 수립하여 교육 실시 1개월 전까지 농림축산검역본부장(이하 "검역본부장"이라 한다)에게 승인을 요청하여야 한다.
  1. 교육대상자 예상인원
  2. 교육장소(사이버교육의 경우에는 교육전용 인터넷사이트) 및 교육일정
  3. 교육비용 및 산출내역
  4. 교육과목 및 교육내용
  5. 교육과목별 교육시간 및 교육강사
  6. 결강 등에 대한 조치 사항
  7. 교육수료증, 수료증 교부대장 등 관련 서식
  8. 사이버교육의 경우, 본인인증 및 학습진행상황 확인 방안
  9. 그 밖의 교육시행에 필요한 사항
② 검역본부장은 제1항에 따른 교육계획에 대하여 필요한 경우 수정을 요구할 수 있으며, 수정요구를 받은 교육기관의 장은 이를 즉시 수정하고 그 결과를 검역본부장에게 보고하여야 한다.

제9조(교육결과보고 등)

① 교육기관의 장은 교육수료자 명단이 포함된 교육실시결과를 교육실시 후 10일 이내에 (사이버교육의 경우에는 매분기말까지) 검역본부장에게 보고하여야 한다.
② 교육기관의 장은 교육실시 후 교육을 수료한 자에게 교육수료증을 교부하고, 교육수료 사항을 기록한 교육수료증 교부대장을 5년간 유지·관리하여야 한다.

부칙 〈제2017-33호, 2017. 8. 18.〉

이 고시는 발령한 날부터 시행한다.

동물복지축산농장 교육기관 지정 및 교육 실시 요령

[시행 2021. 6. 22.] [농림축산검역본부고시 제2021-38호, 2021. 6. 22., 제정.]

제1조(목적)

이 고시는「동물보호법 시행규칙」제30조 및 [별표 6] 제2호나목3)에 따라 동물복지축산농장 교육기관의 지정 및 교육에 필요한 세부적인 사항을 규정함을 목적으로 한다.

제2조(교육기관의 지정기준 및 신청)

① 시행규칙 [별표 6] 제2호나목3)에 따른 교육기관의 지정기준은 [별표 1]과 같다.

② 시행규칙 [별표 6] 제2호나목3)에 따라 동물복지축산농장 교육기관으로 지정받으려는 기관 또는 단체는 [별지 제1호서식]의 동물복지축산농장 교육기관 지정신청서(전자문서를 포함한다. 이하 같다)에 다음 각 호의 서류를 첨부하여 농림축산검역본부장(이하 "검역본부장"이라 한다)에게 신청한다.

  1. 기관(비영리법인 포함)의 설립 목적을 확인할 수 있는 정관, 법인등기부등본 (다만, 농림축산식품부 소속 교육기관은 고유번호증)

  2. 교육기관 지정 기준[별표 1]을 확인할 수 있는 다음 각 목의 서류

    가. 교육시설 및 교육장비의 보유 현황

    나. 교육과정 및 교육내용이 포함된 운영계획서

    다. 교육내용, 교육진행 및 방법, 교육수료 요건, 강사운영 방법 등 교육실시 및 운영에 필요한 내부 운영규정

제3조(교육기관의 지정 심사 등)

① 검역본부장은 제2조에 따라 교육기관 지정 신청을 받은 때에는 지정심사반을 편성하여 심사일정 등 심사계획을 신청인에게 사전 통보한 후 심사한다.

② 검역본부장은 제1항에 따른 심사결과 [별표 1]의 지정 기준에 적합하다고 인정되는 경우에는 [별지 제2호서식]에 따른 '동물복지축산농장 교육기관 지정서'를 발급한다.

③ 검역본부장은 제2항에 따라 교육기관 지정서를 발급한 경우에는 다음 각 호의 사항을 관보 또는 검역본부 홈페이지에 게시한다.

  1. 교육기관 지정번호 및 지정일

  2. 교육기관의 명칭 및 소재지

3. 교육기관의 교육과정

제4조(교육기관의 지정변경 신청·심사)

① 교육기관으로 지정받은 기관 또는 단체가 제2조 제2항 각 호의 내용이 변경되었을 때에는 그 사유가 발생한 날부터 1개월 이내에 [별지 제3호서식]의 교육기관 지정 변경 신청서에 그 변경내용을 증명하는 서류와 교육기관 지정서를 첨부하여 검역본부장에게 신청하여야 한다.

② 검역본부장은 제1항에 따라 교육기관 지정 변경신청을 받은 때에는 지정심사반을 편성하여 심사일정 등 심사계획을 신청인에게 사전 통보한 후 [별표 1]의 교육기관 지정 기준과의 적합성 여부를 심사하도록 한다. 다만 서류로 확인이 가능한 경우에는 현지 실사를 생략할 수 있다.

③ 검역본부장은 제2항에 따라 변경사항을 심사한 결과 적합한 경우에는 규칙 [별지 제2호서식]의 교육기관 지정서를 재발급하여야 한다. 이 경우 검역본부 홈페이지에 게시하여야 한다.

제5조(교육계획의 제출 등)

① 교육기관의 장은 다음 각 호의 사항이 포함된 교육계획을 수립하여 교육 개시 1개월 전까지 검역본부장에게 제출한다.
  1. 교육대상자 및 예상 인원
  2. 교육방법
  3. 교육장소 및 일정, 과목 및 내용, 교육시간
  4. 교육강사 선발 및 관리
  5. 교육에 필요한 비용 및 산출 내역
  6. 교육평가 및 수료 기준
  7. 그 밖에 교육에 필요한 사항

② 검역본부장은 제1항에 따라 제출된 교육 계획을 검토하여 이를 확인하고, 필요한 경우 시정 또는 보완을 요구할 수 있다.

제6조(수료증의 발급)

교육기관의 장은 교육대상자가 교육을 이수하였을 경우 [별지 제4호서식]에 수료증 발급 내역을 기재하여 관리하고 [별지 제5호서식]의 '동물복지축산농장 정기교육 수료증'을 발급한다.

제7조(교육결과의 보고)
교육실시기관의 장은 교육 실시 후 1개월 이내에 교육 실시결과를 [별지 제4호서식]에 따라 검역본부장에게 보고한다.

제8조(경비 지원)
검역본부장은 교육기관으로 지정받은 기관 또는 단체에 대하여 교육훈련에 필요한 경비를 지원할 수 있다.

제9조(정보관리시스템 운영)
① 검역본부장 및 교육기관의 장은 동물복지축산농장 정기교육 신청, 지정 등의 효율적인 운영을 위하여 정보관리 시스템을 구축 운영할 수 있다.
② 제1항에 따른 정보관리시스템이 운영되는 경우 교육기관 지정신청, 지정 및 변경, 수료증 발급, 결과보고 등은 정보관리시스템을 우선 적용한다.

제10조(재검토기한)
검역본부장은 이 고시에 대하여 2021년 7월 1일을 기준으로 매 3년이 되는 시점(매 3년째의 6월 30일까지를 말한다)마다 그 타당성을 검토하여 개선 등의 조치를 하여야 한다.

부칙 〈제2021-38호, 2021. 6. 22.〉
이 고시는 발령한 날부터 시행한다.

동물복지축산농장 인증기준 및 인증 등에 관한 세부실시요령

[시행 2018. 7. 3.] [농림축산검역본부고시 제2018-20호, 2018. 7. 3., 일부개정.]

제1장 총 칙

제1조(목적)

이 고시는 「동물보호법」(이하 "법"이라 한다) 제29조, 같은 법 시행령(이하 "영"이라 한다) 제16조 및 같은 법 시행규칙(이하 "규칙"이라 한다) 제29조, 제30조, 제31조, 제32조제4항, 제33조에서 동물복지축산농장 인증 및 출입·검사 등을 위하여 농림축산검역본부장(이하 "검역본부장"이라 한다)에게 위임한 사항에 대하여 그 시행에 필요한 사항을 정하는 것을 목적으로 한다.

제2조(정의)

이 고시에서 사용하는 용어의 정의는 다음 각 호와 같다.

1. "신청인"이라 함은 규칙 제31조에 따라 동물복지축산농장 인증(이하 "인증"이라 한다)을 받으려고 신청하는 자를 말한다.
2. "단체신청"이라 함은 2명 이상의 생산자로 구성된 작목반, 영농조합법인 등의 단체가 규칙 제31조에 따라 인증을 받으려고 신청하는 것을 말한다.
3. "인증심사원"이라 함은 규칙 제32조에 따라 인증심사를 하는 자를 말한다.
4. "인증기준"이라 함은 규칙 제30조에서 규정한 동물복지축산농장의 인증기준을 말한다.
5. "인증을 받은 자"라 함은 규칙 제32조에 따라 동물복지축산농장 인증을 받은 생산자를 말하고, 생산자 중 단체신청으로 인증을 받은 경우 "단체인증"이라 한다.
6. "사후관리"라 함은 법 29조제4항, 영 제14조제3항제5호에 따른 인증기준 준수 여부 감독, 법 제30조에 따른 부당한 방법으로 인증 및 표시사항 조사, 법 제39조제2항제3호에 따른 인증받은 자에 대한 출입·검사 등을 말한다.
7. "조사원"이라 함은 법 제29조제4항, 법 제30조, 법 제39조제2항제3호 및 영 제14조제3항제5호에 따른 인증기준 준수 여부, 동물복지축산농장 표시사항 조사 등을 실시하는 농림축산검역본부 및 지방자치단체 소속 동물보호감시원을 말한다.

제3조(적용범위)

동물복지축산농장 인증 및 사후관리 업무를 수행함에 있어 법, 영, 규칙에서 따로 정한 것을 제외하고는 이 고시를 적용한다.

제2장 동물복지축산농장 인증

제4조(인증기준)
규칙 제30조에 의한 축종별 농장 인증기준은 별표1－1, 별표 1－2, 별표1－3, 별표 1－4, 별표 1－5, 별표 1－6, 별표 1－7과 같다.

제5조(인증의 신청)
① 신청인은 규칙 제31조에 따라 인증신청서, 축산업 허가증 또는 가축사육업 등록증 사본, 별지 제1－1호 서식, 별지 제1－2호 서식, 별지 제1－3호 서식, 별지 제1－4호 서식, 별지 제1－5호 서식, 별지 제1－6호 서식 또는별지 제1－7호 서식의 축산농장 운영현황서(이하 "인증신청 서류"라 한다)를 검역본부장에게 제출하여야 한다.
② 단체신청의 경우, 인증신청서는 단체별로 작성하고, 축산농장 운영현황서는 단체에 소속된 구성원별로 작성한다.

제6조(인증신청서 접수 등)
① 검역본부장은 신청인이 인증신청 서류를 제출하는 경우 다음 각 호의 사항을 확인한 후 인증신청서를 접수한다.
  1. 인증신청 서류가 구비되어 있는지 여부
  2. 각 기재항목이 빠짐없이 모두 기재되어 있는지 여부
② 검역본부장은 인증신청서 접수 시 신청인의 과거 인증내역을 확인하여 법 제29조제5항에 따른 신청 제한자에 해당하는 경우 신청서를 접수하지 않고 신청인에게 그 사유를 명시하여 반송 처리하여야 한다.

제7조(인증심사)
① 검역본부장은 인증신청을 받은 때에는 규칙 별표 7에 따라 문서, 구술, 전화 또는 휴대전화를 이용한 문자전송, 모사전송 또는 인터넷 등으로 인증심사 일정을 통보하여야 한다. 다만, 신청인이 문서통지를 원하는 경우 문서로 통지하여야 한다.
② 인증심사원은 인증기준에 적합한 지 여부에 대해 서류심사와 현장심사를 실시하여야 한다.
③ 규칙 제32조제4항에 따른 인증심사 절차와 방법에 대한 세부사항은 별표 2와 같다.

제8조(심사결과의 통보)

① 검역본부장은 심사결과 인증기준에 적합하다고 판정한 경우 신청인에게 별표 3의 인증번호 부여방법에 따라 인증번호를 부여하고, 규칙 별지 제12호서식의 동물복지축산농장 인증서를 교부하여야 한다.

② 검역본부장은 심사결과 인증기준에 부적합하다고 판정한 경우 그 사유를 명시하여 신청인에게 서면으로 통지하여야 한다.

제3장 동물복지축산농장 표시

제9조(동물복지축산농장 표시)

인증을 받은 자 등은 인증받은 농장에서 유래한 축산물 중 식육·포장육·우유류·식용란의 포장 또는 용기 등에 규칙 제33조에 따라 동물복지축산농장 표시를 할 수 있으며, 규칙 제33조제2항에 따른 표시의 예시는 별표 4와 같다.

제4장 출입 · 검사 등

제10조(생산 실적 제출)

검역본부장은 법 제39조제2항에 따라 인증을 받은 자에게 동물복지 등과 관련하여 필요한 경우 별지 제2호서식에 따른 동물복지축산농장 출하실적을 제출하게 할 수 있다.

제11조(출입 · 검사 등)

① 조사원은 영 제16조에 따라 인증을 받은 농가에 대해 출입·검사를 하고 다음 각 호의 사항을 조사하여야 한다.

　1. 거짓이나 그 밖의 부정한 방법으로 인증을 받았는지 여부

　2. 인증 기준 준수 여부

　3. 동물복지축산농장의 표시사항이 적합한지에 관한 사항

　4. 인증받은 농장에서 유래한 축산물의 유해 잔류물질검사

　5. 인증을 받지 아니한 축산농장을 동물복지축산농장으로 표시하는지에 관한 사항

　6. 인증이 취소된 축산농장을 동물복지축산농장으로 표시하는지에 관한 사항

② 인증농장 및 그 유래 축산물 취급 작업장에 대한 출입·검사 조사요령은 별표 5와 같다.

③ 조사원은 제1항 및 제2항의 조사과정에서 위반사실을 발견한 경우에 위반자 또는 관계인으로부터 별지 제3호서식의 확인서와 증거서류를 받아야 한다. 다만, 위반자가 확인

서의 날인을 거부하거나 기피하는 때에는 조사원 2명 이상의 연명으로 서명 또는 날인하여 그 사실을 확인할 수 있다.

④ 조사원은 조사를 완료한 후에는 별지 제4호서식의 조사결과보고서를 작성하여 검역본부장에게 보고하여야 한다.

제12조(조사결과 조치)

검역본부장은 제11조에 따른 조사결과 위반사항을 확인한 경우, 또는 타기관 등으로부터 위반사항을 통보받은 경우에는 다음 각 호에 따른 조치를 실시하여야 한다.

1. 법 제29조제4항에 따른 인증의 취소
2. 법 제46조에 해당하는 자에 대해서 위반행위 발생지 관할 경찰서 또는 검찰청에 고발 조치
3. 법 제47조에 해당하는 자에 대해서 영 제20조 과태료의 부과기준에 따라 과태료 부과

부칙 〈제2018-20호, 2018. 7. 3.〉

제1조(시행일)

이 고시는 발령한 날부터 시행한다. 다만, 별표 1의1 제4호 방목장시설란의 개정 규정은 발령 후 1년이 경과한 날부터 시행한다.

제2조(재검토기한)

농림축산검역본부장은 이 고시에 대하여 2018년 7월 1일을 기준으로 매 3년이 되는 시점(매 3년째의 6월 30일까지를 말한다)마다 그 타당성을 검토하여 개선 등의 조치를 하여야 한다.

※ 고시 시행일이 7월 1일 이후인 경우에는 재검토기한을 수정(2019년 1월 1일 기준, 매 3년째의 12월 31일)

동물장묘업의 시설설치 및 검사기준

[시행 2016. 1. 21.] [농림축산식품부고시 제2016-5호, 2016. 1. 21., 제정.]

제1조(목적)

이 고시는 동물보호법 시행규칙 제35조 제2항 및 제43조에 따라 농림축산식품부장관이 동물장묘업의 원활한 운영을 위해 동물장묘업의 시설설치, 검사기준 등 필요한 사항을 정함을 목적으로 한다.

제2조(용어의 정의)

이 고시에서 사용하는 용어의 뜻은 다음과 같다.

1. **"설치검사"**란 동물장묘시설의 설치자가 검사기준 및 방법에 따라 당해 시설의 형식·기능 등이 설치기준에 적합한지 여부에 대하여 받는 검사를 말한다.
2. **"정기검사"**란 동물장묘시설이 설치기준, 관리기준에 적합하게 유지·관리되고 있는지를 확인하기 위하여 정기적으로 받는 검사를 말하며 검사결과를 지체 없이 관할 시장·군수·구청장에게 제출해야 한다.
3. **"자가검사"**란 동물화장시설을 운영하는 동물장묘업자가 시설을 운영할 때에 나오는 배기가스 등 오염물질을 측정대행업자에게 측정하게 하는 검사를 말하며 검사결과를 지체 없이 관할 시장·군수·구청장에게 제출해야 한다.

제3조(검사기관)

동물장묘시설에 대한 검사기관은 다음과 같다.

1. 동물화장시설의 검사기관
   가. 한국환경공단
   나. 한국기계연구원
   다. 한국산업기술시험원
   라. 대학, 정부출연기관, 그 밖에 소각시설을 검사할 수 있다고 인정하여 환경부장관이 고시하는 기관
2. 동물건조장시설의 검사기관
   가. 한국환경공단
   나. 특별시·광역시·특별자치시·도·특별자치도의 보건환경연구원

다. 한국산업기술시험원
3. 동물화장시설의 자가검사 기관 : 환경분야 시험검사 등에 관한 법률 제16조에 따라
등록된 자가측정대행업체

제4조(동물화장시설의 설치검사 방법 및 기준)
동물화장시설의 설치검사 방법 및 기준은 [별표 1]과 같다.

제5조(동물화장시설의 정기검사 방법 및 기준)
동물화장시설의 정기검사 방법 및 기준은 [별표 2]와 같다.

제6조(동물화장시설의 자가검사 방법 및 기준)
동물화장시설의 자가검사 방법 및 기준은 [별표 3]과 같다.

제7조(동물건조장시설의 설치검사 방법 및 기준)
동물건조장시설의 설치검사 방법 및 기준은 [별표 4]와 같다.

제8조(동물건조장시설의 정기검사 방법 및 기준)
동물건조장시설의 정기검사 방법 및 기준은 [별표 5]와 같다.

제9조(재검토기한)
농림축산식품부 장관은 2016년 7월 1일을 기준으로 매 3년이 되는 시점(매 3년째의 6월 30
일까지를 말한다)마다 그 타당성을 검토하여 개선 등의 조치를 하여야 한다.

부칙 〈제2016-5호, 2016. 1. 21.〉
이 고시는 2016년 1월21일부터 시행한다.

☑ 별표 / 서식
[별표 1] 동물화장시설의 설치검사 방법 및 기준
[별표 2] 동물화장시설의 정기검사 방법 및 기준
[별표 3] 동물화장시설의 자가검사 방법 및 기준
[별표 4] 동물건조장시설의 설치검사 방법 및 기준
[별표 5] 동물건조장시설의 정기검사 방법 및 기준

동물화장시설의 설치검사 방법 및 기준

검사항목	세 부 기 준	검 사 방 법

1. 소각
능력의
적정성
및 적정
연소상태
유지여부
	가. 시간당 소각능력이 25kg
	  이상이어야 한다.
	나. 적정한 소각기능 및 용량
	  을 가져야 한다.
		(1) 동물사체에 대하여 적정한 소각기능 및 용
		  량을 가지고 있는지 여부를 실제 소각시험
		  을 통하여 판정한다.
		  (가) 시험시간(승온 및 감온시간을 제외한
		    다)은 4시간 또는 4회 이상(일괄투입
		    식으로서 1회투입 연소시간이 4시간
		    이상인 경우 연소완료시 까지)

	나. 등록을 받은 시설의 시간
	  당 처리능력을 갖도록 설
	  치하여야 한다.
		(1) 소각능력은 총 소각처리량(강열감량 및 배
		  기가스 허용기준에 적합한 경우에 한함)을
		  승온 및 감온시간을 제외한 검사시간으로
		  나누어 산출한다.
		(2) 등록을 받은 시설의 시간당 처리능력을 보
		  유하고 있는지 확인하고, 시설의 연소실 출
		  구온도와 배기가스 허용기준 등에 적합한
		  범위 내에서 최대 처리능력을 확인한다.

	다. 배기가스중의 매연농도는
	  링겔만비탁표 2도이하이
	  어야하고, 일산화탄소농
	  도는 표준산소농도 즉 O2
	  의 백분율 12에서 200ppm
	  이하이어야 한다.
		(1) 대기오염공정시험기준에 의하여 측정함을
		  원칙으로 하되, 부시험방법인 휴대용 측정
		  장비로는 현장에서 시간당 3회이상 측정
		  한 평균치를 산정 하여 적용하고, 일괄투
		  입방식 소각시설로서 일괄투입 소각시간
		  이 4시간 미만인 경우에는 2회의 일괄투입
		  소각에 걸쳐 매 10분마다 측정하여 평균치
		  를 산정한다.
		(2) 산소의 농도도 동일한 방법으로 측정하여
		  그 평균치로 일산화탄소의 농도를 보정한다.

2. 연소실
출구
온도
유지
여부
	가. 연소실, 분해실, 용융실
	  (연소실이 2이상인 경우
	  에는 최종연소실을 말하
	  며, 이하 "연소실"이라 한
	  다)의 출구온도는 800℃
	  이상이어야 한다.
		(1) 소각성능시험을 실시하면서 자동온도기록
		  계 또는 온도계로 측정하여 확인하되, 승
		  온 및 감온시간을 제외한 전체 성능검사시
		  간의 90퍼센트 이상이 기준온도 이상으로
		  유지되는지를 확인한다.
		(2) 일괄투입방식 소각시설의 온도유지시간 산
		  정방법은 다음과 같다.
		  (가) 첫 번째 폐기물 일괄투입시에는 점화
		    후 기준온도 도달시간부터 소각을 종

검사항목	세 부 기 준	검 사 방 법
		료하여 투입문을 여는 시간까지 산정한다. (나) 이후의 모든 소각온도 유지시간 산정은 일괄투입 폐기물의 점화 후부터 소각종료 후 투입문을 여는 시간까지 산정한다.
3. 연소 가스 체류 시간 적정 여부	가. 연소실은 연소가스가 0.5초이상 체류할 수 있고, 충분하게 혼합될 수 있는 구조이어야 한다.	(1) 연소실의 가스유량(연소실 출구온도 기준으로 산정)을 성능검사기간 동안 동일 간격으로 4회 측정한 평균값과 연소실 내부 용적을 구하여 체류시간을 산정한다. 다만, 일괄투입식의 경우 가스화실은 내부용적에서 제외하고, 1회 투입연소시간이 4시간 미만인 일괄투입 회분식 소각시설은 투입회수별로 각각 2회를 측정하여 산정한다. (2) 연소실의 내부용적은 2차연소용 공기 공급장치 후단부터 연소실 출구온도 감지기 설치위치까지를 실측하여 계산한다. 다만, 연소실 구조상 2차연소용 공기공급장치의 구분이 명확하지 않은 경우에는 이론적인 폐기물체류용적을 제외한 용적을 기준으로 한다. (3) 연소실 내부용적 계산시에는 사각지대(dead-space)를 감안하여 산정된 내부용적의 90%만을 내부용적으로 한다. (4) 일괄투입방식 소각시설의 가스체류시간 산정을 위한 동압 및 온도측정은 매 일괄 소각공정별로 2회 측정하여 최종 평균치를 적용 산정(일괄투입 소각시간이 4시간 이상일 경우는 4회 측정함)한다.
4. 바닥재 강열 감량 적정 여부	가. 바닥재의 강열감량이 15%이하이어야 한다.	(1) 검사대상 소각시설의 특성을 고려하여 균일한 시료를 얻을 수 있도록 폐기물공정시험기준에 따라 소각재를 채취하여 분석하되, 회분식의 경우 소각성능시험 종료후 1시간이상이 경과한 후에 시료를 채취하여야 한다.
5. 보조 연소 장치의 용량 및	가. 연소실의 예열 및 온도를 조절할 수 있도록 보조버너 등 충분한 용량의 조연장치 등을 설치하여야 한다.	(1) 초기가동시 폐기물 소각없이 연소실 출구온도를 800℃이상 유지할 수 있는지를 확인한다. (2) 보조연소장치가 자동작동식인 경우 온도

검사항목	세 부 기 준	검 사 방 법
작동 상태		감지지점, 자동작동 온도구간을 확인하고 감지구간내에서 정상적으로 자동 작동되는지를 확인한다.
6. 연소실의 공기 또는 산소 공급 장치 작동 상태	가. 연소실의 공기공급량을 조절할 수 있는 장치를 설치하여야 한다. 나. 통풍설비설치등으로 연소실의 압력이 일정하게 유지되고, 연소가스 또는 화염의 역류현상이 발생하지 아니하는 구조이어야 한다.	(1) 연소실의 공기공급량 조절할 수 있는 장치가 설치되어 있는지 여부를 확인한다. (2) 연소실의 압력이 일정하게 유지되는지 여부를 연소실 압력을 4회 측정하여 확인한다. (3) 성능시험 시간동안 연소가스 또는 화염의 역류현상이 발생되는지 여부를 확인한다.
7. 굴뚝의 통풍력 및 구조의 적정성	가. 굴뚝을 설치한 경우 통풍력과 배기가스의 대기확산을 고려한 높이와 구조이어야 한다.	(1) 굴뚝을 설치한 경우 통풍력과 배기가스의 대기확산을 고려한 높이와 구조인지를 확인한다.
8. 폭발사고 및 화재 등에 대비한 구조인지 여부	가. 폭발사고, 화재 등에 대비하여 안전한 구조이어야 하며 소화기 등 소화장비를 갖추어야 한다.	(1) 안전변 또는 방폭구, 저수위 차단장치, 전기적 안전장치 등의 폭발, 화재에 대비한 안전장치가 설치되어 있는지 확인한다. (2) 소화기 용량, 형식을 확인한다.
9. 출구 온도 측정공, 온도 지시계, 온도 기록계 설치 여부 및 작동 상태	가. 연소실의 출구에는 각 시설의 출구온도 기준보다 300℃ 이상 측정할 수 있는 온도지시계를 설치하고, 온도변화를 연속적으로 기록할 수 있는 자동온도기록계를 부착하여야 한다.	(1) 연소실 출구에 각 시설의 출구온도 기준보다 300℃이상 측정할수 있는 온도지시계가 설치되어 있는지를 확인한다. (가) 온도측정장치 또는 온도지시계는 폐기물 연소시 화염이 직접 닿지 않는 부위에 설치되어 있는지, 조연장치의 최대화염길이 또는 화염폭의 1.5배 이상 이격시켜 설치되어 있는지를 확인한다. (2) 출구온도변화를 연속적으로 기록할 수 있는 자동온도기록계가 부착되어 있는지를 확인한다. (3) 온도지시계 및 온도기록계의 정밀도를 현장 측정온도와의 비교검사로 확인한다.(온도지시계와 자동온도기록계의 일치 여부 확인)

검사항목	세 부 기 준	검 사 방 법
10. 내부에 사용한 재질의 적정성 및 연소실 외부 피복 상태 및 외부 표면 온도	가. 연소실 외부를 철판으로 피복한 경우에는 연소실 본체의 고온부위는 내열 도료로 도색 또는 단열처리하거나 내화단열벽돌, 캐스터블내화물 등으로 시공하여 외부표면온도를 120℃ 이하로 유지할 수 있는 구조이어야 한다, 다만 회전식 소각시설 등 구조상 단열을 충분히 유지할 수 없는 경우에는 그러하지 아니하다	(1) 소각성능시험시 각 연소실의 외부표면온도를 4회씩 3개 지점 이상 실측하여 각각 기준 이하인지 여부를 확인한다. 다만, 일괄투입방식 소각시설로서 일괄투입 소각 시간이 4시간 미만인 경우는 매 일괄 소각 별로 2회 측정하여 각각 기준이하 여부인지를 확인한다.
11. 폐기물의 투입구 및 청소구의 내열성, 구조 및 공기 유입·유출 여부	가. 폐기물 투입구 및 청소구는 고온에 견딜 수 있는 재질로 만들어야 하며, 외부공기의 유입이나 연소가스의 누출을 방지할 수 있는 구조이어야 한다	(1) 폐기물소각시설의 투입구 및 청소구의 내열성 유지상태, 형태 및 기밀성 유지상태를 확인한다. 다만, 일반소각시설로서 2차 연소실이 없는 연속투입방식인 경우에는 투입구가 2중문구조인지 확인한다.
12. 내부 연소 상태 투시공 설치 여부	가. 연소실 내부의 연소상태를 볼 수 있는 구조이어야 한다.	(1) 연소실 내부의 연소상태를 볼수 있는 구조인지 확인한다.
13. 소각재의 흩날림 방지 조치 여부	가. 소각 또는 열분해잔재물의 제거시 재의 흩날림을 방지할 수 있는 구조이어야 한다.	(1) 소각 또는 열분해잔재물 제거시 재의 흩날림을 방지할 수 있는 구조인지를 확인한다.
14. 표지판 부착 여부	가. 시설용량, 처리대상폐기물의 종류, 소각방식, 설계·시공자명 및 연락처	(1)표지의 내용, 표식의 견고성, 부착성등이 적정한지 여부를 확인한다.

검사항목	세 부 기 준	검 사 방 법
및 기재 사항	등 필요한 사항을 지워지 지 아니하고 파손되지 아 니하는 방법으로 표시된 표지를 부착하여야 한다.	

한권으로 정리하는 동물보호법

동물화장시설의 정기검사 방법 및 기준

검사항목	세 부 기 준	검 사 방 법
1. 적정연소 상태 유지여부	가. 적정한 소각기능을 가져야 한다.	(1) 동물사체에 대하여 적정한 소각기능 및 용량을 가지고 있는지 여부를 실제 소각시험을 통하여 판정한다. (가) 시험시간(승온 및 감온시간을 제외한다)은 2시간 또는 2회 이상(일괄투입식으로서 1회투입 연소시간이 2시간 이상인 경우 연소완료시까지)이어야 한다.
	나. 배기가스중의 매연농도는 링겔만비탁표 2도이하이어야하고, 일산화탄소농도는 표준산소농도 즉 O2의 백분율 12에서 200ppm이하이어야 한다.	(1) 대기오염공정시험기준에 의하여 측정함을 원칙으로 하되, 부시험방법인 휴대용 측정장비로는 현장에서 시간당 3회이상 측정한 평균치를 산정 하여 적용하고, 일괄투입방식 소각시설로서 일괄투입 소각시간이 4시간 미만인 경우에는 2 회의 일괄투입 소각에 걸쳐 매 10분마다 측정하여 평균치를 산정한다. (2) 산소의 농도도 동일한 방법으로 측정하여 그 평균치로 일산화탄소의 농도를 보정한다.
2. 연소실 출구가스 온도	가. 연소실의 출구온도는 800℃ 이상이어야 한다.	(1) 소각성능시험을 실시하면서 자동온도기록계 또는 온도계로 측정하여 확인하되, 승온 및 감온시간을 제외한 전체 성능검사시간의 90퍼센트 이상이 기준온도 이상으로 유지되는지를 확인한다. (2) 일괄투입방식 소각시설의 온도유지시간 산정방법은 다음과 같다. (가) 첫 번째 폐기물 일괄투입시에는 점화 후 기준온도 도달시간부터 소각을 종료하여 투입문을 여는 시간까지 산정한다. (나) 이후의 모든 소각온도 유지시간 산정은 일괄투입 폐기물의 점화 후부터 소각종료 후 투입문을 여는 시간까지 산정한다.

2 — 행정규칙 동물보호법

검사항목	세 부 기 준	검 사 방 법
3. 연소실 가스체류 시간	가. 연소실은 연소가스가 0.5초 이상 체류할 수 있고, 충분하게 혼합될 수 있는 구조이어야 한다.	(1) 연소실의 가스유량(연소실 출구온도 기준으로 산정)을 성능검사기간 동안 동일 간격으로 4회 측정한 평균값과 연소실 내부용적을 구하여 체류시간을 산정한다. 다만, 일괄투입식의 경우 가스화실은 내부용적에서 제외하고, 1회 투입연소시간이 4시간 미만인 일괄투입 회분식 소각시설은 투입회수별로 각각 2회를 측정하여 산정한다. (2) 연소실의 내부용적은 2차연소용 공기 공급장치 후단부터 연소실 출구온도 감지기 설치위치까지를 실측하여 계산한다. 다만, 연소실 구조상 2차연소용 공기공급장치의 구분이 명확하지 않은 경우에는 이론적인 폐기물체류용적을 제외한 용적을 기준으로 한다. (3) 연소실 내부용적 계산시에는 사각지대(dead-space)를 감안하여 산정된 내부용적의 90%만을 내부용적으로 한다. (4) 일괄투입방식 소각시설의 가스체류시간 산정을 위한 동압 및 온도측정은 매 일괄소각공정별로 2회 측정하여 최종 평균치를 적용 산정(일괄투입 소각시간이 4시간 이상일 경우는 4회 측정함)한다.
4. 바닥재 강열감량	가. 바닥재의 강열감량이 15%이하이어야 한다.	(1) 검사대상 소각시설의 특성을 고려하여 균일한 시료를 얻을 수 있도록 폐기물공정시험기준에 따라 소각재를 채취하여 분석하되, 회분식의 경우 소각성능시험 종료후 1시간이상이 경과한 후에 시료를 채취하여야 한다.
5. 보조연소 장치의 작동상태	가. 연소실의 예열 및 온도를 조절할 수 있도록 보조버너등 충분한 용량의 조연장치등을 설치하여야 한다.	(1) 초기가동시 폐기물 소각없이 연소실 출구온도를 800℃이상 유지할 수 있는지를 확인한다. (2) 보조연소장치가 자동작동식인 경우 온도 감지지점, 자동작동 온도구간을 확인하고 감지구간 내에서 정상적으로 자동 작동되는지를 확인한다.
6. 설치검사 당시와	가. 본체 및 부대설비(용수저장탱크,조작판넬제외)	(1) 본체 및 부대설비의 구조 및 형상이 최초 설치검사시와 동일한지 여부를 확인한다.

검사항목	세 부 기 준	검 사 방 법
동일한 설비·구조를 유지하고 있는지 여부	의 구조및 형상은 설치검사시와 동일하여야 한다. 나. 설치검사시와 동일한 내용을 각인한 표지를 부착하여야 한다. 다. 압력측정장치 및 각 계기들의 부착위치는 설치검사시와 동일하여야 하고 적정한 기능을 유지하여야 한다.	(2) 표지의 내용, 표지의 견고성, 부착성등이 적정한지 여부를 확인한다. (3) 계기의 설치위치를 현지 확인하여 부착위치가 설치검사시와 동일한지, 동일한 분포대의 측정이 가능한지 여부를 판정한다.

[별표 3]

동물화장시설의 자가검사 방법 및 기준

( )는 표준산소농도(O2의 백분율)

대기오염물질	배출허용기준	검사방법
CO(ppm)	200(12) 이하	대기오염공정시험기준에 의함
황산화물(SO2로서) ppm	50(12) 이하	
질소산화물(NO2로서) ppm	90(12) 이하	
먼지(mg/Sm³)	20(12) 이하	
염화수소(ppm)	20(12) 이하	

동물건조장시설의 설치검사 방법 및 기준

검사항목	세 부 기 준	검 사 방 법
1. 시설 설치의 적정성	가. 동물사체처리시설에 적합하게 시설을 설치하여야 한다.	(1) 동물사체처리시설에 적합하게 설치되었는지 확인한다. (가) 동물사체 처리과정에서 발생되는 대기 또는 수질오염물질이 적정하게 처리할 수 있는 시설 또는 장비 등을 갖추었는지 여부 (나) 처리시설의 바닥이 시멘트, 아스팔트 등 물이 스며들지 아니하는 재료로 포장되었는지 여부를 확인
2. 멸균능력의 적정성 및 멸균조건의 적정 여부(멸균검사포함)	가. 적정한 멸균분쇄기능 및 용량을 가져야 한다.	(1) 동물사체에 대하여 적정한 멸균분쇄용량 및 기능을 가지고 있는지 여부를 실제 시험을 통하여 확인한다. (가) 2회이상 가동하여 시험을 실시하고 평균한 값으로 산정한다
	나. 시간당 멸균분쇄 능력이 검사신청한 용량이상에 적정하여야 한다. ① 검사신청시 처리능력은 등록신청 용량과 동일하여야 한다.	(1) 멸균분쇄 능력은 정상가동상태에서 승온시간과 감온시간을 제외한 검사시간으로 나누어 산출한다. (2) 산정된 멸균분쇄시설 능력이 검사신청한 처리용량 이상인지 여부를 확인한다.
	다. 동물사체는 아래의 운전조건이 충족된 상태에서 규정된 조건 이상 체류하여야 한다 ① 마이크로웨이브 멸균분쇄시설: 4개 이상의 마이크로파발생기에서 각각 2,450 ㎒의주파수와 출력 1,000와트 이상의 마이크로파를 조사하여 아포균 검사기준	(1) 멸균분쇄시설의의 적정 멸균여부를 검사하기 위해 안정적인 멸균을 위한 온도, 마이크로파의 세기, 체류시간 등의 제반기준에 총족되는지 여부를 검사를 통해 판정한다. (가) 온도측정기기(센서) 또는 마이크로파 측정기가 멸균실 안의 조건을 대표할 수 있는 적정위치에 설치되어 있는지 여부를 판정한다. (나) 멸균분쇄 방법별 처리 온도, 마이크로파의 세기, 체류시간 등에 대한 시험을 통해 적합여부를 판정한다. (다) 아포균 검사는 멸균기가 정상운전조건이 충족된 상태에서 실시하여야 한다.

검사항목	세 부 기 준	검 사 방 법
	에 적합하여야 한다.	
	라. 아포균 검사를 통한 멸균여부를 검사하여야 한다.	(1) 아포균(Bacillus Stearothermophilus)을 포함하고 있는 바이얼(튜브 등)을 이용한 멸균여부 검사를 실시한다. (가) 아포균 멸균시험시 운전조건 및 체류시간은 멸균기기의 적정 운전범위 안에 있는지 여부를 확인한다. (나) 아포균 바이얼은 멸균실내의 운전조건을 대표할 수 있는 적절한 지점에 설치되어야 한다. (2) 아포균 검사에 따른 지표생물, 포자밀도, 시료량 및 배양시험 방법 기타 필요한 사항은 폐기물공정시험기준에 의한다
3. 분쇄시설의 적정작동 여부	가. 분쇄물은 원형이 파쇄되어 재사용할 수 없도록 분쇄하여야 한다	(1) 멸균된 폐기물을 원형이 파쇄되어 재사용할 수 없을 정도로 분쇄할 수 있는 설비가 설치되었는지와 시설의 정상작동 여부를 확인한다 (2) 멸균분쇄된 최종 잔재물이 원형이 파쇄되어 재사용할 수 없는 등 분쇄기준에 적합한지 여부를 확인한다.
4. 밀폐형으로 된 자동제어에 의한 처리방식 인지 여부	가. 증기멸균장치는 밀폐형으로 되어있어야 하며 자동제어에 의해서 전과정이 자동으로 작동되어야 한다.	(1) 운전중 멸균장치의 누출검사 등을 통해 밀폐여부를 확인한다.
5. 자동기록장치의 적정 작동 여부	가. 자동기록장치를 설치하여야 하며 정상적으로 작동하여야 한다.	(1) 자동기록장치 설치 및 정상작동 여부를 확인한다. (가) 자동기록장치는 외부조작에 의한 기록내용의 수정이 가능하지 않은 구조로 되어있어야 한다.
	나. 자동기록지는 연결방식의 종이 또는 전산파일로 보관해야 한다.	(1) 자동기록지가 연결방식으로 구성된 것을 사용하는지 여부를 확인한다.전산파일인 경우 전체 멸균 시간을 표시하는지 확인한다.
	다. 처리일자, 처리온도, 처리압력, 처리시간, 투입량 등이 자동기록 되어야 한다.	(1) 자동기록장치는 처리일자, 처리횟수(일련번호), 처리온도, 처리압력, 처리시간, 투입량 등을 함께 자동기록 할 수 있도록 설치되었는 지와 동 설비가 정상작동하는지 여부를 확인한다.
6. 폭발사고 및 화재 등	가. 폭발사고, 화재 등에 대비하여 안전한 구	(1) 장치의 폭발, 화재에 대비한 안전한 구조인지를 확인한다.

검사항목	세 부 기 준	검 사 방 법
에 대비한 구조인지 여부	조이어야 하며 소화기 등 소화장비를 갖추어야 한다.	(2) 기계의 이상 또는 다른 이유로 인하여 적정 온도 및 압력 등에 도달하지 못하거나 비정 상적인 압력상승 등 비상상황이 발생될 경우 운전이 자동으로 중단되고 경보할 수 있는 시스템이 설치되었는지와 동 시스템이 정상작동되는지 여부를 확인한다 (3) 설비 또는 비치된 소화장비 용량의 적정성, 형식 등과 정상작동여부를 확인한다. (4) 콘크리트 등 수평을 유지할 수 있는 딱딱한 지반위에 설치되어 있는지를 확인한다.
7. 악취방지 시설, 건조장치의 적정작동 여부	가. 처리시설 주변에 악취가 발생하지 않아야 한다.	(1) 멸균시설 운전도중 악취가 처리시설 외부로 확산되지 않도록 악취방지 시설을 설치하고 있는지와 악취방지시설의 정상가동 여부를 확인한다.
	나. 처리된 잔재물의 수분함량은 50% 이하가 되어야 한다.	(1) 멸균분쇄된 최종 잔재물을 폐기물 공정시험 기준에 따라 수분함량을 측정하여 함수율이 기준에 충족되는지 여부를 확인한다.

한권으로 정리하는 동물보호법

동물건조장시설의 정기검사 방법 및 기준

검사항목	세 부 기 준	검 사 방 법
1. 처리용량의 적정성	가. 적정한 멸균분쇄시설의 기능 및 용량을 유지하여야 한다 ① 처리능력은 등록상의 용량과 동일하여야 한다.	(1) 설치신고 또는 허가받은 처리시설 용량 이상인지 여부를 실제 시험을 통해 확인하여야 한다. (가) 멸균분쇄시설 능력은 멸균분쇄처리량을 승온 및 감온시간을 제외한 검사기간으로 나누어 산출한다.
2. 멸균조건의 적정유지 여부(멸균검사 포함)	가. 동물사체는 아래의 운전조건이상 체류하여야 한다. ① 마이크로웨이브 멸균분쇄시설: 4개이상의 마이크로파발생기에서 각각 2,450㎒의 주파수와 출력 1,000와트이상의 마이크로파를 조사하여 아포균 검사기준에 적합하여야 한다.	(1) 멸균분쇄시설의 적정 멸균여부를 확인하기 위해 멸균을 위한 온도, 마이크로파의 세기, 체류시간 등에 대한 검사를 실시한다. (가) 온도측정기기(센서) 및 마이크로파 등은 멸균시설 안의 온도를 대표할 수 있도록 적정위치에 설치되어 정상작동되는지 여부를 판정한다. (나) 아포균 검사시 멸균기가 정상운전조건을 충족한 상태에서 실시하여야 한다.
	나. 아포균 검사를 통한 멸균여부를 검사하여야 한다	(1) 아포균(Bacillus Stearothermophilus)을 포함하고 있는 바이알(튜브 등)을 이용한 멸균여부 검사를 실시한다. (가) 아포균 멸균시험시 운전조건 및 체류시간은 멸균기기의 적정 운전범위 안에 있는지 여부를 확인한다. (나) 아포균 바이알이 멸균기기내의 운전조건을 대표할 수 있는 적절한 지점에 설치되었는지를 확인한다. (2) 아포균 검사에 따른 지표생물, 포자밀도, 시료량, 배양시험방법 기타 필요한 사항은 폐기물공정시험기준에 의한다.
3. 분쇄시설 정상가동 여부	가. 분쇄물은 원형이 파쇄되어 재사용할 수 없도록 분쇄하여야 한다	(1) 멸균된 폐기물이 원형이 파쇄되어 재사용할 수 없도록 분쇄할 수 있는 분쇄시설의 정상작동 여부를 확인한다. (2) 멸균분쇄된 최종 잔재물은 원형이 파쇄되어 재사용할 수 없도록 분쇄되었는지 여부를 확인한다.

검사항목	세 부 기 준	검 사 방 법
4. 자동 기록 장치의 정상 가동 여부	가. 자동기록장치를 설치하여야 하며 정상적으로 작동하여야 한다.	(1) 자동기록장치가 정상작동 여부를 확인한다. (2) 연결방식(종이 또는 전산파일)으로 자동기록 되는지 여부를 확인한다. (3) 외부조작에 의한 기록내용 변경이 가능한지 여부 등을 확인한다.
	나. 처리일자, 처리온도, 처리압력, 처리시간, 투입량 등이 자동기록 되어야 한다.	(1) 처리일자, 처리횟수(일련번호), 처리온도, 처리압력, 처리시간, 투입량 등을 함께 자동기록하는 장치가 정상 작동하는지 여부를 확인한다.
5. 안전 설비의 정상 가동 여부	가. 폭발사고, 화재 등에 대비하여 안전한 구조이어야 하며 소화기 등 소화장비를 갖추어야 한다.	(1) 설치검사 당시와 동일한 설비·구조 등을 유지하고 있는지 여부를 확인한다. (2) 기계의 이상 또는 다른 이유로 인하여 적정온도 및 압력 등에 도달하지 못하거나 비정상적인 압력상승 등 비상상황이 발생될 경우 운전이 자동으로 중단되고 경보할 수 있는 시스템이 설치되었는지와, 동 시스템이 정상작동되는지 여부를 확인한다. (3) 소화설비 또는 비치된 소화기의 이상유무를 확인한다.
6. 악취방지 시설, 건조장치 등의 정상가동 여부	가. 악취방지시설, 건조시설 등은 설치검사시의 작동상태를 유지하여야 한다.	(1) 악취방지시설 등의 정상작동 여부를 확인한다.

한권으로 정리하는 동물보호법

[행정규칙 8]

맹견 소유자 정기교육 교육기관 지정

[시행 2019. 5. 22.] [농림축산식품부고시 제2019-20호, 2019. 5. 22., 제정.]

제1조(목적)

이 고시는「동물보호법」제13조의2제3항 및「동물보호법 시행규칙」제12조의4제2항에 따라 맹견 소유자에게 맹견에 관한 교육을 진행하는 교육기관을 지정하여 고시함을 목적으로 한다.

제2조(교육기관)

이 고시에 의해 지정된 교육기관은「농업·농촌 및 식품산업 기본법」제11조의2에 따라 농림축산식품부장관이 설립한 **농림수산식품교육문화정보원**으로 한다.

제3조(교육내용)

제2조의 교육기관은 다음 각 호의 내용에 관한 사항을 교육과정에 포함하여야 한다.
1. 맹견의 종류별 특성, 사육방법 및 질병예방에 관한 사항
2. 맹견의 안전관리에 관한 사항
3. 동물의 보호와 복지에 관한 사항
4. 이 법 및 동물보호정책에 관한 사항
5. 그 밖에 교육기관이 필요하다고 인정하는 사항

제4조(재검토 기한)

농림축산식품부장관은 이 고시에 대하여 2019년 7월 1일을 기준으로 매 3년이 되는 시점(매 3년째의 6월 30일까지를 말한다)마다 그 타당성을 검토하여 개선 등의 조치를 하여야 한다.

부칙 〈제2019-20호, 2019. 5. 22.〉

이 고시는 발령한 날부터 시행한다.

지방자치단체장이 주관(주최)하는 민속 소싸움 경기

[시행 2013. 5. 27.] [농림축산식품부고시 제2013-57호, 2013. 5. 27., 일부개정.]

제1조(민속 소싸움 경기명칭 사용원칙)

① 전국 규모 민속 소싸움 경기의 명칭은 경기명칭의 무분별한 사용 및 유사 명칭 사용으로 인한 업무혼선을 방지하기 위하여 "개회횟수, 지역 명칭 및 전국민속소싸움대회"의 단어를 포함하여 통일되게 사용하여야 한다.

  예시) 제○회 ○○시(군) 전국민속소싸움대회

② 지방자치단체장이 주관(주최)하는 민속 소싸움 경기가 일부 다른 목적의 행사에 부속하는 경우 또는 상설경기 등으로 제1항의 민속 소싸움 경기를 실시하는 경우 부제의 경기 명칭을 사용 할 수 있다.

제2조(민속 소싸움 경기 개최지역의 범위)

지방자치단체장이 주관(주최)하고 농림축산식품부장관이 정하는 고시하는 민속 소싸움 경기는 당해 지방자치단체의 관할 구역 내에서 실시하여야 한다.

제3조(민속 소싸움 경기)

농림축산식품부장관이 정하여 고시하는 민속 소싸움 경기는 **대구광역시 달성군, 충청북도 보은군, 전라북도 정읍시, 전라북도 완주군, 경상북도 청도군, 경상남도 창원시, 경상남도 진주시, 경상남도 김해시, 경상남도 의령군, 경상남도 함안군, 경상남도 창녕군**의 지방자치단체장이 주관(주최)하는 **민속 소싸움**으로 한다.

부칙 〈제2013-57호, 2013. 5. 27.〉

제1조(시행일) 이 고시는 2013년 5월 27일부터 시행한다.

제2조(재검토기한) 이 고시는 2016년 5월 26일까지 "「훈령·예규 등의 발령 및 관리에 관한 규정」(대통령훈령 제248호)" 제7조제3항제2호에 따라 재검토하여야 한다.

동물보호명예감시원 운영규정

[시행 2021. 8. 26.] [농림축산식품부고시 제2021-61호, 2021. 8. 26., 일부개정.]

제1조(목적)
이 규정은「동물보호법」제41조 및「동물보호법 시행령」제15조에 따라 동물보호명예감시원의 운영에 관한 세부사항에 대해 규정함을 목적으로 한다.

제2조(명예감시원 신청)
「동물보호법 시행령」(이하 "시행령"이라 한다) 제15조제1항 각 호의 요건을 갖추고 동물보호명예감시원(이하 "명예감시원"이라 한다)을 희망하는 자는 별지 제1호서식의 명예감시원 신청서에 시행령 제15조제1항에 따른 교육이수 수료증을 첨부하여 농림축산검역본부장(이하 "검역본부장"이라 한다), 특별시장·광역시장·특별자치시장·도지사·특별자치도지사(이하 "시·도지사"라 한다) 또는 시장·군수·구청장(자치구의 구청장을 말한다. 이하 같다)이 모집 공고하는 경우 공고기간 내에 제출하여야 한다.

제3조(명예감시원 위촉)
① 검역본부장, 시·도지사 또는 시장·군수·구청장(이하 "위촉기관의 장"이라 한다)은 제2조에 따른 신청자를 대상으로 시행령 제15조제1항의 제1호에서 제3호까지의 자격을 충족한 자 중 적격자를 선정하여 위촉하여야 한다.
② 위촉기관의 장은 제1항에 따라 명예감시원을 위촉한 경우 별지 제2호서식의 명예감시원 위촉대장에 등재한 후 별지 제3호서식의 명예감시원증을 발급하여야 한다.
③ **명예감시원 위촉기간은 위촉일로부터 3년**으로 하며 특별한 사유가 없는 경우, 위촉기간 만료 후에 재위촉할 수 있다. 다만, 이 경우 명예감시원증 재발급은 생략할 수 있다.
④ 농림축산식품부장관은 명예감시원의 효율적인 운영을 위해 시·도별 명예감시원의 위촉정원을 정할 수 있다.

제4조(명예감시원 활동)
① 시행령 제15조제3항의 업무 수행을 위한 **명예감시원의 활동방법**은 다음 각 호와 같다.
　1. 동물등록 등에 관한 지도·홍보, 위반사항의 감시·신고 활동을 자율적으로 수행
　2. 위촉기관이 실시하는 지도·홍보, 동물학대 등 법 위반사항의 감시·신고 등에

관한 활동을 동물보호감시원과 공동으로 수행

② 명예감시원은 시행령 제15조제3항의 직무를 수행할 때에는 명예감시원증을 동물소유 자·동물보호센터 운영자 등에게 내보여야 하며, 직무 이외의 다른 목적에 사용해서는 안 된다.

③ 명예감시원은 제1항에 따른 업무 수행 결과에 대하여 별지 제7호서식의 활동 보고서를 작성하여 업무 수행 완료 후 3일 이내에 위촉기관의 장에게 제출하여야 하고, 위촉기 관의 장은 별지 제4호서식에 따라 대장을 작성·유지하여야 한다.

④ 시·도지사는 명예감시원의 연간 활동 실적을 별지 제5호서식에 따라 작성하여 다음 연도 1월 이내까지 검역본부장에게 보고하여야 한다.

⑤ 명예감시원은 제1항 각 호에 따른 임무를 수행함에 있어서 그 권한을 남용하거나 임무 수행 과정에서 알게 된 비밀을 누설하여서는 아니 된다.

제5조(명예감시원 해촉)

명예감시원 위촉기관의 장은 시행령 제15조제2항의 규정에 따라 명예감시원을 해촉할 때는 본인 및 추천기관에 서면으로 알리고, 명예감시원증을 지체없이 회수·파기하여야 한다.

제6조(교육)

① 시행령 제15조제1항에 따라 농림축산식품부장관이 정하는 **교육과정**은 다음 각 호와 같다.

1. 동물보호법령
2. 동물보호·복지 정책의 이해
3. 안전하고 위생적인 동물 사육, 관리 및 질병 예방
4. 동물복지이론 및 국제적인 동향
5. 그 밖에 동물의 구조, 관계법령 등 동물보호, 복지에 관한 사항

② 위촉기관의 장은 명예감시원으로 위촉된 자에 대하여 **연 1회 이상 임무수행에 관한 필요한 교육**을 제1항에 따라 실시할 수 있으며, 이 경우 교육의 효과를 높이기 위하여 「동물보호법 시행규칙」제12조의4제2항에 의하여 농림축산식품부장관이 정한 교육기관 에 위탁하여 실시할 수 있다.

③ **명예감시원으로 위촉받고자 신청하는 자는 제1항에 따른 교육을 6시간 이상 받아야 한다.**

제7조(명예감시원의 활동수당 등 지급)

① 위촉기관의 장은 명예감시원이 시행령 제15조제3항에 따른 임무를 수행한 경우 **활동**

수당을 1일 50,000원 범위 내에서 지급할 수 있으며, 활동수당과 별도로 공무원 여비규정에 준하여 여비를 지원할 수 있다. 다만, **1일 4시간 이상의 활동에 한하여 1인당 연 50일의 범위 내에서 지급**하며, 시행령 제15조제3항제1호의 활동은 위촉기관의 장이 계획을 수립하여 추진한 경우에 한하여 지급할 수 있다.

② 제6조에 따라 위촉기관의 장이 실시한 교육에 참석한 명예감시원에게 수당을 지급할 경우에는 제1항의 활동수당에 준하여 지급할 수 있다.

제8조(행정사항)

① 검역본부장은 명예감시원의 운영에 필요한 경우 위촉기관의 장에게 명예감시원의 위촉 및 해촉 현황을 보고(통보)토록 할 수 있다.

② 시·도지사는 검역본부장에게 명예감시원 활동수당 등의 지급을 신청하는 경우, 별지 제5호 및 제6호서식을 매월 말일까지 제출하여야 한다.

③ **활동실적이 우수한 명예감시원을 선정하여 정부포상 등을 실시할 수 있다.**

④ 위촉기관의 장은 명예감시원이 훼손 또는 분실로 명예감시원증의 재교부를 신청하고자 하는 경우에는 훼손 또는 분실 사유서를 제출하여야 한다.

제9조(재검토기한)

농림축산식품부장관은 이 고시에 대하여 「훈령·예규 등의 발령 및 관리에 관한 규정」에 따라 2022년 1월 1일을 기준으로 매 3년이 되는 시점(매 3년째의 12월 31일까지를 말한다)마다 그 타당성을 검토하여 개선 등의 조치를 하여야 한다.

부칙 〈제2021-61호, 2021. 8. 26.〉

(시행일) 이 고시는 발령한 날부터 시행한다.

☑ 별표 / 서식

[별지 1] **동물보호명예감시원(추천서, 신청서)**
[별지 2] **동물보호명예감시원 위촉대장**
[별지 3] **동물보호명예감시원증**
[별지 4] **동물보호명예감시원 업무수행실적 대장**
[별지 5] **동물보호명예감시원 업무수행실적**
[별지 6] **명예감시원 활동수당 지급(신청)내역**
[별지 7] **동물보호명예감시원 활동 보고서**

동물보호명예감시원	□ 추천서 □ 신청서	사진 붙이는 곳 (가로 3cm × 세로 4cm 1매)
①성명		
②생년월일		
③주소	(전화) (E-mail)	
④소속 단체 또는 직장명	(직위)	

⑤추천 또는 신청사유 (주요 동물보호활동 경력 또는 추천·신청사유 등을 기재)

※개인 신청자의 경우	본인은 동물보호법시행령 제15조제1항의 규정에 의한 동물보호명예감시원을 희망하기에 신청합니다. 20 . . . 신청자 : (서명 또는 날인)
※단체장이 추천하는 경우	위 사람을 동물보호법시행령 제15조제1항의 규정에 의한 동물보호명예감시원으로 추천하오니 위촉하여 주시기 바랍니다. 20 . . . 추천기관 : ○○○○○○ 단체장 (인)

(명예감시원 위촉기관의 장) 귀하

210mm × 297mm
일반용지 60g/㎡(재활용품)

<별지 제2호 서식>

동물보호명예감시원 위촉대장

일련번호	소 속	성명	생년월일	연락처	위촉일자	비고

210mm × 297mm
일반용지 60g/㎡(재활용품)

주> 1. 일련번호는 명예감시원증 발행번호를 말하며, 위촉기관별 연도−일련번호(예, 2008−1)를 사용
　　 2. 비고란에는 해촉일자 등을 기록

동물보호명예감시원증

<앞면>

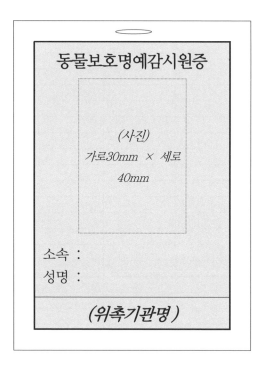

※ 내지-52mm×74mm 보존용지(1종)120g/㎡, 바탕색깔은 얕은 주황색(색도20, 채도240, 명도180),
  외지-폴리에틸엔 투명코팅처리(1mm)

<뒷면>

발행번호 : 제   호

성명 :

생년월일 :

1. 위 사람은 동물보호법 제41조제
   4항 규정에 의한 동물보호명예
   감시원임을 증명함.
2. 이 증은 다른 사람에게 양도 또는
   대여할 수 없음.

20   .   .   .

(위촉기관의 장 인)

이 증을 습득하신 분은 가까운 우체통에 넣
어주시기 바랍니다. (Tel.)

※ 크기, 재질 및 색상 등은 앞면과 동일

동물보호명예감시원 업무수행실적 대장

위촉 기관명	성명 (위촉일자)	활동일	업무수행 실적	업무수행 시간	확인자		
					소속	직급	성명

※ 업무수행 실적란에는 「동물보호법 시행령」 제15조제3항에 따른 동물보호명예감시원의 직무에 해당하는 번호(아래 참고)를 기재

※ ① 「동물보호법 시행령」 제15조제3항제1호
 - 동물보호·복지에 관한 교육·상담·홍보 및 지도
 ② 「동물보호법 시행령」 제15조제3항제2호
 - 동물학대행위에 대한 신고 및 정보제공
 ③ 「동물보호법 시행령」 제15조제3항제3호
 - 「동물보호법 시행령」 제14조제3항에 따른 동물보호감시원의 직무 수행을 위한 지원
 ④ 「동물보호법 시행령」 제15조제3항제4호
 - 학대받는 동물의 구조·보호 지원

<별지 제5호 서식>

동물보호명예감시원 업무수행실적

시도명	위촉 인원 (명)	업무수행실적(건)					②번 처리결과(건)		
		①	②	③	④	계	고발	기타	계

※ ①「동물보호법 시행령」제15조제3항제1호
  - 동물보호·복지에 관한 교육·상담·홍보 및 지도
  ②「동물보호법 시행령」제15조제3항제2호
  - 동물학대행위에 대한 신고 및 정보제공
  ③「동물보호법 시행령」제15조제3항제3호
  - 「동물보호법 시행령」제14조제3항에 따른 동물보호감시원의 직무 수행을 위한 지원
  ④「동물보호법 시행령」제15조제3항제4호
  - 학대받는 동물의 구조·보호 지원
※ ②번 처리결과의 기타란에는 신고건 조사결과가「동물보호법」제8조에 해당하지 않아 별도의 조치를 취하지 않았거나 단순 행정지도 수준의 조치를 취한 경우 표기

2
행정규칙
동물보호법

명예감시원 활동수당 지급(신청)내역

위촉구분	소속	성명	생년월일	개설은행	계좌번호	활동일수 (일)	지급액 (원)

일반용지 60g/㎠(재활용품)

동물보호명예감시원 활동 보고서

보고일자			
보고자	소 속		성 명
			(서명)
			(서명)
제 목			
활동일시			
활동장소			
활동유형 (해당사항 체크)	□ 동물보호 및 동물복지에 관한 교육·상담·홍보 및 지도 □ 동물학대행위에 대한 신고 및 정보 제공 □ 제14조제3항에 따른 동물보호감시원의 직무 수행을 위한 지원 □ 학대받는 동물의 구조·보호 지원		
활동내용			
신고사항 및 조사자 의견			
	※ 첨부: 증거사진 및 관련 서류 등		

210mm×297mm[백상지(80g/㎡) 또는 중질지(80g/㎡)]

2
—
행정규칙
동물보호법

동물보호센터 운영 지침

[시행 2022. 1. 1.] [농림축산식품부고시 제2021-89호, 2021. 12. 8., 일부개정.]

제1장 총칙

제1조(목적)
이 지침은 「동물보호법」제14조 및 제15조에서 규정하고 있는 동물의 구조·보호 및 동물보호센터 운영에 관하여 필요한 사항을 정함을 목적으로 한다.

제2조(적용대상)
이 지침은 「동물보호법」(이하 "법"이라 한다) 제15조제1항에 따라 설치되거나 제4항에 따라 지정된 동물보호센터(이하 "센터"라 한다)를 대상으로 한다.

제3조(보호조치 동물의 범위)
센터에서 보호 조치하는 동물의 범위는 다음 각 호와 같다.
1. 도로·공원 등의 공공장소에서 소유자 등이 없이 배회하거나 내버려진 동물(이하 "유실·유기동물"이라 한다) 및 「동물보호법 시행규칙」(이하 "규칙"이라 한다) 제13조에 따른 **고양이 중** 구조 신고된 고양이로 다치거나 **어미로부터 분리되어 스스로 살아가기 힘들다고 판단되는** 3개월령 이하의 고양이. 다만, 센터에 입소한 고양이 중 **스스로 살아갈 수 있는 고양이로 판단될 경우 즉시 구조한 장소에 방사하여야 한다.**
2. **법 제8조제2항에 따른** 학대를 받은 동물(이하 "피학대 동물"이라 한다) 중 소유자를 알 수 없는 동물
3. 소유자로부터 **법 제8조제2항에 따른** 학대를 받아 적정하게 치료·보호받을 수 없다고 판단되는 동물

제2장 동물보호센터의 운영 및 관리

제4조(조직 및 인력)
① 센터의 장은 유실·유기동물의 구조·보호, 질병관리, 반환·분양 등의 업무를 연속적으로 수행하기 위하여 적절한 인력을 배치하여야 한다.

② 센터의 장은 센터 운영자, 수의사, 사무직 종사자, 유실·유기동물의 구조원, 보호·관리업무 담당자, 반환·분양업무 담당자 등을 고용하여야 하며, 센터의 규모 및 업무 비중에 따라서 탄력적으로 인력을 배치할 수 있다.

③ 제2항에 따른 센터 종사자의 업무범위는 다음 각 호와 같다. 이 외의 업무에 대하여는 센터 운영자가 담당자를 지정하여 업무를 처리하게 할 수 있다.

1. **센터 운영자 :** 센터의 총괄 운영, 관리
2. **수의사 :** 질병 예찰·치료·관리, 교육, 인도적 처리 등
3. **사무직 종사자 :** 센터의 세부운영, 예·결산, 규칙 제17조에 따른 센터 운영위원회 관리 등
4. **유실·유기동물 구조원 :** 구조차량 및 장비를 이용한 유실·유기동물의 포획·구조·응급조치·운송 업무
5. **보호·관리업무 담당자 :** 센터 내 보호조치 중인 동물에 대한 사료·물 등의 급여 및 위생·관리 업무
6. **반환·분양업무담당자 :** 센터 내 보호조치 중인 동물의 반환·분양업무 및 동물보호관리시스템(APMS, 이하 "시스템"이라 한다) 관리 업무

제5조(시설기준)

센터의 시설은 규칙 제15조제1항에 따른 별표4의 기준을 충족하여야 한다.

제6조(예산 및 결산)

① 센터의 장은 인건비, 일반운영비(전기·수도요금, 냉난방비, 물품비, 시설유지비 등), 보호관리비(약제비, 사료비, 사체처리비 등) 등을 필수항목으로 하는 별지 제1호서식의 **예산서 및 결산서를 작성하여 생산한 다음 연도부터 3년간 보관**하고, 매 회계연도 종료 후 다음 해 1월말까지 결산서를 지방자치단체장에게 제출하여야 한다.(이하 모든 서식 서류는 생산한 다음 연도부터 3년간 보관하여야 한다)

제7조(운영위원회 운영 등)

전년도 기준 **유실·유기동물 처리 마릿수가** 1천 마리 이상**인 센터**는 규칙 제17조, 제18조에 따라 운영위원회를 설치·운영하여야 한다.

제8조(자원봉사자 관리)

① 센터에서 자원봉사를 하고자 하는 자는 사전에 일정, 봉사활동 내용 등에 대하여 센터의 장의 승인을 받아야 한다.

② 센터의 장은 **자원봉사 희망자가 있는 경우 주 1회 이상 승인**하되, 시설의 규모를 고려하여 자원봉사자 수를 정해 승인할 수 있다. 다만, 센터 내 전염병 확산 방지 등의 사유가 있는 경우에는 지방자치단체 장의 승인을 받아 자원봉사자의 출입을 제한할 수 있다.

③ **봉사활동 시간은 센터의 운영시간**에 한하며, 자원봉사자의 승인범위를 벗어난 행동으로 인하여 센터의 운영에 피해가 예상되는 경우, 센터의 장은 **해당 자원봉사자의 봉사활동을 중지시키고 이후 출입을 제한할 수 있다.**

④ 센터의 장은 자원봉사자에게 별지 제2호서식의 봉사활동 확인서를 발급하고 별지 제3호서식의 자원봉사자 관리대장을 작성·관리하여야 한다.

제3장 동물의 포획·구조 및 운송

제9조(동물의 포획·구조 방법)

① 구조 신고 또는 자체활동을 통해 유실·유기동물을 발견한 경우, 관찰을 통해 **동물의 이상여부를 확인**하고 **동물의 고통 및 스트레스가 가장 적은 방법으로 포획·구조하여야 한다.**

② 사람을 기피하거나 인명에 위해가 우려되는 경우, 위험지역에서 동물을 구조하는 경우에는 **수의사가 처방한 약물**을 주입한 **바람총(blow gun) 등 장비를 사용할 수 있으며, 장비를 사용할 경우 근육이 많은 부위를 조준하여 발사하여야 한다.**

③ 단순 생포 시에는 동물이 도망갈 수 있는 경로를 차단하여야 하며 인근주민 등에 피해가 없도록 하여야 한다.

④ 작업을 완료한 경우, **구조원은 포획·구조 장소, 동물의 품종·성별·상태, 신고자 및 인계자의 인적사항 등을 기록**하여야 하며, **동물이 상해를 입은 경우에는 응급조치 등 필요한 조치를 취하여야 한다.**

제10조(운송)

① 센터는 유실·유기동물을 적절하게 운송할 수 있는 차량 등 운송수단을 확보하여야 한다. 다만, 동물을 운송하지 않는 경우에는 적용하지 아니한다.

② 동물을 운송하는 차량의 운전자는 운송 과정에서 동물이 받는 스트레스를 최소화하기 위하여 다음 각 호의 사항을 준수하여야 한다.

  1. **직사광선 및 비바람을 피할 수 있는 설비를 갖출 것** 〈전문개정〉
  2. **이동 중 갑작스러운 출발이나 제동 등으로 동물이 상해를 입지 않도록 예방할 수 있는 설비를 갖출 것**

3. 케이지를 사용할 경우 타월이나 패드 등을 바닥에 깔 것 〈종전의 제2호에서 이동〉

4. 운송 전·후 장비의 청소 및 소독을 실시할 것 〈종전의 제3호에서 이동〉

5. 동물의 안정을 위해 천 등을 이용하여 가려줄 것

6. 상해를 입어 응급조치가 필요한 경우 곧바로 동물병원으로 이송할 것

제4장 동물의 보호조치

제11조(센터 입소 절차)

① 센터의 운영자는 유실·유기동물 입소 시 다음 각 호의 순서대로 조치를 하여야 한다.

1. **무선개체식별장치, 인식표 등** 소유자 정보를 확인할 수 있는 표지를 확인할 것

2. 입소 후 바로 **건강상태를 확인하여 응급치료**가 필요한 경우 필요한 치료를 하여야 하며, 파보, 디스템퍼, 브루셀라, 심장사상충 감염 등 **건강검진을 실시**할 것. 다만, 수의사의 판단에 따라 검진항목을 생략하거나 추가할 수 있다.

3. 개체별로 규칙 별지 제7호서식의 **보호동물 개체관리카드(시스템)(이하 "개체관리카드"라 한다)를 작성**할 것

4. 동물의 종류, 품종, 나이, 성별, 체중, 특징, 건강상태 등에 따라 **분리하여 수용**할 것

② 제1항제4호에 따라 분리 수용할 때에는 다음 각 호의 개체 또는 개체군의 경우 **별도 공간을 제공**하여야 한다.

1. **어린 개체, 임신·분만 개체**

2. **소유자가 확인되는 등의 사유로 즉시 이동 예정인 개체**

3. **상해를 입는 등 비전염성 질환으로 건강상태가 악화된 개체**

4. **전염성 질환에 감염되어 다른 개체에 전파할 우려가 있는 개체**

5. **공격성이 심한 개체 등 센터 운영자의 판단에 따라 격리하여 보호할 필요성이 인정되는 개체**

제12조(위생관리)

① 동물의 털에 묻은 이물에 의한 기생충 등의 감염을 막기 위하여 필요한 경우 개체 분류 후 격리실로 이동하여 **목욕을 실시**할 수 있다.

② 센터 내에서는 위생복, 고무장화, 고무장갑 등 **개인 위생장비**를 갖추어 소독제 등에 대한 자극을 최소화하여야 한다.

③ 동물수용시설을 **일 1회 이상 청소 및 소독을 실시**하여야 하며, 청소 및 소독을 실시할 때는 보호조치 중인 동물이 소독제 등에 노출되는 것을 최소화하여야 한다.

④ 세정제를 사용하여 유기물을 최대한 씻어내는 등 청소를 실시한 후 소독을 하여야 하

며, **소독용 발판**을 동선에 따라 설치·관리하여야 한다.

⑤ 전염병 발생 등 센터 상황에 따라 **적절한 소독제를 사용**하여야 한다.

⑥ 보호조치 중인 동물과 사람에게 **부작용이 적은 소독제를 사용**하여야 한다.

제13조(사료 및 물 제공)

① 보호조치 중인 동물의 사료는 개별 급여를 원칙으로 한다.

② 센터 운영자는 별표 1의 사료급여기준을 참고하여 **사료를 개체별 용기에 1일 1회 이상, 제공**하여야 한다. 다만, 개체별 특성을 고려하여 횟수를 조정할 수 있다. <종전의 제1항에서 이동>

③ 보호조치 중인 동물이 **언제든지 음수가 가능하도록 하여야** 하며, **먹는 물은 일 1회 이상 교체**하여야 한다. 다만, 건강상태 등 개체별 상황을 고려하여 급수를 제한할 수 있다. <종전의 제2항에서 이동>

제5장 질병 관리

제14조(예방접종 및 구충)

① 센터 운영자는 보호조치 대상 동물을 수의사의 검진과 판단에 따라 **필요한 접종을 실시하고 구충제를 투약**하여야 한다.

② 6주령 이상인 개의 경우에는 **다음 각 호의 예방접종**을 실시할 수 있다.

　1. Rabies 〈전문개정〉

　2. Distemper(CDV)

　3. Adenovirus-2(CAV-2/hepatitis)

　4. Parvovirus(CPV) 〈전문개정〉

　5. Parainfluenza(CPIV)

　6. Leptospira

③ 제3조제1호에 따라 입소한 고양이가 필요한 치료 후 회복하였거나 어미로부터 분리되어 스스로 살아갈 수 있다고 판단된 경우에는 다음 각 호의 **예방접종을 실시하여 포획장소에 방사할 수 있다.** <전문개정>

　1. Rabies

　2. Rhinotracheitis

　3. Calicivirus

　4. Panleukopenia

제15조(건강상태 예찰)

① 센터 운영자는 보호조치 중인 **동물의 건강상태 확인을 위하여 일 1회 이상 예찰**을 실시하고 **기록**하여야 한다.

② **예찰은 수의사의 책임 하에 실시**하여야 하며, 수의사 또는 수의사의 지시를 받은 센터 종사자가 실시하도록 한다.

제16조(치료 우선 순위)

센터 운영자는 단기간의 간단한 치료로 건강상태의 회복이 가능한 개체 중 **분양이 가능할 것으로 판단되는 개체에 대하여 우선적으로 치료할 수 있다.**

제17조(인수공통전염병 예방)

① 인수공통전염병을 예방하기 위하여 센터 운영자 등 종사자는 다음 각 호의 사항을 준수하여야 한다.

  1. **개체와 분변 등을 관리한 후** 손을 자주 씻을 것
  2. **전염성 질병에 감염된 것으로 진단받은 개체는** 즉시 격리조치할 것
  3. **보정용 장갑, 그물 등의** 보호장비를 사용할 것
  4. **사용한 가운, 케이지, 마스크 등을** 자주 세척·소독할 것
  5. **질병매개체인** 해충을 구제(驅除)하고, 청소·소독을 철저히 할 것
  6. 인수공통전염병 감염 의심 개체에 의해 종사자가 상해를 입은 경우 **신속하게** 응급조치 후 병원에서 치료 **받을 것**
  7. **파상풍 예방접종이나 결핵, 브루셀라 등 감염여부를 포함한** 건강검진**은 센터 장이 필요하다고 판단할 경우 실시할 것**

② 센터 운영자는 인수공통전염병 예방을 위하여 방문자 사전예약, 방문기록대장 관리 및 제1항의 내용을 근무처에 게시하고 직원, 일반인, 자원봉사자 등에게 교육하여야 한다.

③ 센터 운영자는 보호조치 중인 동물이 인수공통전염병 감염 동물로 의심되는 경우 지체 없이 해당 지방자치단체장에게 보고하고 필요한 조치를 취하여야 한다.

제6장 동물의 반환 및 분양

제18조(동물의 반환)

① 센터 운영자는 제11조제1항제1호에 따라 **유실·유기동물의 소유자를 알 수 있는 경우, 확인 즉시 소유자에게 연락하여 동물을 반환할 수 있도록 조치하여야 한다.**

② 반환되는 동물이 법 제12조에 따른 동물임에도 불구하고 **등록하지 않은 경우**에는 동물등록 제도를 소유자에게 안내하고, 관련 사항을 해당 지방자치단체에 통보하여 과태료 부과 및 동물등록을 하도록 하여야 **한다.**

③ 센터 운영자는 보호동물 반환 시 **소유자임을 증명할 수 있는 사진이나 기록, 해당 동물의 반응 등을 참고하여 반환하도록 하며,** 재분실되지 않도록 교육을 실시**하여야 한다.**

④ 반환할 때에는 신분증 대조 등을 통해 소유자의 신분을 확인하고, 별지 제4호서식의 반환확인서를 징구하여야 한다.

⑤ 제3조제3호에 해당하는 **동물의 소유자가 반환을 요구할 때에는 보호비용을 청구할 수 있다.**

제19조(동물의 분양 절차 및 사후관리)

① 센터의 운영자는 법 제20조에 따라 보호조치 중인 동물을 분양할 수 있으며, **최대한 분양되도록 노력하여야 한다.**

② 센터의 운영자는 다음 각 호의 절차에 따라 동물을 분양하여야 한다.

1. **보호조치 중인 동물의 입양을 희망하는 자(이하 "입양희망자"라 한다)의 신분 확인**

2. 입양희망자에 대하여 별지 제5호서식의 **입양설문지** 및 별지 제6호서식의 **입양신청서,** 별지 제7호서식의 **입양확인서 작성**

3. 입양 희망동물을 적절하게 사육·관리할 수 있는지 평가하고, 입양희망자에게 적합한 동물을 추천

4. 동물의 건강상태·특성에 대해 설명, 목줄 사용, 인식표 부착 외출 등 **안전조치에 대한 교육을 실시**

5. 등록대상동물의 경우 내장형으로 등록한 후 분양

6. **분양 시,** 중성화 수술에 동의하는 자에게 우선 분양**하여야 하며,** 중성화 수술에 동의하지 않고 입양하는 자에게 중성화 수술 등을 권고할 수 있다.

7. 1인당 3마리를 초과하여 분양할 수 없으며, **1차 분양 후 사육환경 및 사후관리에 관한 정보를 제공하지 않는 입양자에게는 분양을 제한할 수 있다.**

8. 「동물보호법 시행령」제5조에 따른 **단체에 동물을 기증할 경우,** 개체관리카드(시스템)을 통해 보호관리 및 입양 여부 등을 **사후 관리하여야 한다.**

③ 센터의 운영자는 입양희망자가 다음 각 호의 어느 하나에 해당하는 경우 분양하지 않아야 한다.

1. 법 제8조를 위반하여 동물학대 범죄이력이 있는 자

2. 식용목적의 개사육장 운영자

3. 소유의 의사로 관리할 수 없는 정도의 동물을 키우는 자

4. 법 제32조제1항 각 호에 따른 반려동물 영업자

④ 센터의 운영자는 시스템을 통하여 **입양희망자의 현재 동물등록 마릿수를 확인**하고, 규칙 제4조제5항 별표 1의2에 따른 **반려동물 사육·관리의무 준수여부를 고려하여 추가 입양이 가능한지를 판단하여 분양**하여야 한다.

⑤ 센터의 운영자는 **분양 시 재 유기되지 않도록 교육을 실시**하고, **분양 후 1년간 2회 이상 전화, 이메일 또는 방문을 통하여 사후관리를 하여야 한다.** <종전의 제4항에서 이동>

⑥ 센터의 운영자는 **분양받은 자가 분양 준수사항(별지 제7호서식)을 위반하였을 경우 재분양을 금지할 수 있으며, 법 위반사항에 대해서는 관할 지자체에 통보하여 법 제46조 및 제47조에 따라 과태료 부과, 고발 등의 조치를 할 수 있도록 하여야 한다.** <종전의 제5항에서 이동>

제7장 동물의 인도적인 처리

제20조(인도적인 처리 대상 동물의 선정)

① 법 제20조에 해당하는 동물을 법 제22조에 따라 **인도적인 처리를 할 때에는** 수의사를 포함하여 2인 이상이 참여**하여 대상동물을 결정하여야 한다.**

② 인도적인 처리 대상 동물은 다음 각 호에 의해 선정하여야 한다.
　　1. 중증 질환 및 상해로 인해 **건강회복이 불가능할 것으로 진단된 개체**
　　2. 치료비용, 치료기간 등을 고려할 때 **추가적인 보호가 불가능하다고 판단되는 개체**
　　3. 건강상태가 쇠약하거나 심장질환, 백내장, 호르몬 질환 등에 **감염되어 분양 후에도 지속적인 치료가 필요한 개체**
　　4. **사람 및 동물을 공격하거나, 교정이 어려운 행동 장애 등으로 인해 분양이 어려울 것으로 판단되는 개체**
　　5. 그 밖에 센터 **수용능력, 분양가능성 등을 고려**하여 **보호·관리가 어려울 것으로 판단되는 개체**

③ 제2항제1호에 해당하는 개체로서 **질병 및 상해의 정도가 심각하여 고통을 경감하고 질병전파를 예방하기 위한 인도적인 처리가 필요하다고 판단되는 경우에는** 법 제20조에 따른 **소유권 이전기간(10일)이 경과하지 않아도 법 제22조제1항에 따라 인도적인 처리를 실시할 수 있다.** 이 경우 반드시 개체관리카드(시스템)에 기록·관리하여야 한다.

제21조(인도적인 처리의 원칙)

① 법 제22조제1항에 따라 인도적인 처리를 할 경우, **다른 동물이 볼 수 없는 별도의 장소에서 신속하게 수의사가 시행하여야 한다.**

② **동물의 고통 및 공포를 최소화 하고, 시술자 및 입회자의 안전 등을 고려하여야 한다.**

③ 인도적인 처리에 사용하는 **약제는 책임자를 지정하여 관리하도록 하여야 하며, 사용 기록 등을 작성ㆍ보관하여야 한다.**

제22조(인도적인 처리의 절차)

① 수의사는 제20조제2항에 따라 **선정된 인도적인 처리 대상 동물의 건강상태 및 개체 정보 등을 확인하여야 한다.**

② 동물에 대한 인도적인 처리는 수의사가 시행**하여야 하며, 그 외** 1명 이상 입회 하에 실시 **하여야 한다.**

③ 수의사가 동물에 대한 인도적인 처리를 하고자 할 때는 다음 각 호의 어느 하나에 해당하는 방법을 선택하여야 한다.

  1. **마취를 실시한 후 심장정지, 호흡마비를 유발하는 약제를 사용하는 방법**

  2. **마취제를 정맥 주사하여 심장정지, 호흡마비를 유발하는 방법**

④ **인도적인 처리를 실시한 동물은 수의사가 확인하여 규칙 별지 제7호서식 보호동물 개체관리카드(시스템)에 기록**하여야 한다.

⑤ 센터의 운영자는 인도적 처리된 **동물의 사체를 「폐기물관리법」에 따라 처리하거나, 동물장묘시설에서 적법하게 처리**하여야 한다.

제23조(동물의 개체관리)

센터의 운영자는 동물 입소부터 보호 조치중인 동물의 보호ㆍ관리는 시스템을 통하여 기록ㆍ관리되어야 하며, 시스템의 정보가 실제 보호ㆍ관리동물의 정보와 일치하도록 **모든 상황기록은 24시간 내에 기록** 하여야 한다.

제24조(운영세칙)

이 규정에서 정한 사항 외에 센터의 운영과 관련한 구체적인 내용 등 그 밖에 필요한 사항은 법 제15조제10항에 따라 시ㆍ도의 조례로 정한다.

제25조(재검토기한)

농림축산식품부장관은 이 고시에 대하여 「훈령ㆍ예규 등의 발령 및 관리에 관한 규정」에 따라 2022년 1월 1일을 기준으로 매 3년이 되는 시점(매 3년째의 12월 31일까지를 말한다)마다 그 타당성을 검토하여 개선 등의 조치를 해야 한다.

부칙 〈제2021-89호, 2021. 12. 8.〉
이 고시는 2022년 1월 1일부터 시행한다.

☑ 별표 / 서식
[별표 1] 사료 급여 기준(제13조 관련)
[별지 1] 동물보호센터(예산서, 결산서)
[별지 2] 봉사활동 확인서
[별지 3] 자원봉사자 관리대장
[별지 4] 반환 확인서
[별지 5] 입양 설문지
[별지 6] 입양 신청서
[별지 7] 분양 확인서

[별표 1]

사료 급여 기준(제13조 관련)

1. 사료 등 급여

동물명	규격	사료급여기준(1마리/1일)
개, 고양이	6개월령 이하, 임신, 수유	습식 또는 건식으로 250kcal/kg
	6개월령 초과	습식 또는 건식으로 100kcal/kg
기타	—	해당동물의 생태에 따라 보호센터장이 정함

동물보호센터 [ ]예산서 [ ]결산서

항목			예산		결산	
			산출근거 (단가×수량)	금액(A)	실집행액 (B)	집행 잔액 (B-A)
수입						
– 유기동물보호관리비						
– 후원금 등						
지출						
–인건비	급여	진료수의사				
		행정				
		미용, 간호				
		구조				
		위생관리				
	복지후생비	교통비				
		급식비				
		상여금				
		4대보험(사업자분)				
–일반 운영비	운영비	사무용품				
		전기요금				
		수도요금				
		통신요금				
		냉난방비				
		화재보험				
		차량보험				
		자동차세				
		정화조청소				
		임대료				
	업무추진비	회의비				
	시설유지비	유지보수비				
–보호 관리비	의료비	의약품				
		의료소모품				
		검사 kit				
		자산취득비(장비)				

2
—
동물보호법

행정규칙

		소독제	.			
	관리비	사료(개/건식)				
		사료(고양이/건식)				
		사료(자견/자묘)				
		관리용품				
		자산취득비				
		사체처리.의료물폐기				
	구조비	유류구입				
		구조차량 유지보수비				
− 예비비 및 기타						

※ '수입'은 지자체장과의 계약에 의해 지원되는 연간 지원액을 기재하고, '지출'은 센터 운
영 실정에 따른 지출항목으로 수정하여 사용할 수 있음

발급 번호 제　　　호

봉사활동 확인서

성명		인적사항	* 학생인 경우에만 기재합니다.
			학교　　　학년　　　반 번
		생년월일	년　　　월　　　일

기간	년　월　　일　　　　-:—　~　-:—　　　　　　　( )일 (시간)
활동장소	
활동내용	□ 보호동물 운동시키기　　□ 보호동물 미용 □ 보호동물 목욕시키기　　□ 청소 □ 정리정돈　　　　　　　□ 기타(　　　　　　　　　　　) 　·　　　　·　　　　·　　　　·
평가	□ 매우 적극적　□ 적극적　□ 양호　□ 보통　□ 불량

위 사실대로 봉사활동을 하였음을 증명합니다.

년　　　월　　　일

(동물보호센터 대표)　　　　| 직인 |

자원봉사자 관리대장

연번	성명	생년월일	연락처	학교/학년/반 번호	활동 시간			확인자	봉사활동 확인서 발급여부	비고
					시작	종료	총 시간		확인서 발급일	
1										
2										
3										
4										
5										
6										
7										
8										
9										
10										

364mm×257mm[보존용지 70g/㎡]

반환 확인서

소유자	성명		생년월일	년 월 일		
	주소					
	연락처(핸드폰)	– –	(핸드폰:	– –	)	
	사육장소					

반환 동물 정보	종류		품종		연령		모색	
	동물등록번호							

준수사항	1. 적합한 사료의 급여와 급수·운동·휴식 및 수면이 보장되도록 하겠습니다.
	2. 질병에 걸리거나 부상 당한 경우에는 신속한 치료 등 필요한 조치를 하겠습니다.
	3. 합리적인 이유 없이 고통을 주거나 상해를 입히지 않겠습니다.
	4. 동물등록 하지 않았을 경우 등록을 하겠습니다.
	5. 외출 시 인식표와 목줄을 착용하고 동물을 잘 보호 · 관리하겠습니다.

해당 동물의 소유자임을 확인하며, 만약 소유자가 아닌 것으로 판명될 경우 즉시 동물을 반환하겠습니다.

20 년   월   일

인수자 성 명 :   (서명)

인도자 성 명 :   (서명)

210㎜×297㎜(보존용지 120g/㎡)

입양 설문지

1. 어떤 동물을 입양하고 싶습니까?
   □ 자견 □ 성견 □ 자묘 □ 성묘 □ 기타
2. 반려동물 입양에 대해 가족 모두가 동의하셨습니까?   □ 네   □ 아니오
3. 가족 구성원중 동물에 대한 알레르기 증상은 없습니까? □ 네   □ 아니오
4. 가족 구성은 어떻게 되나요?   어른 :   명,   자녀 :   명,   아이들 나이 :
5. 현재 반려동물을 키우고 계십니까? □ 네   □ 아니오
   마릿 수: 품종: 나이 :   중성화 유무:

현재 반려동물이 있는데 추가적으로 입양하려는 이유 등 기재

6. 이전에 반려동물을 키운 적이 있습니까? □ 네 □ 아니오

어떤 종류의 동물을 몇 마리, 얼마나 오래 키웠는지, 지금은 어떻게 되었는지 등 기재

7. 주거 형태는 어떻게 되나요?   □ 다가구주택   □ 단독주택   □ 아파트   □ 원룸   □ 기타
8. 집은 본인 소유입니까?   □ 네   □ 아니오

만약 임대일 경우 임대인의 동의를 받았는지

9. 동물보호복지 온라인 교육시스템(동물사랑배움터)에서 소유자 교육을 이수하셨습니까?
   □ 네   □ 아니오
10. 반려동물 입양은 충동적으로 생각하지 말아야 하며 조심스럽게 접근하여야 합니다.
    평생 함께할 반려동물이라고 생각하고 분양에 동의하십니까?
    □ 네   □ 아니오
11. 필요할 경우 집에 방문하여 분양된 동물이 어떻게 지내는지 확인하거나, 사진 등을 요구하는
    것에 동의하십니까? □ 네   □ 아니오

성명		생년월일	년 월 일		
주소		이메일 주소			
연락처 (핸드폰)		가족 연락처		관계	

[동의]

동물의 분양 및 분양 후 사후 관리 등의 목적으로 위 신청인의 정보를 해당 지방자치단체에 제공함에 동의합니다. 신청인(신고인)   (서명 또는 인)

364mm×257mm(보존용지 70g/㎡)

입양 신청서

신청인	성명		생년월일	년	월	일
	주소					
	연락처 (핸드폰)	— — (핸드폰: — —)				
	사육장소		직업			

입양 신청 동물 정보	종 류		품 종		연 령		모 색	
	관리번호 (동물등록 번호)							

준수사항	1. 적합한 사료의 급여와 급수·운동·휴식 및 수면이 보장되도록 하겠습니다. 2. 질병에 걸리거나 부상 당한 경우에는 신속한 치료 등 필요한 조치를 하겠습니다. 3. 합리적인 이유 없이 고통을 주거나 상해를 입히지 않겠습니다. 4. 입양한 동물을 상업적(식용, 번식, 판매 등)으로 이용하지 않겠습니다. 5. 입양한 동물로 인하여 발생되는 모든 사고에 대하여는 민·형사상의 책임을 지겠습니다. 6. 입양한 동물을 유기하거나, 파양하지 않겠습니다. 7. 3개월 이상인 개는 내장형 방식으로 등록하겠습니다. 8. 입양 후 지자체(동물보호센터)의 사후 관리(잘 키우고 있는지 확인)에 협조하겠습니다. 9. 입양한 동물의 복지를 위해 중성화 수술을 실시하겠습니다. 동의( ), 미동의( )

위의 준수사항을 성실히 이행할 것을 서약하며, 입양을 신청하니 분양하여 주시기 바랍니다.

20 년 월 일

신청인 성 명 : (서명)

[동의]

> 동물입양 업무처리를 목적으로 위 신청인의 정보와 동물등록 정보의 확인을 위해 동물보호관리시스템 등을 통해 확인하는 것에 동의합니다.
>
> 신청인(신고인) (서명 또는 인)

210㎜×297㎜(보존용지 120g/㎡)

분양 확인서

입양자	성명		생년월일	년	월	일	
	주소						
	연락처(핸드폰)	－ －	(핸드폰:	－	－	)	
	사육장소						

분양 동물 정보	종류		품종		연령		모색	
	관리번호 (동물등록 번호)							

준수 사항	1. 적합한 사료의 급여와 급수·운동·휴식 및 수면이 보장되도록 하겠습니다. 2. 질병에 걸리거나 부상당한 경우에는 신속한 치료 등 필요한 조치를 하겠습니다. 3. 합리적인 이유 없이 고통을 주거나 상해를 입히지 않겠습니다. 4. 입양한 동물을 상업적(식용, 번식, 판매 등)으로 이용하지 않겠습니다. 5. 입양한 동물로 인하여 발생되는 모든 사고에 대하여는 민·형사상의 책임을 지겠습니다. 6. 입양한 동물을 유기하거나, 파양하지 않겠습니다. 7. 3개월 이상인 개는 내장형 방식으로 등록하겠습니다. 8. 입양 후 지자체(동물보호센터)의 사후 관리(잘 키우고 있는지 확인)에 협조하겠습니다. 9. 입양한 동물의 복지를 위해 중성화 수술을 실시하겠습니다. 동의( ), 미동의( )

위에 기재된 준수사항의 이행을 조건으로 동물의 분양을 확인합니다.

20 년 월 일

입양자 성 명 : (서명)
인도자 소 속 :
성 명 : (서명)

210㎜×297㎜(보존용지 120g/㎡)

[행정규칙 12]

동물운송 세부규정

[시행 2018. 10. 11.] [농림축산검역본부고시 제2018-29호, 2018. 10. 11., 일부개정.]

제1조(목적)

이 고시는 「동물보호법」 제9조제2항 및 제3항에 따라 동물운송에 관하여 필요한 사항을 규정함을 목적으로 한다.

제2조(용어의 정의)

이 고시에서 사용하는 용어의 정의는 다음과 같다.

1. "운송"이라 함은 차량을 이용하여 국내에서 동물을 이동시키는 것을 말하며 동물의 상차, 운전, 휴식 및 하차 등 출발에서 도착까지 작업 과정을 말한다.
2. "동물운송자 등"이라 함은 동물운송에 관련된 축주, 동물취급자 및 동물운송자를 말한다.
3. "운송소요면적"이라 함은 동물운송 시 개별동물에게 제공되는 차량적재공간의 면적을 말한다.
4. "상차"라 함은 일정장소로부터 차량의 적재공간으로 동물을 옮기는 과정을 말한다.
5. "하차"라 함은 차량의 적재공간으로부터 일정장소로 동물을 옮기는 과정을 말한다.
6. "운송용 우리"라 함은 동물운송 시 동물을 가두는 데에 필요한 용기 또는 구조물을 말한다.
7. "이동보조기구"라 함은 운송동물의 이동에 사용되는 보조기구를 말한다.

제3조(적용범위)

이 고시에 적용되는 동물의 범위는 동물보호법 제2조제1호의 '포유류'와 제2호의 '조류'에 한한다.

제4조(동물운송자 등의 준수사항)

동물운송자 등은 다음 사항을 준수하여야 한다.

1. 동물운송에 소요되는 총시간은 도로교통법 등 관련법규를 준수하는 범위 내에서 최소화되어야 한다.
2. 동물의 안전한 수송을 위하여 본 규정의 세부사항을 충분히 숙지하여 실제 운송에 적용하여야 한다.

3. 동물운송에 대한 경험이 있어야 하며, 동물을 적절하게 다루어야 한다.

4. 운송에 적합한 동물만을 선별·운송하여야 한다.

5. 운송하는 동물에 적합한 차량을 이용하여 동물을 운송하여야 한다.

6. 운송하는 동물의 특성을 이해하고 있어야 하며 이를 동물의 이동, 상·하차 및 운송 시 적용하여야 한다.

7. 동물의 이동, 상·하차 및 운송과정에 동물이 받을 수 있는 고통이나 스트레스를 최소화 할 수 있도록 노력하여야 한다.

8. 운송 전에 기상조건 및 도로상황 등을 고려하여 적절한 운송계획을 수립하여 운송하여야 한다.

제5조(운송에 적합한 동물선발 등)

동물운송자 등은 운송에 적합한 동물을 선발**하기 위하여 다음 사항을 준수하여야 한다.**

1. **서로 다른 축종의 동물을 동일 차량으로 함께 운송하여서는 아니 된다.**

2. **동일 축종이라 하더라도 어린 동물을 성축과 동일구획 내에 함께 운송하여서는 안 된다.** 다만, **자연포유 중인 새끼는 어미와 함께 운송하여야 한다.**

3. **축사 내 같은 구획 내에서 사육한 동물은 가급적 함께 운송**하여야 한다.

4. **공격적 성향이 강한 개체는 격리하여 운송**하여야 한다.

5. **다음 각 목에 해당하는 동물은 운송하여서는 아니 된다.** 다만, 부상 또는 질병과 관련된 실험대상 동물이거나 긴급 도축 및 수의학적 처치 등 수의사의 지시·감독에 따라 운송하는 경우는 그러하지 아니하다.

   가. 아프거나, 부상 중이거나, 약하거나, 장애가 있거나 지친 동물

   나. 자신의 힘으로 일어날 수 없거나 각 다리에 체중을 실을 수 없는 동물

   다. 양쪽 눈 모두를 실명한 동물

   라. 탯줄을 잘라낸 자리의 상처가 아물지 않은 어린 동물

   마. 운송일 기준으로 평균 임신기간의 90%가 경과했거나 10일 이내에 출산한 동물

6. 동물의 운송 전에 축종의 특성을 고려하여 다음 각 목과 같이 사료와 물을 적절하게 공급하여야 한다.

   가. 축종에 관계없이 동물이 운송차량으로 상차되기 전까지 물을 먹을 수 있어야 한다.

   나. 운송차량에 상차하기 전, 소와 오리는 4시간, 닭은 2시간 전까지 사료를 먹을 수 있어야 한다.

   다. 돼지는 운송 중 멀미와 구토를 예방하기 위하여, 운송차량에 상차되기 최소 4시간 전부터 절식을 하여야 한다. 다만, 공복시간은 도축하기 전 18시간 이상을 초과해서는 안 된다.

라. 기타 포유류 및 조류의 경우에도 운송되기 일정시간 전까지 사료를 먹을 수 있어야 한다.

제6조(동물운송차량 구조 및 설비조건)

동물을 운송하는 차량 및 운송용 우리 등 운송과 관련된 시설은 **다음의 사항을 고려하여 설계, 유지 및 관리**되어야 한다.

1. **청소와 소독이 용이하여야 한다.**
2. 적재공간은 운송동물의 축종, 종류, 크기 및 운송여건에 따라 그 면적과 높이가 적절하여야 한다.
3. 상·하차 및 운송 중에 작업자 및 동물의 부상방지를 위하여 운송차량에는 날카로운 부위나 돌출물이 없어야 한다.
4. 동물운송차량은 적재된 동물의 외부노출을 최소화하여 외부환경으로부터 동물을 보호하도록 설계·운영되어야 하며, 특히 포유류를 운송하는 경우 측면부 가림막을 동물이 머리를 든 상태의 눈높이보다 높게 설치하여 스트레스를 최소화 하여야 한다.
5. 눈, 비, 바람 및 직사광선 등으로부터 동물을 보호하기 위하여 차량 적재함의 상부 및 측면부에 천 등을 이용한 가림막을 설치하여야 한다.
6. 소 또는 돼지를 운송하는 경우에는 적재공간 내부에 동물을 구획하는 칸막이를 설치하여야 한다. 다만, 적재함 면적이 10㎡이하일 경우에는 칸막이를 설치하지 않아도 된다.
7. 동물의 추락이나 탈출을 방지할 수 있는 구조로 설계되어야 한다.
8. 동물의 분변이나 기타 물질이 외부로 유출되지 않도록 설계·운용되어야 하며, 복층 차량의 경우에는, 상층에 적재된 동물의 분변에 의해 하층의 동물이 오염되지 않아야 한다.
9. 동물의 부상을 방지하기 위하여 적재함 바닥재는 동물이 미끄러지지 않는 소재를 사용하여야 한다.
10. 각각의 동물이 방해받지 않고 움직일 수 있는 적절한 공간이 제공되어야 한다.
11. 운송되는 동물이 서있는 상태에서 자유롭게 고개를 움직일 수 있도록 머리위의 자유공간이 제공되어야 한다. 단, 닭 및 오리를 운송하는 경우에는 예외로 한다.
12. 10kg 이하의 돼지, 생후 6개월 이하의 송아지 및 기타 젖떼기 이전의 어린동물을 운송할 경우 반드시 바닥에 깔짚 또는 이와 유사한 재료를 깔아주어야 한다.
13. **동물의 상차 이전, 하차 이후에 차량의 청소 및 소독을 실시하여야 한다.**
14. 차량적재공간은 환기를 고려하여 설계·운용되어야 하며, 필요한 경우 온도조절

및 환기를 위한 장치를 장착할 수 있다.

제7조(구비문서)

동물운송자는 축주명, 운송일자, 출발시간 및 도착시간 등이 기재된 별지 제1호서식의 동물
운송일지를 구비하여 차내에 비치하여야 한다.

제8조(운송 시 준수사항)

① 동물운송자 등은 동물 운송 전 차량의 안전상태, 세척·소독상태, 운송소요시간, 적정소
   요면적, 휴식, 사료, 물, 온도·환기조건, 운송 중의 동물관찰, 질병관리 및 비상대책 등
   동물 및 차량의 상태를 최종적으로 점검한 뒤 운송을 개시하여야 한다.
② 동물운송자는 동물의 운송 중 **다음의 사항을 준수하여야 한다.**
   1. 온도나 기상조건 등에 의해 동물에게 스트레스나 고통이 유발되지 않도록 환기상태
      를 조절하는 등 **적정한 온도 및 습도가 유지**될 수 있도록 노력하여야 한다.
   2. 동물의 부상방지를 위하여 **부드러운 출발과 정차**를 하여야 하며, 모퉁이 길은 부
      드럽게 돌아야 한다.
   3. 동물의 운송을 통한 전염성 질병의 전파를 줄이기 위하여 **다른 동물운송자 및 운
      송동물과의 접촉을 최대한 자제**하여야 한다.
   4. **장거리 운송 중 동물**에게 필요한 경우, **동물 간 경쟁을 최소화하는 범위 내에서
      사료 또는 물을 적절히 급여하고 적정한 간격으로 휴식을 제공**하여야 한다.

제9조(운송소요면적)

동물 운송 시, 동물의 종류와 크기에 적합한 공간을 제공하여야 하며 동물별 운송소요면적
기준은 별표1과 같다. 다만, 차량에 허용된 적재중량을 초과하지 않아야 하고 돼지, 닭 및
오리는 운송소요면적 기준의 20% 범위 내에서 혹서기에는 증가, 혹한기에는 감할 수 있다.

제10조(상·하차 시설 등)

① **동물 운송 시 상·하차 시설의 구비 및 설비 조건**은 다음과 같다.
   1. 이동로 및 상·하차대 등 동물의 상·하차 시설은 동물의 이동 시 하중을 견딜 수
      있도록 견고하여야 하며 동물이 부상을 입거나 이동 시 방해가 되지 않도록 설계·
      운용되어야 한다.
   2. 동물의 이동 중 동물의 관찰 및 청소와 소독이 용이한 구조이어야 한다.
   3. 바닥은 미끄럽지 않아야 하며 동물이 추락하거나 도망하지 못하도록 양 측면에 보
      호대가 설치되어 있어야 한다.

4. 어두운 상황에서는 작업자의 안전을 도모하고 동물의 추락 및 미끄러짐 등을 방지하기 위하여 적정한 밝기의 조명하에서 동물의 상·하차 작업을 수행해야 한다. 단, 가금의 상·하차의 경우 어두운 조명하에서 포획, 운반 및 상·하차 할 수 있다.

5. 효율적인 상·하차와 동물의 원활한 이동 및 부상방지 등을 위하여 상·하차대는 최대한 지면과 수평이 되도록 설치·운용되어야 하며, 상·하차 각도는 축종별로 돼지는 20도, 소는 26도를 초과하여서는 안 된다.

② 동물의 안전한 운송을 위하여 동물을 상·하차 시킬 경우에는 동물운송자 등은 다음의 사항을 준수하여야 한다.

1. 동물의 부상, 고통, 흥분 및 스트레스를 최소화 할 수 있는 방법으로 동물을 이동시켜야 한다.

2. 동물의 이동을 촉진하기 위하여 이동보조기구를 이용할 경우, 몰이판이나 몰이용 깃발 등 동물의 고통이나 스트레스를 최소화 할 수 있는 도구를 이용하여야 한다.

3. 상·하차 도중 아프거나, 부상 또는 장애를 입게 된 동물은 적절하게 치료하거나 인도적인 방법으로 처리하여야 한다.

4. 조류를 상·하차하는 경우, 조류의 날개뼈가 탈구되거나 골절되는 등의 상해를 방지하기위해 조류와 운송용 우리는 조심스럽게 취급되어야 한다.

③ 동물의 이동을 촉진하기 위하여 다음의 행위를 행하여서는 안 된다. 다만 동물 및 사람에게 위해가 되는 긴급한 상황 발생 시에는 그러하지 아니하다.

1. 전기충격기의 사용

2. 날카로운 물체로 찌르는 행위

3. 쇠 또는 나무 등 경질소재의 파이프나 몽둥이 등의 사용

4. 사람의 손·발을 이용하여 구타하는 행위

5. 생식기, 코, 꼬리 등 민감한 신체부위를 꼬집거나 비트는 행위

6. 머리, 귀, 뿔, 다리 및 털 등 신체의 일부분을 이용하여 동물을 들어 올리거나 끄는 행위(다만, 조류의 상·하차 시 두 다리를 잡아 들어올리는 행위는 제외)

7. 동물을 싣고 내리는 과정에서 동물이 들어 있는 운송시설물을 던지거나 떨어뜨리거나 망가뜨리는 행위

8. 동물에게 불필요한 고함 또는 큰 소리를 내어 이동시키는 행위

9. 의식이 있는 동물을 던지는 행위

10. 기타 동물에게 고통을 가하거나 상해를 입히는 행위

④ 동물의 **상차가 완료되면 최대한 빠른 시간 내에 차량을 출발**시켜야 하며, 운송 중에 주기적으로 동물의 상태를 점검하여야 한다.

⑤ 동물이 목적지에 **도착하면 최대한 빠른 시간 내에 하차**시켜야 한다.

⑥ 동물의 하차 시, 수의사 또는 경험이 많은 동물취급자가 동물의 상태를 점검하여야 하며, 운송 도중 부상을 입은 동물에 대하여는 적절한 치료가 이루어지거나 긴급도축 되어야 한다.

⑦ 동물운송자는 하차작업 종료 후 동물운송차량의 외부 및 적재함 내부를 세척 및 소독하여야 하며, 오폐수, 배설물 및 깔짚 등을 안전하게 처리하고, 동물운송자의 손과 신발 등에 대한 소독 및 운송 작업 시 사용하였던 작업복을 폐기 또는 세탁하여야 한다.

부칙 〈제2018-29호, 2018. 10. 11.〉

① (시행일) 이 고시는 발령한 날부터 시행한다.

② (재검토 기한) 농림축산검역본부장은 이 고시에 대하여 2019년 1월 1일을 기준으로 매 3년이 되는 시점(매 3년째의 12월 31일까지를 말한다)마다 그 타당성을 검토하여 개선 등의 조치를 하여야 한다.

☑ **별표 / 서식**

[별표 1] **동물별 운송소요면적 기준(제9조 관련)**

[서식 1] **동물운송일지**

[별표 1] 동물별 운송소요면적 기준(제9조 관련)

동물별 운송소요면적 기준(제9조 관련)

1. 소

구분	체중근사치(kg)	소요면적(㎡/두)
어린 송아지	50 이하	0.30－0.40
중 송아지	51－110	0.40－0.70
큰 송아지	111－200	0.70－0.95
중 소	201－325	0.95－1.30
큰 소	550 이상	1.30 이상

2. 돼지

체중근사치(kg)	소요면적(㎡/두)
7~10	0.05
25	0.14
30	0.15
35	0.16
40	0.18
100	0.43
110	0.45
120	0.47
모돈	0.79

3. 닭

구분	소요면적
병아리	21~25 ㎠/수
1.0 kg 미만	180~250 ㎠/kg
1~<2 kg	160~210 ㎠/kg
2~<3 kg	170~230 ㎠/kg
3~<5 kg	115 ㎠/kg
5 kg 이상	105 ㎠/kg

4. 오리

구분	소요면적
새끼오리	23.1~27.7 ㎠/수
1.0 kg 미만	198~255 ㎠/kg
1.0~<2.5 kg	193~235 ㎠/kg
2.5~<3.5 kg	188~245 ㎠/kg
3.5 kg 이상	>200 ㎠/kg

5. 기타 포유류 : 개체의 체장과 체폭을 곱한 넓이의 1.4배의 면적을 제공

6. 기타 조류 : 닭의 운송소요면적에 준하여 적용

[별지 제1호서식]

동물운송일지

운송지역( ), 차량번호( )

운송일자	출발 및 도착시간	축종명	주소	축종 및 운송두수	동물의 건강상태	운송 중 폐사두수 및 증상	특이사항
20 년	월 일 출발 월 일 도착		출발지 도착지	전 중 후	전 중 후	폐사두수 : 증상	
	월 일 출발 월 일 도착		출발지 도착지	전 중 후	전 중 후	폐사두수 : 증상	
	월 일 출발 월 일 도착		출발지 도착지	전 중 후	전 중 후	폐사두수 : 증상	
	월 일 출발 월 일 도착		출발지 도착지	전 중 후	전 중 후	폐사두수 : 증상	
	월 일 출발 월 일 도착		출발지 도착지	전 중 후	전 중 후	폐사두수 : 증상	

작성요령

① 축종은 소의 경우 한우, 육우, 젖소 중 해당되는 사항을 ( )안에 함께 적고 돼지, 닭, 오리 등 해당 축종을 적습니다.
② 동물의 건강상태는 운송 전 중 후 동물의 전반적인 건강상태에 대해서 적습니다.
③ 폐사가 발생한 경우 폐사한 동물의 두수를 적고 폐사축의 특이사항을 적습니다.

[행정규칙 13]

동물판매업자 등의 교육 세부실시요령

[시행 2021. 12. 30.] [농림축산식품부고시 제2021-100호, 2021. 12. 30., 일부개정.]

제1조(목적)

이 고시는 「동물보호법」 제37조 및 같은 법 시행규칙 제44조에 따른 동물판매업자 등의 교육 실시에 따른 구체적인 기준과 방법에 대하여 규정함을 목적으로 한다.

제2조(교육기관)

동물판매업자 등의 교육(이하 "교육"이라 한다)은 「동물보호법 시행규칙」(이하 "시행규칙"이라 한다) 제44조제4항에 따라 농림축산식품부장관이 지정한 교육기관에서 실시한다.

제3조(교육시간)

제1조에 따른 교육대상자는 시행규칙 제44조제1항 각 호에서 정하는 시간의 교육을 받아야 한다.

제4조(교육내용)

① 교육기관은 다음 각 호의 내용을 중심으로 교육을 실시하여야 한다.
   1. 동물보호법 및 동물보호정책에 관한 사항
   2. 동물의 보호 및 복지에 관한 사항
   3. 동물의 사육 · 관리 및 질병예방에 관한 사항
   4. 영업자 준수사항에 관한 사항
   5. 그 밖에 교육기관이 필요하다고 인정하는 사항
② 교육기관은 「동물보호법」(이하 "법"이라 한다) 제32조제1항제2호부터 제8호까지의 규정에 해당하는 영업 중 두 가지 이상의 영업을 하는 자에게 법 제37조제2항에 따른 교육을 실시하는 경우 제1항에 따른 교육내용 중 중복된 교육내용을 면제할 수 있다.

제5조(교육교재)

교육기관은 제4조의 내용이 포함된 교육교재를 교육을 받는 자에게 제공하여야 한다.

제6조(교육강사)

교육강사는 학계 및 관련업계의 전문가, 소비자단체의 임원, 관계공무원 등 동물의 질병·

위생·생산·복지 관련법 분야의 전문가로 구성하여야 한다.

제7조(교육시행규정의 승인)

① 교육기관의 장은 효율적인 교육실시를 위하여 다음 각 호의 사항이 포함된 교육시행규정을 제정하여 농림축산식품부장관의 승인을 받아야 하며, 이를 개정할 때에도 또한 같다.

1. 교육방법 및 진행에 관한 사항
2. 강사보수에 관한 사항
3. 교육수료증, 수료증 교부대장 등 교육과 관련된 서식
4. 교육운영협의회 구성 및 운영에 관한 사항

제8조(교육계획의 승인)

① 교육기관의 장은 다음 각 호의 사항이 포함된 다음연도 교육계획을 수립하여 다음연도 개시 1월전까지 농림축산식품부장관에게 승인을 요청하여야 한다.

1. 교육대상자
2. 교육비용 및 산출내역
3. 교육방법(대상별)
4. 교육과목 및 교육내용
5. 과목별 교육시간
6. 그 밖의 교육시행에 필요한 사항

② 농림축산식품부장관은 제1항의 규정에 따른 사항에 대하여 교육의 실효성 확보를 위한 시정지시를 할 수 있으며, 교육기관의 장은 그 지시사항을 지체 없이 시정조치하고 그 결과를 농림축산식품부장관에게 보고하여야 한다.

제9조(교육계획의 통지 등)

① 시장·군수·구청장(자치구의 구청장을 말한다. 이하 같다)·특별자치시장(이하 "시장·군수·구청장"이라 한다)은 농림축산식품부장관이 통보하는 교육기관의 교육계획을 교육대상자에게 통지하여야 한다.

② 교육기관의 장은 당해연도 교육계획을 회계연도 개시 전에 교육기관의 홈페이지에 게재하여야 하며, 교육계획이 변경된 경우에는 교육계획 예정일의 1개월 전까지 시장·군수·구청장에게 변경내용을 통보하고 지체 없이 홈페이지에 게재하여야 한다.

제10조(교육결과의 통보 등)

① 교육기관의 장은 교육결과를 교육종료 후 30일 이내에 시장·군수·구청장에게 통

보하여야 하고, 당해연도 교육결과를 다음연도 1월 31일까지 농림축산식품부장관에게 보고하여야 한다.

② 제1항에 따른 통보를 받은 시장·군수·구청장은 그 기록을 유지·관리하고, 교육이 끝난 날부터 2년간 보관하여야 한다.

제11조(행정지원)

특별시장·광역시장·도지사 및 특별자치도지사, 시장·군수·구청장은 교육기관의 장으로부터 지원요청이 있을 때 최대한 협조하여야 한다.

제12조(재검토기한)

농림축산식품부장관은 이 고시에 대하여 「훈령·예규 등의 발령 및 관리에 관한 규정」에 따라 2022년 1월 1일을 기준으로 매 3년이 되는 시점(매 3년째의 12월 31일까지를 말한다)마다 그 타당성을 검토하여 개선 등의 조치를 하여야 한다.

부칙 〈제2021-100호, 2021. 12. 30.〉

이 고시는 공포한 날부터 시행한다.

PART II

2.2

연습문제

1. 동물보호법의 목적으로 바르지 않은 것은?

   ① 동물에 대한 학대행위 방지　　　② 축산업의 발전
   ③ 건전하고 책임 있는 사육문화조성　④ 사람과 동물의 조화로운 공존

2. 다음 중 "소유자등"의 범위에 포함되지 않는 사람은?

   ① 소유자　　　　　　　　　　　② 일시적으로 사육하는 사람
   ③ 영구적으로 관리하는 사람　　　④ 동물 등록을 대행하는 사람

3. 다음 중 "맹견"에 대한 정의로 바르지 않은 것은?

   ① 사람의 재산상 피해를 줄 우려가 있는 개
   ② 사람의 신체에 위해를 가할 우려가 있는 개
   ③ 사람을 공격하여 상해를 입힐 가능성이 높은 개
   ④ 사람의 생명에 위해를 가할 우려가 있는 개

4. 다음 중 "맹견(猛犬)"의 범위에 해당하지 않는 것은?

   ① 스태퍼드셔 불 테리어와 그 잡종의 개
   ② 셔틀랜드 쉽독과 그 잡종의 개
   ③ 아메리칸 핏불테리어와 그 잡종의 개
   ④ 로트와일러와 그 잡종의 개

5. 다음 중 유실·유기동물에 대한 정의로 바른 것은?

   ① 도로·공원 등의 공공장소에서 소유자등이 없이 배회하거나 내버려진 동물
   ② 인가주변에 출현하여 인명·가축에 위해를 주거나 위해 발생의 우려가 있는 동물
   ③ 도심지나 주택가에서 자연적으로 번식하여 자생적으로 살아가는 동물
   ④ 일부지역에 서실밀도가 너무 높아 재산상의 피해를 주거나 생활에 피해를 주는 동물

6. 동물보호의 기본원칙으로 바르지 않은 것은?

① 동물이 본래의 습성과 신체의 원형을 유지하면서 정상적으로 살 수 있도록 할 것
② 동물이 갈증 및 굶주림을 겪거나 영양이 결핍되지 아니하도록 할 것
③ 동물이 정상적인 행동을 표현할 수 없더라도 불편함을 겪지 아니하도록 할 것
④ 동물이 공포와 스트레스를 받지 아니하도록 할 것

7. 다음 중 동물의 5대 자유 중 바르지 않은 것은?

① 배고픔과 목마름으로부터의 자유
② 소유자등으로 부터의 자유
③ 통증 · 부상 · 질병으로부터의 자유
④ 두려움과 괴로움으로부터의 자유

8. '동물복지종합계획'은 몇 년 단위로 수립 · 시행해야 하는가?

① 2년   ② 3년
③ 5년   ④ 10년

9. '동물복지종합계획'의 수립과 시행 등의 자문을 위한 농림축산식품부의 위원회로 바른 것은?

① 축산업발전위원회   ② 복지축산위원회
③ 반려동물산업위원회   ④ 동물복지위원회

10. 법 제7조 적정한 사육 · 관리 규정으로 바르지 않은 것은?

① 소유자등은 동물에게 항상 최상의 사료와 물을 공급하고, 운동 · 휴식이 보장되도록 노력하여야 한다.
② 소유자등은 동물이 질병에 걸렸을 경우 신속하게 치료하거나 그 밖에 필요한 조치를 하도록 노력하여야 한다.
③ 소유자등은 동물이 부상을 당한 경우에는 신속하게 치료하거나 그 밖에 필요한 조치를 하도록 노력하여야 한다.
④ 소유자등은 동물을 관리하거나 다른 장소로 옮긴 경우에는 그 동물이 새로운 환경에 적응하는 데에 필요한 조치를 하도록 노력하여야 한다.

11. 동물의 적절한 사육 · 관리 방법에서 개의 구충 주기로 바른 것은?

① 매월 1회 이상　　　　　　　② 분기마다 1회 이상
③ 년 2회 이상　　　　　　　　④ 매년 1회 이상

12. "반려 목적으로 기르는 동물에 대한 사육 관리 의무"에서 사육공간에 대한 설명으로 바르지 않은 것은?

① 사육공간의 위치는 차량, 구조물 등으로 인한 안전사고가 발생할 위험이 없는 곳에 마련할 것
② 사육공간의 바닥이 철망 등으로 된 설비의 경우 철망의 간격은 사육하는 동물의 발이 빠지지 않는 규격일 것
③ 사육공간은 동물이 자연스러운 자세로 일어나거나 눕거나 움직이는 등의 일상적인 동작을 하는 데에 지장이 없도록 제공할 것
④ 동물을 실외에서 사육하는 경우 사육공간 내에 더위, 추위, 눈, 비 및 직사광선 등을 피할 수 있는 휴식공간을 제공할 것

13. "반려 목적으로 기르는 동물에 대한 사육 관리 의무"에서 동물의 위생 · 건강관리를 위하여 준수해야 할 것으로 바르지 않은 것은?

① 2마리 이상의 동물을 함께 사육하는 경우에는 동물의 사체나 전염병이 발생한 동물은 즉시 다른 동물과 격리할 것
② 동물의 영양이 부족하지 않도록 사료 등 동물에게 적합한 음식과 깨끗한 물을 공급할 것
③ 목줄을 사용하여 동물을 사육하는 경우 목줄에 묶이거나 목이 조이는 등으로 인해 상해를 입지 않도록 할 것
④ 사료와 물을 주기 위한 설비 및 휴식공간은 분변, 오물 등을 매일 1회 이상 제거하고 청결하게 관리할 것

14. '동물학대 등의 금지' 법 제8조 ①항으로 바르지 않은 것은?

① 다른 사람에게 혐오감을 주는 방법으로 죽이는 행위

② 동물의 습성 및 생태환경 등 부득이한 사유가 없음에도 불구하고 해당 동물을 다른 동물의 먹이로 사용하는 경우

③ 노상 등 공개된 장소에서 죽이거나 같은 종류의 다른 동물이 보는 앞에서 죽음에 이르게 하는 행위

④ 고의로 사료 또는 물을 주지 아니하는 행위로 인하여 동물을 죽음에 이르게 하는 행위

15. 법 제8조제2항제4호에서 "농림축산식품부령으로 정하는 정당한 사유 없이 신체적 고통을 주거나 상해를 입히는 행위"에 대한 설명으로 바르지 않은 것은?

① 사람의 생명ㆍ신체에 대한 직접적 위협이나 재산상의 피해를 방지하기 위하여 다른 방법이 있음에도 불구하고 동물에게 신체적 고통을 주거나 상해를 입히는 행위

② 동물의 습성 또는 사육환경 등의 부득이한 사유가 없음에도 불구하고 동물을 혹서ㆍ혹한 등의 환경에 방치하여 신체적 고통을 주거나 상해를 입히는 행위

③ 갈증이나 굶주림의 해소 또는 질병의 예방이나 치료 등의 목적으로 동물에게 음식이나 물을 강제로 먹여 신체적 고통을 주거나 상해를 입히는 행위

④ 동물의 사육ㆍ훈련 등을 위하여 필요한 방식이 아님에도 불구하고 다른 동물과 싸우게 하거나 도구를 사용하는 등 잔인한 방식으로 신체적 고통을 주거나 상해를 입히는 행위

16. '동물학대 등의 금지' 법 제8조 3항 알선ㆍ구매하는 행위가 금지된 동물로 바르지 않은 것은?

① 장애인 보조견 등 사역한 동물

② 유실동물

③ 유기동물

④ 피학대 동물 중 소유자를 알 수 없는 동물

17. 다음 중 동물보호법 8조 5항의 금지행위 중 허용되는 것은?

① 도박을 목적으로 동물을 이용하는 행위 또는 동물을 이용하는 도박을 행할 목적으로 광고 · 선전하는 행위.

② 도박 · 시합 · 복권 · 오락 · 유흥 · 광고 등의 상이나 경품으로 동물을 제공하는 행위

③ 촬영, 체험 또는 교육을 위하여 동물을 관리할 수 있는 인력을 동반하고 동물을 대여하는 경우

④ 법 제8조 제1항부터 제3항까지에 해당하는 행위를 촬영한 사진 또는 영상물을 판매 · 전시 · 전달 · 상영하거나 인터넷에 게재하는 행위.

18. 동물을 운송하는 자가 준수해야 하는 것으로 바르지 않은 것은?

① 운송 중인 동물에게 적합한 사료와 물을 공급하고, 급격한 출발 · 제동 등으로 충격과 상해를 입지 아니하도록 할 것

② 동물을 운송하는 차량은 동물이 운송 중에 상해를 입지 아니하고, 급격한 체온 변화, 호흡곤란 등으로 인한 고통을 최소화할 수 있는 구조로 되어 있을 것

③ 4시간 이상 이동 시 동물에게 적절한 휴식시간을 제공할 것

④ 2마리 이상을 운송하는 경우에는 개체별로 분리할 것

19. 동물의 운송중 칸막이 설치 등의 조치를 해야 하는 동물에 해당하지 않는 것은?

① 병든 동물   ② 늙은 동물
③ 임신중인 동물   ④ 젖먹이가 딸린 동물

20. 다음 중 등록 또는 허가 대상업을 영위하는 자가 반려동물을 판매하는 경우 동물의 전달 방법으로 바른 것은?

① 택배를 통한 전달   ② 지인을 통한 전달
③ 직원을 통한 전달   ④ 우편을 통한 전달

21. 법 제10조 동물의 도살방법으로 바르지 않은 것은?

① 모든 동물은 혐오감을 주거나 잔인한 방법으로 도살되어서는 안 된다.

② 도살과정에 불필요한 고통이나 공포, 스트레스를 주어서는 안 된다.

③ 동물을 죽이는 경우에는 가스법·전살법(電殺法) 등 농림축산식품부령으로 정하는 방법을 이용하여 고통을 최소화하여야 한다.

④ 「가축전염병예방법」에 따라 동물을 죽이는 경우에는 반드시 죽은 것을 확인한 후 다음 도살 단계로 넘어가야 한다.

22. 법 제11조 "동물의 수술방법"의 조문으로 바른 것은?

① 거세, 뿔 없애기, 꼬리 자르기 등 동물에 대한 외과적 수술을 하는 사람은 수의학적 방법에 따라야 한다.

② 거세, 뿔 없애기, 꼬리 자르기 등 동물에 대한 외과적 수술은 수의사에 의해 시행되도록 노력하여야 한다.

③ 거세, 뿔 없애기, 꼬리 자르기 등 동물에 대한 외과적 수술은 동물진료기관에서 시행되어야 한다.

④ 거세, 뿔 없애기, 꼬리 자르기 등 동물에 대한 외과적 수술은 수의사가 아니면 진료할 수 없다.

23. 다음 중 등록대상 동물에 해당하지 않는 것은?

① 반려목적으로 기르는 고양이   ② 반려목적으로 기르는 개
③ 주택에서 기르는 개   ④ 준주택에서 기르는 개

24. 다음 중 등록대상 동물과 등록시기로 바른 것은?

① 월령(月齡) 2개월 이상인 개

② 월령(月齡) 2개월 이상인 반려동물

③ 월령(月齡) 3개월 이상인 개

④ 월령(月齡) 3개월 이상인 반려동물

25. 등록대상동물의 등록 및 변경 등의 내용으로 바르지 않은 것은?

① 등록대상동물을 등록하려는 자는 해당 동물의 소유권을 취득한 날 또는 소유한 동물이 등록대상동물이 된 날부터 30일 이내에 동물등록 신청서 제출하여야 한다.

② 등록대상동물의 소유자는 등록하려는 동물이 등록대상 월령(月齡) 이하인 경우에는 등록할 수 있다.

③ 등록대상동물을 잃어버린 경우에는 10일 이내에 시장·군수·구청장에게 신고하여야 한다.

④ 등록대상동물이 죽은 경우 30일 이내에 시장·군수·구청장에게 신고하여야 한다.

26. 법 제13조 "등록대상동물의 관리 등"에 관한 규정으로 바르지 않은 것은?

① 소유자등은 등록대상동물을 기르는 곳에서 벗어나게 하는 경우에는 인식표를 등록대상동물에게 부착하여야 한다.

② 소유자등은 등록대상동물을 동반하고 외출할 때에는 목줄 등 안전조치를 하여야 한다.

③ 배설물(소변의 경우에는 공동주택의 엘리베이터·계단 등 건물 내부의 공용공간 및 평상·의자 등 사람이 눕거나 앉을 수 있는 기구 위의 것으로 한정한다)이 생겼을 때에는 즉시 수거하여야 한다.

④ 월령 3개월 미만인 등록대상동물을 직접 안아서 외출하는 경우에도 해당 안전조치를 하여야 한다.

27. 다음 중 목줄 또는 가슴줄의 규정으로 올바른 것은?

① 다른사람에게 혐오감을 주지 아니하는 범위의 길이

② 목줄 또는 가슴줄은 2미터 이내의 길이

③ 다른 사람에게 위해를 가하지 못하는 범위의 길이

④ 사람이나 가축에 해를 끼칠 수 없는 범위의 길이

28. 등록대상 동물에게 부착하는 인식표에 표시하는 내용에 해당하지 않는 것은?

① 소유자의 주소   ② 소유자의 성명
③ 소유자의 전화번호   ④ 동물의 등록번호(등록한 경우)

29. 맹견 소유자의 준수사항으로 바르지 않은 것은?

① 소유자등 없이 맹견을 기르는 곳에서 벗어나지 아니하게 할 것
② 월령 6개월 이상인 맹견을 동반하고 외출 할 때에는 안전장치를 하거나 맹견의 탈출을 방지할 수 있는 적정한 이동장치를 할 것
③ 맹견이 사람에게 신체적 피해를 주지 아니하도록 할 것
④ 맹견의 소유자는 맹견의 안전한 사육 및 관리에 관하여 정기적으로 교육을 받을 것

30. 다음 중 월령이 3개월 이상인 맹견을 동반하고 외출할 때의 준수사항으로 바르지 않은 것은?

① 맹견에게는 가슴줄만 할 것
② 사람에 대한 공격을 효과적으로 차단할 수 있는 크기의 입마개를 할 것
③ 입마개의 크기는 맹견이 호흡 또는 체온조절을 하거나 물을 마시는 데 지장이 없는 크기일 것
④ 이동장치를 사용하여 맹견을 이동시킬 때에는 맹견에게 목줄 및 입마개를 하지 않을 수 있다.

31. 맹견 소유자의 맹견의 안전한 사육 및 관리에 관한 정기교육의 규정시간으로 바른 것은?

① 소유권 취득 전 10시간　　　　② 분기마다 3시간
③ 매년 3시간　　　　　　　　　④ 매년 10시간

32. 맹견소유자의 보험가입 규정으로 바른 것은?

① 다른 사람의 동물이 상해를 입은 경우에는 사고 1건당 100만원
② 다른 사람의 동물이 죽은 경우에는 사고 1건당 500만원
③ 사망의 경우 피해자 1명당 8천만원 이상 보상할 수 있는 보험
④ 사망의 경우 피해자 1명당 1억원 이상 보상할 수 있는 보험

33. 맹견의 출입금지 장소에 해당하지 않는 곳은?

① 어린이집　　　　　　　　　② 유치원
③ 초등학교　　　　　　　　　④ 도시공원

34. 다음 중 구조 · 보호 조치 제외 동물에 해당하는 것은?

① 유기 · 유실동물

② 피학대 동물 중 소유자를 알 수 없는 동물

③ 소유자로부터 8조 2항에 따른 학대를 받아 적정하게 치료 · 보호받을 수 없다고 판단되는 동물

④ 도심지나 주택가에서 자연적으로 번식하여 자생적으로 살아가는 고양이로서 개체수 조절을 위해 중성화 조치 대상인 고양이

35. 시 · 도와 시 · 군 · 구가 동물의 소유권을 취득할 수 있는 경우로 바르지 않은 것은?

① 동물의 소유자가 그 동물의 소유권을 포기한 경우

② 공고한 날로부터 7일이 지나도 동물의 소유자를 알 수 없는 경우

③ 보호비용의 납부기한이 종료된 날부터 10일이 지나도 보호비용을 납부하지 아니한 경우

④ 동물의 소유자와 연락이 되지 아니하거나 소유자가 반환받을 의사를 표시하지 아니한 경우

36. 소유자로부터 학대받은 동물을 보호(수의사의 진단)할 때에 격리조치 기준에 해당하는 것은?

① 24시간 이상　　　　　　② 3일 이상

③ 7일 이상　　　　　　　④ 15일 이상

37. 동물보호조치에 관한 공고를 하는 지정된 시스템은?

① 동물보호복지시스템　　　② 반려동물관리시스템

③ 동물보호관리시스템　　　④ 동물등록관리시스템

38. 동물보호센터 '운영위원회' 설치기준에 해당하는 연간 유기동물 처리 마릿수는?

① 500마리 이상　　　　　② 1천마리 이상

③ 2천마리 이상　　　　　④ 3천마리 이상

39. 지정된 동물보호센터의 지정취소 사유로 바르지 않은 것은?

① 보호비용을 거짓으로 청구한 경우
② 동물의 인도적인 처리 규정을 위반한 경우
③ 특별한 사유 없이 유실·유기동물 및 피학대 동물에 대한 보호조치를 거부한 경우
④ 보호 중인 동물을 영리를 목적으로 분양하는 경우

40. 다음 중 학대받는 동물에 대한 신고 의무자가 아닌 것은?

① 동물사료 판매업자
② 동물실험윤리위원회의 위원
③ 수의사, 동물병원의 장 및 그 종사자
④ 등록 또는 허가받은 영업자 및 그 종사자

41. 보호조치 중인 동물에 대한 공고일 기준으로 바른 것은?

① 지체없이 5일 이상   ② 지체없이 7일 이상
③ 지체없이 10일 이상   ④ 지체없이 15일 이상

42. 시·도와 시·군·구가 동물의 소유권을 취득할 수 있는 동물의 소유권 취득 기준일로 바르지 않은 것은?

① 공고한 날부터 10일이 지나도 동물의 소유자등을 알 수 없는 경우
② 동물의 소유자가 그 동물의 소유권을 포기하고 10일 지난 경우
③ 동물의 소유자가 보호비용의 납부기한이 종료된 날부터 10일이 지나도 보호비용을 납부하지 아니한 경우
④ 동물의 소유자를 확인한 날부터 10일이 지나도 정당한 사유 없이 동물의 소유자와 연락이 되지 아니하거나 소유자가 반환받을 의사를 표시하지 아니한 경우

43. 소유권을 취득한 동물의 기증 또는 분양 대상 민간단체 등의 범위로 틀린 것은?

① 시행령 제5조 각 호의 어느 하나에 해당하는 법인 또는 단체
②「장애인복지법」제40조제4항에 따라 지정된 장애인 보조견 전문훈련기관
③「사회복지사업법」제2조제4호에 따른 사회복지시설
④「형의 집행 및 수용자의 처우에 관한 법률」제11조에 따른 교도소, 소년교도소, 구치소 및 그 지소

44. 동물보호비용 비용징수통지서를 받은 경우 며칠 이내에 납부하여야 하는가?

① 3일 이내   ② 7일 이내
③ 10일 이내   ④ 30일 이내

45. 다음 중 동물의 인도적 처리 기준으로 바르지 않은 것은?

① 동물이 질병 또는 상해로부터 회복될 수 없거나 지속적으로 고통을 받으며 살아야 할 것으로 수의사가 진단한 경우
② 동물이 사람이나 보호조치 중인 다른 동물에게 질병을 옮기거나 위해를 끼칠 우려가 매우 높다고 사육관리자가 판단한 경우
③ 기증 또는 분양이 곤란한 경우 등 시·도지사 또는 시장·군수·구청장이 부득이한 사정이 있다고 인정하는 경우
④ 동물보호센터 종사자 1명 이상의 입회하에 수의사가 시행

46. 다음 중 동물실험의 원칙으로 바르지 않은 것은?

① 동물실험은 인류의 복지 증진과 동물 생명의 존엄성을 고려하여 실시하여야 한다.
② 동물실험을 하려는 경우에는 이를 대체할 수 있는 방법을 우선적으로 고려하여야 한다.
③ 동물실험은 실험에 사용하는 동물의 윤리적 취급과 과학적 사용에 관한 지식과 경험을 보유한 자가 시행하여야 하며 필요한 최대한의 동물을 사용하여야 한다.
④ 실험동물의 고통이 수반되는 실험은 감각능력이 낮은 동물을 사용하고 진통·진정·마취제의 사용 등 수의학적 방법에 따라 고통을 덜어주기 위한 적절한 조치를 하여야 한다.

47. 다음 중 동물실험의 금지에 해당하는 내용으로 바르지 않은 것은?

① 유실 · 유기동물을 대상으로 하는 실험
② 장애인 복지법에 따른 장애인 보조견
③ 소방청에서 효율적인 구조활동을 위해 이용하는 인명구조견의 효율적인 훈련방식에 관한 연구
④ 미성년자에게 체험 · 교육 · 시험 · 연구 등의 목적으로 동물 해부실습

48. 다음 중 미성년자 동물 해부실습 금지의 적용 예외로 바르지 않은 것은?

① 학교가 동물 해부실습의 시행에 대해 법 제25조제1항에 따른 동물실험시행기관의 동물실험윤리위원회의 심의를 거친 경우
② 영재학원의 교육 목적의 동물 해부실습 중 동물 해부실습 심의위원회의 심의를 거친 경우
③ 동물실험시행기관이 동물 해부실습의 시행에 대해 법 제25조제1항 본문 또는 단서에 따른 동물실험윤리위원회의 심의를 거친 경우
④ 동물실험시행기관이 동물 해부실습의 시행에 대해 법 제25조제1항 본문 또는 단서에 따른 실험동물운영위원회의 심의를 거친 경우

49. 동물실험시행기관의 장이 실험동물의 보호와 윤리적인 취급을 위하여 설치 · 운영하여야 하는 위원회는?

① 동물실험윤리위원회   ② 실험동물운영위원회
③ 실험동물복지위원회   ④ 동물실험관리위원회

50. 다음 중 농림축산식품부령으로 정하는 바에 따라 시장 · 군수 · 구청장에게 허가를 받아야 하는 영업은?

① 동물전시업   ② 동물판매업
③ 동물위탁관리업   ④ 동물생산업

51. 다음 중 농림축산식품부령으로 정하는 '반려동물'에 해당하지 않는 것은?

① 기니피그   ② 고슴도치
③ 햄스터   ④ 페럿

52. 동물보호법 제32조에 따른 영업의 종류에 해당하지 않는 것은?

① 동물전시업   ② 동물위탁관리업
③ 동물대여업   ④ 동물운송업

53. 동물보호법 제32조에 따른 영업(동물장묘업제외)을 하는 자가 받아야 하는 교육시간으로 바른 것은?

① 매월 1시간   ② 분기마다 3시간
③ 매년 3시간   ④ 매년 10시간 이상

54. 다음 중 동물의 학대 방지 등 동물보호에 관한 사무를 처리하기 위하여 지정된 공무원은?

① 동물복지관   ② 동물보호감시원
③ 동물보호복지원   ④ 동물복지사무관

55. 다음 중 동물보호감시원의 직무로 바르지 않은 것은?

① 법 제7조에 따른 동물의 적정한 사육 · 관리에 대한 교육 및 지도
② 법 제8조에 따라 금지되는 동물학대행위의 예방, 중단 또는 재발방지를 위하여 필요한 조치
③ 법 제9조 및 제9조의2에 따른 동물의 적정한 운송과 반려동물 전달 방법에 대한 지도 · 감독
④ 동물학대행위에 대한 신고 및 정보 제공

56. 다음 중 행위의 벌칙으로 처벌기준이 다른 것은?

① 학대행위를 촬영한 사진 또는 영상물을 판매 · 전시 · 전달 · 상영하거나 인터넷에 게재하는 행위
② 도박을 목적으로 동물을 이용하는 행위
③ 영리를 목적으로 동물을 대여하는 행위
④ 맹견을 유기한 소유자등의 행위

57. 소유자가 법 제12조제1항을 위반하여 등록대상동물을 등록하지 않은 경우 1차 과태료 금액으로 바른 것은?

① 10만원   ② 20만원
③ 40만원   ④ 50만원

58. 소유자등이 법 제13조제1항을 위반하여 인식표를 부착하지 않은 경우 1차 과태료 금액으로 바른 것은?

① 5만원   ② 10만원
③ 20만원   ④ 50만원

59. 소유자등이 법 제13조제2항을 위반하여 안전조치를 하지 않은 경우 1차 과태료 금액으로 바른 것은?

① 10만원   ② 20만원
③ 30만원   ④ 50만원

60. 소유자등이 법 제13조제2항을 위반하여 배설물을 수거하지 않은 경우 1차 과태료 금액으로 바른 것은?

① 5만원   ② 7만원
③ 10만원   ④ 20만원

61. 소유자등이 법 제13조의2제1항제1호를 위반하여 소유자등 없이 맹견을 기르는 곳에서 벗어나게 한 경우 1차 과태료 금액으로 바른 것은?

① 5만원   ② 10만원
③ 20만원   ④ 100만원

62. 소유자등이 법 제8조제4항을 위반하여 맹견을 유기한 경우 처벌의 내용으로 바른 것은?

① 2년 이하의 징역 또는 2천만원 이하의 벌금
② 1년 이하의 징역 또는 1천만원 이하의 벌금
③ 500만원 이하의 벌금
④ 300만원 이하의 벌금

63. 소유자등이 법 제8조제4항을 위반하여 동물을 유기한 경우 처벌의 내용으로 바른 것은?

① 과태료 50만원 ② 과태료 100만원
③ 300만원 이하의 벌금 ④ 500만원 이하의 벌금

64. 소유자등이 법 제13조의3(맹견의 출입금지 등)을 위반하여 맹견을 출입하게 한 경우 1차 과태료 금액으로 바른 것은?

① 5만원 ② 10만원
③ 20만원 ④ 100만원

65. 영업자가 법 제37조제2항 또는 제3항을 위반하여 교육을 받지 않고 영업을 한 경우 1차 과태료 금액으로 바른 것은?

① 10만원 ② 20만원
③ 30만원 ④ 50만원

66. 영업자가 법 제9조의2(반려동물의 전달방법)를 위반하여 동물을 판매한 경우 1차 과태료 금액으로 바른 것은?

① 10만원 ② 20만원
③ 30만원 ④ 50만원

67. 무선식별장치의 등록번호 체계인 동물개체식별-코드구조(KS C ISO 11784 : 2009)에서 국가코드로 바른 것은?

① 880 ② 010
③ 410 ④ 031

68. 무선식별장치의 등록번호 체계인 동물개체식별-코드구조(KS C ISO 11784 : 2009)에서 개체식별코드는 몇 자리인가?

① 10자리 ② 12자리
③ 13자리 ④ 15자리

69. 동물보호센터의 시설기준으로 바르지 않은 것은?

① 진료실   ② 사육실
③ 격리실   ④ 전시실

70. 동물보호센터의 개별 동물을 분리하여 수용할 수 있는 시설의 권장 크기로 바르지 않은 것은?

① 소형견(5kg 미만): 50 × 70 × 60(cm)
② 중형견(5kg 이상 15kg 미만): 70 × 100 × 80(cm)
③ 대형견(15kg 이상): 100 × 150 × 100(cm)
④ 기타동물: 50 × 70 × 60(cm)

71. 동물보호센터의 준수사항으로 바르지 않은 것은?

① 동물보호센터에 입소되는 모든 동물은 안전하고, 위생적이며 불편함이 없도록 관리하여 야 한다.
② 소독약과 소독장비를 가지고 정기적으로 소독 및 청소를 실시하여야 한다.
③ 축종, 품종, 나이, 체중에 맞는 사료 등 먹이를 적절히 공급하고 매일 3회 이상 물을 공급하며, 그 용기는 청결한 상태로 유지하여야 한다.
④ 보호 중인 동물은 진료 등 특별한 사정이 없는 한 보호시설 내에서 보호함을 원칙으로 한다.

72. 동물보호센터의 준수사항으로 바르지 않은 것은?

① 보호동물의 등록 여부를 확인하고, 보호동물이 등록된 동물인 경우에는 지체 없이 해당 동물의 소유자에게 보호 중인 사실을 통보해야 한다.
② 미성년자에게 분양하는 경우 반드시 중성화수술에 동의해야 하고 다시 유기되지 않도록 교육을 실시해야 한다.
③ 분양 시 보호동물이 동물등록이 되어 있지 않은 경우에는 동물등록을 하도록 안내해야 한다.
④ 동물을 인도적으로 처리하는 경우 동물보호센터 종사자 1명 이상의 입회하에 수의사가 시행하도록 한다.

73. 반려동물을 보여주거나 접촉하게 할 목적의 동물전시업은 영업자 소유의 동물을 몇 마리이상 전시하는 영업인가?

① 5마리 이상   ② 10마리 이상

③ 20마리 이상   ④ 50마리 이상

74. 다음 중 영업의 세부범위에 대한 설명으로 바르지 않은 것은?

① 동물수입업 – 반려동물을 수입하여 판매하는 영업

② 동물판매업 – 반려동물을 번식시켜 판매하는 영업

③ 동물미용업 – 반려동물의 털, 피부 또는 발톱 등을 손질하거나 위생적으로 관리하는 영업

④ 동물위탁관리업 – 반려동물 소유자의 위탁을 받아 반려동물을 영업장 내에서 일시적으로 사육, 훈련 또는 보호하는 영업

75. 동물판매업의 사육·관리 인력 기준으로 바른 것은?

① 개 또는 고양이의 경우　20마리당 1명 이상

② 개 또는 고양이의 경우　50마리당 1명 이상

③ 개 또는 고양이의 경우　75마리당 1명 이상

④ 개 또는 고양이의 경우 100마리당 1명 이상

76. 다음 중 동물생산업의 사육·관리 인력 기준으로 바른 것은?

① 번식이 가능한 12개월 이상이 된 개 또는 고양이 50마리당 1명이상

② 번식이 가능한 18개월 이상이 된 개 또는 고양이 50마리당 1명이상

③ 번식이 가능한 12개월 이상이 된 개 또는 고양이 75마리당 1명이상

④ 번식이 가능한 18개월 이상이 된 개 또는 고양이 75마리당 1명이상

77. 동물전시업의 사육·관리 인력 기준으로 바른 것은?

① 개 또는 고양이의 경우　20마리당 1명 이상

② 개 또는 고양이의 경우　50마리당 1명 이상

③ 개 또는 고양이의 경우　75마리당 1명 이상

④ 개 또는 고양이의 경우 100마리당 1명 이상

78. 동물위탁관리업의 사육·관리 인력 기준으로 바른 것은?

① 개 또는 고양이 20마리당 1명 이상
② 개 또는 고양이 50마리당 1명 이상
③ 개 또는 고양이 75마리당 1명 이상
④ 개 또는 고양이 100마리당 1명 이상

79. 동물생산업의 사육실 시설기준으로 바르지 않은 것은?

① 사육실이 외부에 노출된 경우 직사광선, 비바람, 추위 및 더위를 피할 수 있는 시설이 설치되어야 한다.
② 사육설비의 가로 및 세로는 각각 사육하는 동물의 몸길이의 2배 및 1.5배 이상일 것
③ 사육설비의 높이는 사육하는 동물이 뒷발로 일어섰을 때 머리가 닿지 않는 높이 이상일 것
④ 사육설비는 사육하는 동물의 배설물 청소와 소독이 쉬운 재질이어야 한다.

80. 동물생산업의 분만실 시설기준으로 바르지 않은 것은?

① 새끼를 가지거나 새끼에게 젖을 먹이는 동물을 안전하게 보호할 수 있도록 별도로 구획되어야 한다.
② 분만실의 바닥과 벽면은 물청소와 소독이 쉬워야 하고, 부식되지 않는 재질이어야 한다.
③ 분만실 바닥을 망으로 사용하는 경우 바닥면적의 30% 이상에 평평한 판을 넣어 쉴 수 있는 공간을 마련하여야 한다.
④ 직사광선, 비바람, 추위 및 더위를 피할 수 있어야 하며 동물의 체온을 적정하게 유지할 수 있는 설비를 갖춰야 한다.

81. 동물전시업의 시설기준으로 바르지 않은 것은?

① 전시실과 휴식실은 공동으로 이용해야 하며, 동물을 직접 판매하는 경우 판매실은 별도로 설치하여야 한다.
② 전염성 질병의 유입을 예방하기 위해 출입구에 손 소독제 등 소독장비를 갖춰야 한다.
③ 전시되는 동물이 영업장 밖으로 나가지 않도록 출입구에 이중문과 잠금장치를 설치해야 한다.
④ 개의 경우에는 운동공간을 설치하고, 고양이의 경우에는 배변시설, 선반 및 은신처를 설치하는 등 전시되는 동물의 생리적 특성을 고려한 시설을 갖춰야 한다.

82. 동물미용업의 시설기준으로 바르지 않은 것은?

① 소독기와 자외선살균기 등 미용기구를 소독하는 장비를 갖춰야 한다.
② 미용작업실은 미용을 위한 최소한의 작업공간을 확보해야 하고, 미용작업대와 동물이 떨어지는 것을 예방하기 위한 고정장치를 갖춰야 한다.
③ 미용작업실에 동물의 목욕에 필요한 충분한 크기의 욕조, 급수·배수시설, 냉·온수설비 및 건조기를 갖춰야 한다.
④ 미용작업실, 동물대기실 및 고객응대실은 분리 또는 구획되어야 한다. 다만, 동물판매업, 동물위탁관리업, 동물전시업 또는 동물병원을 같이 하는 경우에는 동물대기실과 고객응대실을 공동으로 이용할 수 있다.

83. 동물 운송업의 동물 운송 차량의 요건으로 바르지 않은 것은?

① 직사광선 및 비바람을 피할 수 있는 설비를 갖출 것
② 적정한 온도를 유지할 수 있는 냉·난방설비를 갖출 것
③ 이동 중 갑작스러운 출발이나 제동 등으로 동물이 상해를 입지 않도록 예방할 수 있는 설비를 갖출 것
④ 이동 중에 동물은 밀폐된 공간이 있어야 하며, 동물의 이동을 방지할 수 있는 고정장치를 갖출 것

84. 동물판매업의 시설기준으로 바르지 않은 것은?

① 사육설비의 가로 및 세로는 각각 사육하는 동물의 몸길이의 2.5배 및 2배 이상일 것
② 사육설비의 높이는 사육하는 동물이 뒷발로 일어섰을 때 머리가 닿지 않는 높이 이상일 것
③ 사육설비를 2단 이상 쌓은 경우에는 충격으로 무너지지 않도록 설치할 것
④ 사료와 물을 주기 위한 설비와 동물의 체온을 적정하게 유지할 수 있는 설비를 갖출 것

85. 영업자 공통 준수사항 중 분리 관리해야 하는 동물의 유형이 아닌 것은?

① 늙은 동물
② 질환이 있거나 상해를 입은 동물
③ 공격성이 있는 동물
④ 장애가 있는 동물

86. 다음 중 영업자의 공통 준수사항의 내용으로 바르지 않은 것은?

① 영업장 내부에 영업 등록(허가)증과 요금표를 게시해야 한다.

② 영업장에서 발생하는 동물 소음을 최소화하기 위해서 노력해야 한다.

③ 영업장이나 동물운송차량에 머무는 시간이 2시간 이상인 동물에 대해서는 항상 깨끗한 물과 사료를 공급하고, 물과 사료를 주는 용기를 청결하게 유지해야 한다.

④ 동물생산업자 및 동물전시업자가 폐업하는 경우에는 폐업시 처리계획서에 따라 동물을 기증하거나 분양하는 등 적절하게 처리하고 그 결과를 시장·군수·구청장에게 보고해야 한다.

87. 다음 중 동물판매업자의 준수사항으로 바르지 않은 것은?

① 개·고양이는 3개월령 이상이 되어야 판매, 알선 또는 중개할 수 있다.

② 미성년자에게는 동물을 판매, 알선 또는 중개해서는 안 된다.

③ 동물 판매, 알선 또는 중개 시 해당 동물에 관한 습성, 특징 및 사육방법 등에 대해 구매자에게 반드시 알려주어야 한다.

④ 온라인을 통해 홍보하는 경우에는 등록번호, 업소명, 주소 및 전화번호를 잘 보이는 곳에 표시해야 한다.

88. 동물판매업자의 계약서의 필수 기재사항으로 바르지 않은 것은?

① 동물판매업 등록번호, 업소명, 주소 및 전화번호

② 동물을 생산(수입)한 동물생산(수입)업자 업소명 및 주소

③ 예방접종, 약물투여 등 수의사의 치료기록 등

④ 제공하는 서비스의 종류, 기간 및 비용

89. 다음 중 동물생산업자의 준수사항으로 바르지 않은 것은?

① 사육하는 동물에게 매일 1회 이상 정기적으로 운동할 기회를 제공하여야 한다.

② 동물을 직접 판매하는 경우 동물판매업자의 준수사항을 지켜야 한다.

③ 노화 등으로 번식능력이 없는 동물은 보호하거나 입양되도록 노력해야 하고, 동물을 유기하거나 폐기를 목적으로 거래해서는 안 된다.

④ 개체관리카드에 출산 날짜, 출산동물 수, 암수 구분 등 출산에 관한 정보를 포함하여 작성·관리해야 한다.

90. 다음 중 동물생산업자의 준수사항으로 바르지 않은 것은?

① 사육실 내 질병의 발생 및 확산에 주의하여야 하고, 백신 접종 등 질병에 대한 예방적 조치를 취한 후 개체관리 카드에 이를 기입하여 관리해야 한다.

② 사육·관리하는 동물에 대해서 털관리, 손·발톱 깍기 및 이빨관리 등에 연 1회 이상 실시하여 동물을 건강하고 위생적으로 관리해야 하며, 그 내역을 기록해야 한다.

③ 월령이 18개월 미만인 개·고양이는 교배 및 출산 시킬 수 없고, 출산 후 다음 임신 사이에 8개월 이상의 기간을 두어야 한다.

④ 영업자 실적 보고서를 다음 연도 1월 말일까지 시장·군수·구청장에게 제출하여야 한다.

91. 동물생산업자의 준수사항으로 바르지 않은 것은?

① 사육하는 동물에게 주 1회 이상 정기적으로 운동할 기회를 제공해야 한다.

② 사육 · 관리하는 동물에 대해서 털 관리, 손 · 발톱 깎기 및 이빨 관리 등을 월 1회 이상 실시하여 동물을 건강하고 위생적으로 관리해야 하며, 그 내역을 기록해야 한다.

③ 월령이 12개월 미만인 개 · 고양이는 교배 및 출산시킬 수 없고, 출산 후 다음 출산 사이에 8개월 이상의 기간을 두어야 한다.

④ 동물을 직접 판매하는 경우 동물판매업자의 준수사항을 지켜야 한다.

92. 다음 중 동물전시업자의 준수사항으로 바르지 않은 것은?

① 전시하는 개 또는 고양이는 월령이 12개월 이상이어야 하며, 등록대상 동물인 경우에는 등록을 해야 한다.

② 전시된 동물에 대해서는 정기적인 예방접종과 구충을 실시하고, 매년 1회 검진을 해야 하며, 건강에 이상이 있는 것으로 의심되는 경우에는 격리한 후 수의사의 진료 및 적절한 치료를 해야 한다.

③ 전시하는 개 또는 고양이는 안전을 위해 체중 및 성향에 따라 구분·관리해야 한다.

④ 영업시간 중에도 동물이 자유롭게 휴식을 취할 수 있도록 해야 한다.

93. 다음 중 동물전시업자의 준수사항으로 바르지 않은 것은?

① 전시하는 동물은 하루 6시간 이내로 전시해야 하며, 6시간이 넘게 전시하는 경우에는 별도로 휴식시간을 제공해야 한다.

② 동물의 휴식 시에는 몸을 숨기거나 운동이 가능한 휴식공간을 제공해야 한다.

③ 깨끗한 물과 사료를 충분히 제공해야 하며, 사료나 간식 등을 과도하게 섭취하지 않도록 적절히 관리해야 한다.

④ 전시하는 동물을 생산이나 판매의 목적으로 이용해서는 안 된다.

94. 다음 중 동물위탁관리업자의 준수사항으로 바르지 않은 것은?

① 위탁관리하고 있는 동물에게 정기적으로 운동할 기회를 제공해야 한다.

② 사료나 간식 등을 과도하게 섭취하지 않도록 적절히 관리해야 한다.

③ 위탁관리하고 있는 동물에게 건강 문제가 발생하거나 이상 행동을 하는 경우 즉시 소유주에게 알려야 하며 병원 진료 등 적절한 조치를 요구해야 한다.

④ 위탁관리하고 있는 동물은 안전을 위해 체중 및 성향에 따라 구분·관리해야 한다.

95. 동물위탁관리업자의 위탁관리하는 동물에 대한 계약서의 필수 내용이 아닌 것은?

① 등록번호, 업소명 및 주소, 전화번호

② 위탁관리하는 동물의 축종, 품종, 나이, 색상 및 그 외 특이사항

③ 예방접종, 약물투여 등 수의사의 치료기록 등

④ 위탁관리하는 동물에게 건강 문제가 발생했을 때 처리방법

96. 다음 중 동물미용업자의 준수사항으로 바르지 않은 것은?

① 동물에게 건강 문제가 발생하지 않도록 시설 및 설비를 위생적이고 안전하게 관리해야 한다.

② 소독한 미용기구와 소독하지 않은 미용기구를 구분하여 보관해야 한다.

③ 사용 중 혈액이나 체액이 묻은 기구는 소독하기 전, 흐르는 물에 씻어 혈액 및 체액을 제거한 후 소독액이 묻어있는 일회용 천이나 거즈를 이용하여 표면을 닦아 물기를 제거한다.

④ 혈액이 묻은 타올, 도포류는 사용 후에는 즉시 구별이 되는 용기에 세탁 전까지 보관하여야 한다.

97. 동물미용업자의 미용기구의 소독기준 및 방법으로 바르지 않은 것은?

① 자외선소독 : 1㎠당 85㎼ 이상의 자외선을 10분 이상 쬐어준다.

② 건열멸균소독 : 섭씨 100℃ 이상의 건조한 열에 20분 이상 쐬어준다.

③ 열탕소독 : 섭씨 100℃ 이상의 물속에 10분 이상 끓여준다.

④ 에탄올소독 : 에탄올수용액(에탄올이 70%인 수용액을 말한다. 이하 이 호에서 같다)에 10분 이상 담가두거나 에탄올수용액을 머금은 면 또는 거즈로 기구의 표면을 닦아준다.

98. 다음 중 동물운송업자의 준수사항으로 바르지 않은 것은?

① 동물의 종류, 품종, 성별, 마리수 및 운송일을 기록하여 비치해야 한다.

② 4시간 이상 이동 시 동물에게 적절한 휴식시간을 제공해야 한다.

③ 2마리 이상을 운송하는 경우에는 개체별로 분리해야 한다.

④ 동물의 운송 운임은 동물의 종류, 크기 및 이동 거리 등을 감안하여 산정해야 하고, 소유주 등 사람의 동승 여부에 따라 운임이 달라져서는 안 된다.

99. 법 제8조제1항부터 제3항까지의 규정을 위반하여 동물에 대한 학대행위 등의 행위를 한 경우 1차 행정처분 기준으로 바른 것은?

① 영업정지 7일   ② 영업정지 15일
③ 영업정지 1개월   ④ 등록(허가) 취소

100. 법 제36조에 따른 준수사항을 지키지 않은 경우 1차 행정처분 기준으로 바른 것은?

① 영업정지 7일   ② 영업정지 15일
③ 영업정지 1개월   ④ 영업정지 1개월

정답: 1. ②　2. ④　3. ①　4. ②　5. ①　6. ③　7. ②　8. ③　9. ④　10. ①　11. ②
12. ②　13. ④　14. ①　15. ③　16. ①　17. ③　18. ③　19. ②　20. ③　21. ④
22. ①　23. ①　24. ①　25. ②　26. ④　27. ②　28. ①　29. ②　30. ①　31. ③
32. ③　33. ④　34. ④　35. ②　36. ②　37. ③　38. ②　39. ③　40. ①　41. ②
42. ②　43. ④　44. ②　45. ②　46. ③　47. ③　48. ②　49. ①　50. ④　51. ②
52. ③　53. ③　54. ②　55. ④　56. ④　57. ②　58. ①　59. ②　60. ①　61. ④
62. ①　63. ③　64. ④　65. ③　66. ④　67. ③　68. ②　69. ④　70. ④　71. ③
72. ②　73. ①　74. ②　75. ②　76. ③　77. ①　78. ①　79. ②　80. ③　81. ①
82. ②　83. ④　84. ①　85. ④　86. ③　87. ①　88. ④　89. ①　90. ③　91. ②
92. ①　93. ①　94. ③　95. ③　96. ④　97. ①　98. ②　99. ③　100. ①

3

동물보호법
-관계법령 및 유사법령-

위의 QR코드를 스캔하시면, [한국 진도개 보호·육성법]을 확인하실 수 있습니다.

저자 약력

김 복 택

한국반려동물매개치료협회장

동물친구교실 슈퍼바이저

호서동물매개치료센터장

서울시 강서구 여성특화일자리 발굴을 위한 교육과정(반려동물매개심리상담사) 책임교수

한국교육학술정보원(KERIS) 이러닝 콘텐츠 심사위원

농림축산검역본부 국가공무원 경력경쟁채용 실기시험(탐지조사) 심사위원

농촌진흥청, 2017년 농촌진흥공무원「반려동물」교육과정 '반려동물과 연계한 비즈니스 모델' 강사

안양시자원봉사센터 반려동물매개심리상담사 교육 강사

국립중앙청소년디딤센터 '동물매개심리상담사' 강사

의정부 장애인 종합복지관 동물매개치료 자문위원

동양대학교(경북농민사관학교) 치유 농림업 CEO 과정 강사

강원도농업기술원 치유농업교육 강사

광양시 농업기술센터 농업인대학 동물매개치료 강사

홍성군 농업기술센터 치유농업과정 강사

대명비발디 웰리스리조트 체험 융복합 프로그램 자문위원(동물매개치료)

서울시 동물매개활동 평가위원회 위원장

한권으로 정리하는 동물보호법

초판 발행   2022년 6월 17일

지은이   김복택
펴낸이   노 현

편 집   배근하
기획/마케팅   김한유
표지디자인   BEN STORY
제 작   고철민 · 조영환

펴낸곳   ㈜ 피와이메이트
              서울특별시 금천구 가산디지털2로 53 한라시그마밸리 210호(가산동)
              등록 2014. 2. 12. 제2018-000080호
전 화   02)733-6771
f a x   02)736-4818
e-mail   pys@pybook.co.kr
homepage   www.pybook.co.kr
I S B N   979-11-6519-288-4   93490

정 가   22,000원

박영스토리는 박영사와 함께하는 브랜드입니다.